공업수학

-연습문제 100% 이해하기-

김태희 • 김선경 공저

Engineering Mathematics

도서출판 홍릉

김태희

• 안동대학교 공과대학 신소재공학부 교수

김선경

• 안동대학교 공과대학 토목공학과 강사

공업수학

연습문제 100% 이해하기

인 쇄: 2021년 1월 3일 초판 1쇄
발 행: 2021년 1월 8일 초판 1쇄

저 자: 김태희 · 김선경
발행인: 송 준
발행처: 도서출판 홍릉
주 소: 01093 서울시 강북구 인수봉로 50길 10
등 록: 1976년 10월 21일 제5-66호

전 화: 02-999-2274~5, 903-7037
팩 스: 02-905-6729
e-mail: hongpub@hongpub.co.kr
http://www.hongpub.co.kr
ISBN: 979-11-5600-837-8(93410)

정 가: 22,000원

머리말

공업수학은 기본적으로는 공과대학의 대부분 학과에서 전공 교과목으로 공부하고 있다. 자연과학대학과 사회과학대학에 속하는 학과 중 일부에서도 주요 과목으로 지정하고 있다. 이처럼 응용과학 분야에서 필수적인 과목이지만 학생들에게는 부담스럽거나 어려운 과목으로 인식되고 있는 것이 현실이다. 이는 최근에 많은 대학들이 교차지원을 수용하여 공과대학에 입학하는 학생들 중에 고등학교에서 수학에 흥미를 가지고 관심있게 또는 심도있게 공부하지 않은 학생들이 점점 많아지기 때문이라고 생각한다.

공업수학은 기본적으로 미분과 적분을 공부한 학생들이 이수하는 과목이지만 이 책은 앞에 언급한 바와 같이 수학의 기초가 부족한 학생들을 위해 구성하려고 노력하였다. 따라서 이 책에서는 가장 먼저 1장에서 수학의 기본 공식을 다루었다. 2장에서는 미분을, 3장에서는 적분을 다루었는데 각각의 유래와 배경으로 시작하여 학생들의 관심을 유도하려고 하였다. 4장에서는 공업수학의 주된 내용인 미분방정식의 예비이론을 정리하고 설명하였다. 5장은 1계 미분방정식, 6장은 고계 제차미분방정식, 7장은 비제차선형미분방정식, 8장에서는 라플라스 변환을 다루었다.

이 책의 가장 큰 특징이라면 연습문제 풀이이다. 많은 공업수학 교재에 연습문제는 있으나 대부분 풀이는 없이 책 뒷부분에 홀수나 짝수의 답만을 제공하고 있어서 수학의 기초가 부족한 학생들에게는 공부할 의욕을 일으키기 어렵다. 이런 면을 고려하여 이 책에서는 되도록 생략하지 않고 설명하였으며 모든 연습문제에 상세한 풀이를 제공하여 수학을 부담스러워하거나 기초가 부족한 학생들이 혼자서도 공부하기 어렵지 않게 하려고 최선을 다하였다. 이 책을 통해 학생들이 수학에 대한 거부감이 줄고 전공 공부에 도움이 된다면 더 바랄 것이 없을 것이다.

2020. 12.

저자

차 례

제3장 적분 / 41

제4장 미분방정식의 예비이론 / 77

제5장 1계 미분방정식 / 85

제6장 고계 제차선형미분방정식 / 149

제7장 비제차선형미분방정식 / 213

제8장 라플라스 변환 / 245

제1장

기본 계산 공식

제 1 장 기본 계산 공식

1.1 지수법칙

$a>0, b>0$이고 x, y가 실수일 때 다음의 법칙이 성립한다.

1. $a^m \times a^n = a^{m+n}$

이것은 $a^3 \times a^2 = (a\times a\times a)\times(a\times a) = a^{3+2}$이 되는 법칙을 일반화한 것이다.

예

$$\sqrt{x}\times\sqrt[3]{x} = x^{\frac{1}{2}}\times x^{\frac{1}{3}} = x^{\frac{1}{2}+\frac{1}{3}} = x^{\frac{5}{6}}$$

2. $(a^m)^n = a^{mn}$

이것은 $(a^3)^2 = a^3\times a^3 = (a\times a\times a)\times(a\times a\times a) = a^{3\times 2}$ 이 되는 법칙의 일반화이다.

예

$$(\frac{1}{\sqrt{x}})^3 = (x^{-\frac{1}{2}})^3 = x^{(-\frac{1}{2}\times 3)} = x^{-\frac{3}{2}}$$

3. $a^m \div a^n = a^{m-n}$

이것은 $a^3\div a^2 = \frac{a\times a\times a}{a\times a} = a^{3-2}$ 이 되는 법칙의 일반화이다.

예

$$\frac{x^2-1}{\sqrt[3]{x}} = \frac{x^2}{\sqrt[3]{x}} - \frac{1}{\sqrt[3]{x}} = x^{2-\frac{1}{3}} - x^{0-\frac{1}{3}} = x^{\frac{5}{3}} - x^{-\frac{1}{3}}$$

4. $(ab)^m = a^m b^m, (\frac{a}{b})^m = \frac{a^m}{b^m}(b\neq 0)$

이것은 $(ab)^2 = (a\times b)\times(a\times b) = (a\times a)\times(b\times b) = a^2b^2$ 이 되는 법칙의 일반화이다.

1.2 로그의 기본성질

$a > 0$, $a \neq 1$, $x, y > 0$일 때

(1) $\log_a a = 1$, $\log_a 1 = 0$

(2) $\log_a x + \log_a y = \log_a xy$

(3) $\log_a x - \log_a y = \log_a \dfrac{x}{y}$

(4) $m \log_a x = \log_a x^m$

1.3 역함수로서 지수와 로그의 성질

$a > 0$, $a \neq 1$일 때

(1) $a^{\log_a x} = x \ (x > 0)$

(2) $\log_a a^x = x$

예

$$e^{-\ln x} = e^{-\log_e x} = e^{\log_e x^{-1}} = x^{-1}$$

1.4 대수방정식의 해를 구하는 방법

1.4.1 2차 방정식의 근의 공식

$ax^2 + bx + c = 0$ 의 근은 $x = \dfrac{-b \pm \sqrt{b^2 - 4ac}}{2a}$ 로 주어지고

$ax^2 + 2b'x + c = 0$의 근은 $x = \dfrac{-b' \pm \sqrt{(b')^2 - ac}}{a}$ 로 주어진다.

1.4.2 2차 방정식의 인수분해공식을 이용하는 방법

전개공식

$$(ax+b)(cx+d) = acx^2 + (ad+bc)x + bd$$

의 좌우변을 바꾸어

$$acx^2 + (ad+bc)x + bd = (ax+b)(cx+d)$$

$$\begin{bmatrix} a & \times & b \\ c & & d \end{bmatrix}$$

의 공식을 사용한다.

예제 1

2차 방정식 $2x^2+5x-3=0$의 해를 구하라.

풀이

$2x^2+5x-3=(x+3)(2x-1)$와 같이 인수분해하여

$$\begin{bmatrix} 1 & \times & 3 \\ 2 & & -1 \end{bmatrix}$$

$$(x+3)(2x-1)=0$$

로 바꾼 후, 해

$$x=-3,\ \frac{1}{2}$$

를 구한다.

1.4.3 3차 이상의 방정식에서 나머지 정리 및 조립제법을 이용하는 방법

다항식 $f(x)$를 $(x-a)$로 나눈 몫을 $q(x)$ 나머지를 r이라 하면 $(x-a)$가 일차식이므로 r은 상수항이 된다. 그러면 $f(x)=(x-a)q(x)+r$이 성립하고 양변에 a를 대입하여 $r=f(a)$가 된다. 이를 나머지정리라고 한다.

나머지 정리

다항식 $f(x)$를 $(x-a)$로 나눈 나머지는 $f(a)$이다.

즉 $f(a)=0$이 되는 a를 구하면 $f(x)=(x-a)q(x)$가 되어 $f(x)$의 한 인수 $(x-a)$를 구할 수 있다. $f(x)$를 인수분해하기 위해서는 $q(x)$를 구해야하는데 $q(x)=\dfrac{f(x)}{x-a}$이므로 나누기를 해야 하고, 이 나누기를 간편하게 하는 방법이 **조립제법**이다.

3차 방정식 $f(x)=x^3-2x^2-x+2=0$의 해를 구하기 위하여 좌변을 인수분해 하려 한다. $f(1)=0$이므로 $f(x)=(x-1)q(x)$가 되고 $q(x)$를 구하기 위해서 다항식의 나눗셈을 해야 한다.

$$
\begin{array}{r|l}
 & x^2-x-2 \\
\hline
x-1 & x^3-2x^2-x+2 \\
 & x^3-x^2 \\
\hline
 & -x^2-x \\
 & -x^2+x \\
\hline
 & -2x+2 \\
 & -2x+2 \\
\hline
 & 0
\end{array}
$$

또는 1차식으로 나눌 때 사용되는 조립제법에 의해

$$
\begin{array}{c|cccc}
 & 1 & -2 & -1 & 2 \\
1 & & 1 & -1 & -2 \\
\hline
 & 1 & -1 & -2 & 0
\end{array}
$$

와 같이 나눗셈을 하면

$$q(x)=x^2-x-2$$

를 얻는데,

$$q(x)=(x+1)(x-2)$$

로 인수분해 되어,

$$f(x) = (x+1)(x-1)(x-2) = 0$$

이 되고 해

$$x = -1,\ 1,\ 2$$

를 구한다.

예제 2

$x^4 + 4x^3 - 10x^2 - 20x + 25 = 0$의 해를 구하라.

풀이 조립제법에 의하여

$$x^4 + 4x^3 - 10x^2 - 20x + 25 = (x+5)(x-1)(x^2-5)$$

로 인수분해되어, 해

$$x = -5, 1, -\sqrt{5}, \sqrt{5}$$

를 구한다.

1.5 오일러 공식 및 드 무아브르 정리와 복소수 거듭제곱의 정의

오일러 공식

$$e^{ix} = \cos x + i \sin x$$

드 무아브르 정리

$$(\cos x + i \sin x)^n = \cos(nx) + i \sin(nx)$$

$n = 2$인 경우 전개식에 의해,

$$(\cos x + i \sin x)^2 = \cos^2 x - \sin^2 x + 2i \sin x \cos x$$

를 얻고

삼각함수에 관한 공식

$$\cos^2 x - \sin^2 x = \cos 2x,\ \ 2\sin x \cos x = \sin 2x$$

를 사용하여

$$(\cos x + i\sin x)^2 = \cos 2x + i\sin 2x$$

가 되므로 등식이 성립한다.

비슷한 방법으로 수학적 귀납법에 의하여 드 무아브르의 정리가 증명된다.

오일러 공식을 드 무아브르 정리에 적용하면,

$$(e^{ix})^n = \cos(nx) + i\sin(nx) = e^{inx}$$

가 되어 지수법칙의 두 번째 성질 $(a^m)^n = a^{mn}$이 복소수거듭제곱에서도 성립함을 알 수 있다.

예 e^{2+3i}은

$$e^{2+3i} = e^2 \times e^{3i} = e^2(\cos 3 + i\sin 3)$$

으로 정의 할 수 있다.

예 10^{2-3i}는

$$10^{2-3i} = 10^2 \times 10^{-3i}$$

이 되고

$$10^{-3i} = e^{\log_e(10^{-3i})} = e^{-3i\log_e 10}$$

이며

$$\log_e 10 = \ln 10$$

으로 바꾸어 쓰면

$$\begin{aligned} e^{i(-3\ln 10)} &= \cos(-3\ln 10) + i\sin(-3\ln 10) \\ &= \cos(3\ln 10) - i\sin(3\ln 10) \end{aligned}$$

이 된다.
따라서

$$10^{2-3i} = 10^2 \times \{\cos(3\ln 10) - i\sin(3\ln 10)\}$$

으로 정의할 수 있다.

1.6 삼각함수의 기본 공식

1.6.1 삼각함수의 유래

삼각함수의 유래는 명확하지 않다. 최초의 기록은 4세기의 주석자인 알렉산드리아의 테온(Theon, 350?~400?)에 의해서 고대 그리스의 천문학자 히파르코스(Hipparchos, B.C. 190~120)가 작성했다고 알려진 "현에 대한 수표(table of chords)"에서 나타난다. 이는 현재 남아있지 않으나 히파르코스의 책을 각색한 것으로 믿어지는 프톨레마이오스(Claudius Ptolemy, 85?~165?)가 만든 그 이후의 수표는 보존되고 있다. 여기에는 원의 중심각에 대한 현의 길이를 포함하고 있는데 중심각이 2θ인 현의 길이를 기호 $crd2\theta$로 나타낸 후 여러 가지 각도에서 그 값을 구하여 나타냈다.

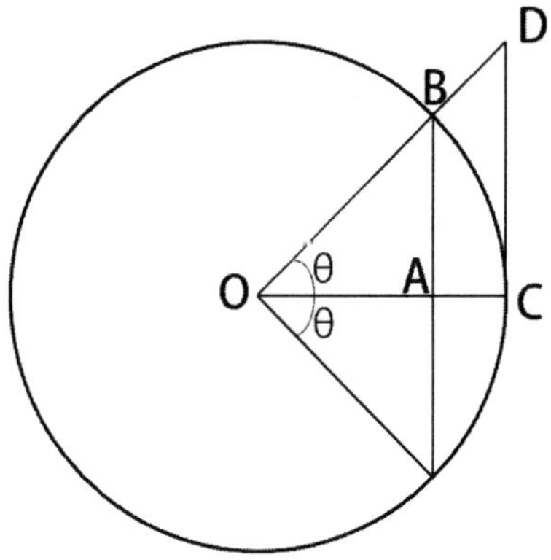

우리가 알고 있는 삼각함수 sine은 반지름이 1인 원에서

$$\frac{crd\,2\theta}{2} = \overline{AB}$$

가 된다.

인도의 수학자 아리아바타(Aryabhata, 475?~550?)는 이것을 절반의 현, 즉 지아 아르다(jya ardha)라고 불렀다. 그리고 이 단어를 줄여서 jya(현)로 사용했다. 아랍인들은 jya로부터 소리나는 대로 jiba라는 말을 만들어냈다. 그리고 모음을 생략하는 아랍인들의 습관에 따라 jiba는 jb로 씌어졌다. 그런데 jiba는 아랍어에서 아무런 의미를 가지고 있지 않다. 의미 없는 단어인 jiba의 약자로 사용된 jb를 그 후 jaib로 대체시켰다. 이것은 협곡이나 만을 뜻하는 아랍어이다. 이를 라틴어로 같은 뜻을 갖는 sinus로 번역하였다. 이것이 오늘날의 sine이 된 것이다. 이렇게 사인(sine)의 유래는 매우 흥미롭다.

삼각함수는 다음과 같이 읽는다.

$\sin x$(sine x), $\cos x$(cosine x), $\tan x$(tangent x)
$\csc x$(cosecant x), $\sec x$(secant x), $\cot x$(cotangent x)

반지름이 1인 원에서

$$\overline{CD} = \tan\theta,\ \overline{OD} = \sec\theta$$

이다.

여기에서 cosine은 complementary sine 을 의미하고 complementary 는 보완한다는 뜻을 가진다. 예를 들어 전체를 $90°$ 로 보면 각 $15°$ 를 보완하는 각도는 $90° - 15° = 75°$ 이다. 한자로는 이것을 $90°$ 에서 $15°$ 를 빼고 남은 여각(餘角:남은 각)이라고 한다. 즉 $15°$ 의 여각(餘角:남은 각)은 $75°$,라디안으로 표현하면

$\frac{\pi}{12}$의 여각(餘角:남은 각)은 $\frac{\pi}{2} - \frac{\pi}{12} = \frac{5}{12}\pi$이다.

그러므로

$$\cos 15° = \sin(90° - 15°) = \sin 75°$$

$\cos\frac{\pi}{12} = \sin\left(\frac{\pi}{2} - \frac{\pi}{12}\right) = \sin\frac{5}{12}\pi$가 된다.

마찬가지로

$$\mathrm{cosec}15° = \sec(90° - 15°) = \sec 75°$$

$$\mathrm{cosec}\frac{\pi}{12} = \sec\left(\frac{\pi}{2} - \frac{\pi}{12}\right) = \sec\frac{5}{12}\pi$$ 이고

$$\cot 15° = \tan(90° - 15°) = \tan 75°$$

$$\cot\frac{\pi}{12} = \tan\left(\frac{\pi}{2} - \frac{\pi}{12}\right) = \tan\frac{5}{12}\pi$$

이다.

1.6.2 상호관계

$$\tan x = \frac{\sin x}{\cos x}$$

$$\csc x = \frac{1}{\sin x}$$

$$\sec x = \frac{1}{\cos x}$$

$$\cot x = \frac{\cos x}{\sin x}$$

1.6.3 제곱관계

$$\cos^2 x + \sin^2 x = 1$$

$$1 + \tan^2 x = \sec^2 x$$

$$1 + \cot^2 x = \csc^2 x$$

주의

$\sin^2 x = (\sin x)^2$ 이고 $\sin^3 x = (\sin x)^3$ 이지만,
$\sin^{-1} x$ 는 $\sin x$ 의 역함수로서 $(\sin x)^{-1}$ 이 아니다.
즉, $\sin^{-1} x \neq \dfrac{1}{\sin x}$ 이고 마찬가지로
$\cos^{-1} x \neq \dfrac{1}{\cos x}$ 이다.

1.6.4 삼각함수의 성질

$$\sin(-x) = -\sin x$$
$$\cos(-x) = \cos x$$
$$\tan(-x) = -\tan x$$
$$\sin(x+y) = \sin x \cos y + \cos x \sin y$$

$$\cos(x+y) = \cos x \cos y - \sin x \sin y$$
$$\sin^2 x = \frac{1-\cos 2x}{2}, \quad \cos^2 x = \frac{1+\cos 2x}{2}$$

1.6.5 역삼각함수의 정의

(1) $f(x) = \sin x,\ x \in [-\frac{\pi}{2}\ \frac{\pi}{2}]$,

$f^{-1}(x) = \sin^{-1}x$ (arc sine x), $x \in [-1\ 1]$

(2) $f(x) = \cos x,\ x \in [0\ \pi]$,

$f^{-1}(x) = \cos^{-1}x,\ x \in [-1\ 1]$

(3) $f(x) = \tan x,\ x \in (-\frac{\pi}{2}\ \frac{\pi}{2})$,

$f^{-1}(x) = \tan^{-1}x,\ x \in R$

(4) $f(x) = \cot x,\ x \in (0\ \pi)$,

$f^{-1}(x) = \cot^{-1}x,\ x \in R$

(5) $f(x) = \sec x,\ x \in [0\ \frac{\pi}{2}) \cup [\pi\ \frac{3\pi}{2})$,

$f^{-1}(x) = \sec^{-1}x,\ |x| \geq 1$

(6) $f(x) = \csc x,\ x \in (0\ \frac{\pi}{2}] \cup (\pi\ \frac{3\pi}{2}]$,

$f^{-1}(x) = \csc^{-1}x,\ |x| \geq 1$

1.6.6 쌍곡선 함수의 정의 및 삼각함수와의 관계

(1) $\cosh x = \dfrac{e^x + e^{-x}}{2}$(cosine hyperbolic),

$\sinh x = \dfrac{e^x - e^{-x}}{2}$(sine hyperbolic)

(2) $\cos x = \dfrac{e^{ix} + e^{-ix}}{2}$, $\sin x = \dfrac{e^{ix} - e^{-ix}}{2i}$

(3) $\sinh ix = i\sin x$, $\cosh ix = \cos x$

1.6.7 삼각함수의 합성

$$a\sin x + b\cos x$$
$$= \sqrt{a^2+b^2}\left(\frac{a}{\sqrt{a^2+b^2}}\sin x + \frac{b}{\sqrt{a^2+b^2}}\cos x\right)$$
$$= \sqrt{a^2+b^2}(\sin x\cos\theta + \cos x\sin\theta)$$
$$= \sqrt{a^2+b^2}\sin(x+\theta)$$

단, $\tan\theta = \dfrac{b}{a}$

예

$$\sin x + \sqrt{3}\cos x = 2\left(\frac{1}{2}\sin x + \frac{\sqrt{3}}{2}\cos x\right)$$
$$= 2\left(\sin x\cos\frac{\pi}{3} + \cos x\sin\frac{\pi}{3}\right) = 2\sin\left(x + \frac{\pi}{3}\right)$$

제2장

도함수

제 2 장 도함수

2.1 도함수의 유래

도함수(導函數, derivative)의 발견은 두 가지 방향에서 시작되었다. 하나는 순수 수학에서 나온 것으로 곡선의 접선을 찾는 방법에서부터 발전하기 시작했다. 또 하나는 물리학에서 비롯되었다. 자연현상에서 나타나는 패턴이 변화율과 연관이 있다는 인식을 하게 되면서 도함수에 관심을 기울이게 되었다.

이 연구에 발전을 이룩한 최초의 인물은 라이프니츠(Gottfried Wilhelm Leibniz, 1646~1716)였다. 1673년 곡선의 접선을 찾는 문제를 연구하다가 접선 찾기란 넓이와 부피를 구하는 적분(積分)의 역(逆)이라는 것을 알게 되었다. 라이프니츠는 x, y의 작은 변화(미분:微分)인 dx, dy를 사용해서 x의 함수 y의 변화율 $\frac{dy}{dx}$, $\frac{d^2y}{dx^2}$을 나타냈다. 미분을 탄생시킨 또 하나의 인물은 뉴턴(Isaac Newton, 1642년 12월 25일 ~ 1727년 3월 20일)이다. 뉴턴의 도함수 정의는 라이프니츠의 그것과 비슷했는데 차이는 다른 기호를 사용한 정도이다.

뉴턴은 도함수 기호로 $\dot{y}$, $\ddot{y}$를 사용하였다.

2.2 도함수의 정의

$$\lim_{h \to 0} \frac{f(x+h)-f(x)}{h}$$

는 극한이 존재하는 범위 안의 x에서 독립변수 x에 따라 결정되는 함수이다.

따라서 이를

$$\lim_{h \to 0} \frac{f(x+h)-f(x)}{h} = k(x)$$

라고 둘 수 있다.

그런데 이 함수 $k(x)$는 $f(x)$의 정의에 따라 달라지는 함수 즉, $f(x)$에 의해 유도(誘導)되는 함수이므로 도함수(導函數, derivative)라 이름하며

$$\lim_{h\to 0}\frac{f(x+h)-f(x)}{h}=f'(x)$$

라 쓰고, 'f prime x'로 읽는다.

또한

$$\begin{aligned} f'(x) &= \lim_{h\to 0}\frac{f(x+h)-f(x)}{h} \\ &= \lim_{\Delta x\to 0}\frac{\Delta y}{\Delta x} \\ &= \frac{dy}{dx}\ (dy \text{ over } dx\text{라고 읽음}) \end{aligned}$$

라고도 표현한다.

여기에서
Δx(delta x)는
x가 x에서 $x+h$로 변화할 때 x의 증분
h를 나타내고 (즉 $\Delta x=(x+h)-x=h$),
Δy(delta y)는
x가 x에서 $x+h$로 변화할 때 y의 증분
$f(x+h)-f(x)=f(x+\Delta x)-f(x)$를 나타낸다.

그림 2.1에서 Δy의 참값은 $f(x+\Delta x)-f(x)$인데 이 Δy의 근사값으로 접선 위의 점, $(x+\Delta x, f(x)+f'(x)\Delta x)$와 점, $(x+\Delta x, f(x))$ 사이의 거리인 $f'(x)\Delta x$를 사용하고 이것을 dy로 정의한다.
즉, Δy의 근사값,

$$dy=f'(x)\Delta x$$

이다.
이때 $y=f(x)=x$ 인 함수의 경우를 적용하면

$$dy = 1 \times \Delta x$$

이고,

$$dy = dx = \Delta x$$

가 된다.

그러므로 Δy의 근사값인 미분(differential) dy는

$$dy = f'(x)dx$$

로 정의된다.

이 정의는 마치

$$f'(x) = \frac{dy}{dx}$$

의 양변에 dx를 곱하여 $dy = f'(x)dx$가 된 것 처럼 보이지만, $\dfrac{dy}{dx}$는 $dy \div dx$가 아니기 때문에 옳은 설명이라고 할 수 없다. ($dy = \dfrac{dy}{dx}dx$가 옳은 표현이다).

하지만 결과적으로는 마치 양변에 dx를 곱한 것과 같은 결과를 가지도록 정의되었기에 양변에 dx를 곱한 것으로 이해하여 사용하여도 결과에 영향을 미치지는 않는다.

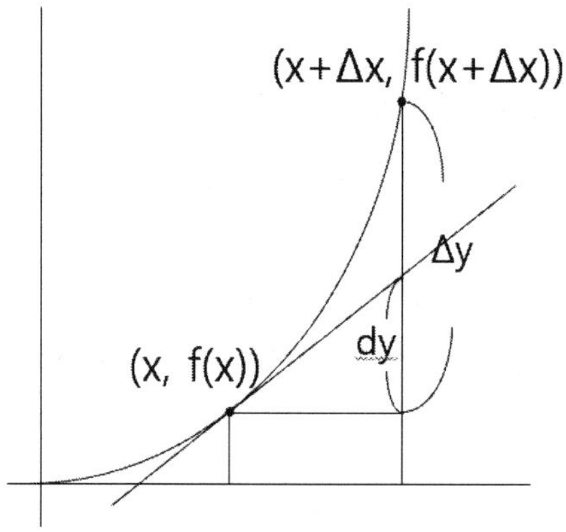

그림 2.1

극한 $\lim_{h \to 0} \dfrac{f(x+h) - f(x)}{h}$가 존재할 때

$y = f(x)$는 x에서 미분가능하다

고 하며,

$f'(x)$를 구하는 것을

$f(x)$를 미분한다

고 한다.

또한, 도함수를

$$y',\ f'(x),\ \frac{dy}{dx},\ \frac{df(x)}{dx},\ \frac{d}{dx}f(x),\ Df(x),\ D_x f(x)\ \ldots$$

등 다양한 방법으로 표현한다.

2.3 고계 도함수의 정의

$y = f(x)$의 2계 도함수는

$$(f')'(x) = \lim_{h \to 0} \frac{f'(x+h) - f'(x)}{h}$$

으로 정의되고

$f''(x)$ (f double prime x 라고 읽음)

으로 나타낸다.

또한 $(f'')'(x)$는 $f'''(x)$로 나타낸다.

이와 같은 방법으로 n계 도함수 $f^{(n)}(x)$를 정의한다.

$n \geq 2$인 경우에 $f^{(n)}(x)$를 고계 도함수라고 부른다.

2계 도함수의 경우에

$$y'',\ f''(x),\ \frac{d^2y}{dx^2},\ \frac{d^2}{dx^2}f(x),\ D^2y,\ D_x^2 y\ \ldots$$

등으로 표현한다.

3계 이상의 도함수도 유사한 형태로 표현한다.

예 $f(x)=\sin x,\ f'(x)=\cos x,\ f''(x)=-\sin x,\ f'''(x)=-\cos x$

$f^{(4)}(x)=\sin x,\ f^{(5)}(x)=\cos x\ldots$

2.4 미분법의 공식과 규칙

2.4.1 기본 미분공식

여러 가지 함수의 도함수를 도함수의 정의와 극한의 성질에 의하여 구하여야 하지만 공학수학의 선수과목의 내용 중에서 다루어진 것이기 때문에 간단하게 언급하고 넘어가려 한다. 먼저 공학수학에서 다루어지는 기본적인 함수를 미분한 결과를 공식으로 다루겠다.

y	y'
$y=c$ (c는 실수)	$y'=0$
$y=x^n$(n은 실수)	$y'=nx^{n-1}$
$y=\sin x$	$y'=\cos x$
$y=\cos x$	$y'=-\sin x$
$y=\tan x$	$y'=\sec^2 x$
$y=\csc x$	$y'=-\csc x\cot x$
$y=\sec x$	$y'=\sec x\tan x$
$y=\cot x$	$y'=-\csc^2 x$
$y=\sin^{-1}x$	$y'=\dfrac{1}{\sqrt{1-x^2}}$
$y=\tan^{-1}x$	$y'=\dfrac{1}{1+x^2}$
$y=a^x\ (a>0,\ a\neq 1)$	$y'=a^x\ln a$
$y=e^x$	$y'=e^x$
$y=\log_a x\,(a>0,\ a\neq 1)$	$y'=\dfrac{1}{x\ln a}$
$y=\ln x$	$y'=\dfrac{1}{x}$

여기서
$e=2.71828182845\ldots$인 실수이고
$\ln x=\log_e x$이다.

예

(1) $y = 3$ 이면 $y' = 0$, $y = \pi$ 이면 $y' = 0$

(2) $y = \sqrt{x}$ 이면 $y = x^{\frac{1}{2}}$ 이므로 $y' = \frac{1}{2}x^{\frac{1}{2}-1} = \frac{1}{2}x^{-\frac{1}{2}} = \frac{1}{2\sqrt{x}}$

(3) $y = \frac{1}{x}$ 이면 $y' = x^{-1}$ 이므로 $y' = (-1)x^{-1-1} = -x^{-2} = -\frac{1}{x^2}$

2.4.2 기본 미분 규칙

앞에서 다룬 함수들의 상수곱, 합, 차, 곱, 나눗셈(몫), 합성의 형태로 주어진 함수의 도함수를 구하는 일반적인 규칙은 선수과목의 내용 중에서 다루어진 것이기 때문에 공식으로 다루겠다.

y	y'	비고
$y = cf(x)$	$y' = cf'(x)$	상수곱의 미분법
$y = f(x) \pm g(x)$	$y' = f'(x) \pm g'(x)$	합의 미분법
$y = f(x)g(x)$	$y' = f'(x)g(x) + f(x)g'(x)$	곱의 미분법
$y = \frac{f(x)}{g(x)}$, $g(x) \neq 0$	$y' = \frac{f'(x)g(x) - f(x)g'(x)}{\{g(x)\}^2}$	나눗셈의 미분법
$y = f(g(x))$	$y' = f'(g(x))g'(x)$	합성함수의 미분법

예

(1) $y = 3x^2$ 이면

$y' = (3x^2)' = 3 \times (x^2)' = 3 \times 2x = 6x$

(2) $y = x^2 + \ln x$ 이면

$y' = (x^2 + \ln x)' = (x^2)' + (\ln x)' = 2x + \frac{1}{x}$

(3) $y = x^2 \ln x$ 이면

$y' = (x^2)'\ln x + x^2(\ln x)' = 2x\ln x + x^2 \times \frac{1}{x}$

$= 2x\ln x + x$

(4) $y = \frac{\sin x}{\cos x}$ 이면

$$y' = \frac{(\sin x)'\cos x - \sin x(\cos x)'}{(\cos x)^2}$$

$$= \frac{\cos x \times \cos x - \sin x \times (-\sin x)}{\cos^2 x} = \frac{\cos^2 x + \sin^2 x}{\cos^2 x}$$

$$= \frac{1}{\cos^2 x} = (\frac{1}{\cos x})^2 = (\sec x)^2 = \sec^2 x$$

(5) $y = e^{x^2}$이면

$$y' = e^{x^2} \times (x^2)' = 2xe^{x^2}$$

연습문제

1. 다음 함수의 도함수(y')를 구하여라.

(1) $y = xe^x$

풀이 $y' = (xe^x)' = (x)'e^x + x(e^x)' = e^x + xe^x$

(2) $y = x^2e^{-x}$

풀이 $y' = (x^2e^{-x})' = (x^2)'e^{-x} + x^2(e^{-x})' = 2xe^{-x} - x^2e^{-x}$

(3) $y = \ln(x+1) + x\{\ln(x+1) - 1\}$

풀이
$$\begin{aligned} y' &= [\ln(x+1) + x\{\ln(x+1) - 1\}]' \\ &= \frac{1}{x+1} + (x)'\{\ln(x+1) - 1\} + x\{\ln(x+1) - 1\}' \\ &= \frac{1}{x+1} + \{\ln(x+1) - 1\} + x \times \frac{1}{x+1} \\ &= \frac{1}{x+1} - 1 + \frac{x}{x+1} + \ln(x+1) = \ln(x+1) \end{aligned}$$

(4) $y = (x^4 - 2x^2 + 2)e^{x^2}$

풀이
$$\begin{aligned} y' &= (x^4 - 2x^2 + 2)'e^{x^2} + (x^4 - 2x^2 + 2) \times (e^{x^2})' \\ &= (4x^3 - 4x)e^{x^2} + (x^4 - 2x^2 + 2) \times (e^{x^2}) \times (2x) \\ &= (2x^5 - 4x^3 + 4x^3 + 4x - 4x)e^{x^2} \\ &= 2x^5e^{x^2} \end{aligned}$$

(5) $y = x\sin^{-1}x + \sqrt{1-x^2}$

풀이
$$\begin{aligned} y' &= (x)'\sin^{-1}x + x(\sin^{-1}x)' + \left\{(1-x^2)^{\frac{1}{2}}\right\}' \\ &= \sin^{-1}x + x \times \frac{1}{\sqrt{1-x^2}} + \frac{1}{2}(1-x^2)^{-\frac{1}{2}} \times (-2x) \end{aligned}$$

$$= \sin^{-1}x + \frac{x}{\sqrt{1-x^2}} - \frac{x}{\sqrt{1-x^2}} = \sin^{-1}x$$

(6) $y = \frac{1}{2}x\{\sin(\ln x) - \cos(\ln x)\}$

풀이

$$y' = \frac{1}{2}\{\sin(\ln x) - \cos(\ln x)\} + \frac{1}{2}x \times \left\{\cos(\ln x) \times \frac{1}{x} + \sin(\ln x) \times \frac{1}{x}\right\}$$
$$= \frac{1}{2}\{\sin(\ln x) - \cos(\ln x)\} + \frac{1}{2}\{\cos(\ln x) + \sin(\ln x)\}$$
$$= \sin(\ln x)$$

(7) $y = (4x^4 + 16x)\ln x - (x^4 + 16x)$

풀이

$$y' = (4x^4 + 16x)'\ln x + (4x^4 + 16x) \times (\ln x)' - (x^4 + 16x)'$$
$$= (16x^3 + 16)\ln x + (4x^4 + 16x) \times \frac{1}{x} - (4x^3 + 16)$$
$$= (16x^3 + 16)\ln x$$

(8) $y = x\tan^{-1}x - \frac{1}{2}\ln(1 + x^2)$

풀이

$$y' = (x)'\tan^{-1}x + x(\tan^{-1}x)' - \frac{1}{2}\{\ln(1 + x^2)\}'$$
$$= \tan^{-1}x + x \times \frac{1}{1+x^2} - \frac{1}{2} \times \frac{2x}{1+x^2}$$
$$= \tan^{-1}x$$

(9) $y = x\tan x + \ln(\cos x)$

풀이

$$y' = (x)'\tan x + x \times (\tan x)' + \{\ln(\cos x)\}'$$
$$= \tan x + x \times \sec^2 x - \frac{\sin x}{\cos x}$$
$$= x\sec^2 x$$

(10) $y = \sin 2x - 2x\cos 2x$

풀이

$$y' = 2\cos 2x - 2\cos 2x + 4x\sin 2x$$
$$= 4x\sin 2x$$

2.5 음함수 미분법

함수의 형태가 $y=f(x)$의 모양으로 정의될 때 이를 양함수라 하고, $f(x,y)=0$의 모양으로 정의될 때 이를 음함수라 한다.

음함수 형태로 정의된 함수의 미분은 y를 x의 함수로 보고 합성함수 미분법을 사용하여 미분한 후 y'에 관하여 정리한다.

예

$y=2x+1$ (양함수),
$y-2x-1=0$ (음함수)

예

$$x^4+y^3-x^2y=1$$

의 양변을 x에 대하여 미분하면,

$$4x^3+3y^2y'-2xy-x^2y'=0$$

이고,
이 식을 y'에 관하여 정리하면

$$y'=-\frac{4x^3-2xy}{3y^2-x^2}$$

가 된다.
위의 음함수 $x^4+y^3-x^2y=1$ 위의 점 $(1,1)$에서의 접선의 기울기를 구하기 위해서는 y를 x의 함수로 나타내야 하고, 이는 3차방정식의 해를 구해야 함을 뜻한다.
그러나 음함수 미분법을 사용하면 y'을 x와 y의 함수

$$y'=-\frac{4x^3-2xy}{3y^2-x^2}$$

로 나타내게 되고
$x=1, y=1$을 대입하여 접선의 기울기 -1을 구할 수 있다.

2.6 로그 미분법

주어진 함수의 양변에 자연로그를 잡은 후 양변을 음함수 미분법에 의하여 미분하고 y'에 관하여 정리한다.

예제 1

(1) $y = x^{\sin x}$

(2) $y = x^{\ln x}$

(3) $y = \dfrac{x^{\frac{4}{5}} \sqrt[3]{x^2+4}}{(x-5)^2}$

풀이 (1) 양변에 자연로그를 잡으면

$$\ln y = \ln(x^{\sin x}) = \sin x \ln x$$

가 된다.
이제 이 식의 양변을 음함수 미분법에 의하여 x에 관하여 미분하면

$$\frac{y'}{y} = \cos x \ln x + \frac{\sin x}{x}$$

가 된다. 따라서

$$y' = x^{\sin x}\left(\cos x \ln x + \frac{\sin x}{x}\right)$$

를 구할 수 있다.

(2) 양변에 자연로그를 잡으면

$$\ln y = \ln(x^{\ln x}) = (\ln x)^2$$

가 된다.
이제 이 식의 양변을 음함수 미분법에 의하여 x에 관하여 미분하면

$$\frac{y'}{y} = 2\ln x \times \frac{1}{x} = \frac{2\ln x}{x}$$

가 된다. 따라서

$$y' = x^{\ln x}\frac{2\ln x}{x} = 2x^{\ln x - 1}\ln x$$

를 구할 수 있다.

(3) 양변에 자연로그를 잡으면

$$\ln y = \frac{4}{5}\ln x + \frac{1}{3}\ln(x^2+4) - 2\ln(x-5)$$

가 된다.

이제 이 식의 양변을 음함수 미분법에 의하여 x에 관하여 미분하면

$$\frac{y'}{y} = \frac{4}{5x} + \frac{2x}{3(x^2+4)} - \frac{2}{x-5}$$

가 된다. 따라서

$$y' = \frac{x^{\frac{4}{5}}\sqrt[3]{x^2+4}}{(x-5)^2}\left\{\frac{4}{5x} + \frac{2x}{3(x^2+4)} - \frac{2}{x-5}\right\}$$

를 구할 수 있다.

2.7 편도함수의 정의 및 계산

2.7.1 편도함수의 정의

이변수 함수 $z = f(x,y)$에 대하여

$$\lim_{h\to 0}\frac{f(x+h,y) - f(x,y)}{h}$$

가 존재할 때 이를 $\frac{\partial z}{\partial x}$ 혹은 z_x, $\frac{\partial f}{\partial x}$, f_x로 나타낸다.

이때 $\frac{\partial z}{\partial x}$를 round z over round x 또는 partial z over partial x라고 읽는다.

또한

$$\lim_{h\to 0}\frac{f(x,y+h) - f(x,y)}{h}$$

가 존재할 때 이를 $\frac{\partial z}{\partial y}$ 혹은 z_y, $\frac{\partial f}{\partial y}$, f_y로 나타낸다.

2.7.2 편도함수 계산하는 법

이변수 함수 $z=f(x,y)$에 대하여 $\frac{\partial z}{\partial x}$를 구할 때는 y를 상수처럼 취급하여 x에 대하여 미분한다.

이변수 함수 $z=f(x,y)$에 대하여 $\frac{\partial z}{\partial y}$를 구할 때는 x를 상수처럼 취급하여 y에 대하여 미분한다.

예

(1) $N(x,y)=3xy^2+4y-e^y\cos x$일 경우

$$\frac{\partial(3xy^2)}{\partial x}=3y^2\frac{dx}{dx}=3y^2,$$

$$\frac{\partial(4y)}{\partial x}=0,$$

$$\frac{\partial(e^y\cos x)}{\partial x}=e^y\frac{d(\cos x)}{dx}=e^y(-\sin x)$$

가 되어

$$\frac{\partial N}{\partial x}=3y^2-e^y(-\sin x)=3y^2+e^y\sin x$$

를 얻는다.

(2) $M(x,y)=2xy^3-2y^4+3x^2$일 경우

$$\frac{\partial(2xy^3)}{\partial y}=2x\frac{d(y^3)}{dy}=2x\times 3y^2=6xy^2,$$

$$\frac{\partial(-2y^4)}{\partial y}=-2\frac{d(y^4)}{dy}=-2\times(4y^3)=-8y^3,$$

$$\frac{\partial(3x^2)}{\partial y}=0$$

이 되어

$$\frac{\partial M}{\partial y}=6xy^2-8y^3$$

을 얻는다.

2.8 전미분의 정의 및 계산

2.8.1 전미분의 정의

일변수 함수 $y = f(x)$의 미분(differential) dy는

$$dy = f'(x)dx$$

로 정의한다.

이와 유사하게 이변수 함수 $U = f(x,y)$의 전미분(total differential) dU는

$$dU = \frac{\partial U}{\partial x}dx + \frac{\partial U}{\partial y}dy$$

로 정의한다.

예 $U = x^3 + 3xy + y^2 + y$의 전미분을 구하려면

$$\frac{\partial U}{\partial x} = 3x^2 + 3y\ , \quad \frac{\partial U}{\partial y} = 3x + 2y + 1$$

을 구하여

$$dU = (3x^2 + 3y)dx + (3x + 2y + 1)dy$$

를 얻는다.

연습문제

1. 다음 함수의 도함수(y', $\dfrac{dy}{dx}$)를 구하여라.

(1) $y=\dfrac{1}{\sqrt{x}}$

풀이

$$y=\frac{1}{\sqrt{x}}=\frac{1}{x^{\frac{1}{2}}}=x^{-\frac{1}{2}}$$

$$\begin{aligned} y' &= -\frac{1}{2}x^{-\frac{1}{2}-1} \\ &= -\frac{1}{2}x^{-\frac{3}{2}} \\ &= -\frac{1}{2}\times\frac{1}{x^{\frac{3}{2}}} \\ &= -\frac{1}{2x\sqrt{x}} \end{aligned}$$

(2) $y=\dfrac{1}{2x^3+x^2+2}$

풀이

$$y=\frac{1}{2x^3+x^2+2}=(2x^3+x^2+2)^{-1}$$

합성함수 미분법을 사용하여

$$\begin{aligned} y' &= -(2x^3+x^2+2)^{-2}\times(2x^3+x^2+2)' \\ &= -(2x^3+x^2+2)^{-2}\times(6x^2+2x) \\ &= -\frac{6x^2+2x}{(2x^3+x^2+2)^2} \end{aligned}$$

(3) $y=x^2\sqrt{1-x^2}$

풀이

$$y=x^2\sqrt{1-x^2}=x^2\times(1-x^2)^{\frac{1}{2}}$$

$$\begin{aligned} y' &= (x^2)'\times(1-x^2)^{\frac{1}{2}}+x^2\times\left\{(1-x^2)^{\frac{1}{2}}\right\}' \\ &= 2x\times(1-x^2)^{\frac{1}{2}}+x^2\times\frac{1}{2}(1-x^2)^{-\frac{1}{2}}\times(-2x) \\ &= 2x\sqrt{1-x^2}-\frac{x^3}{\sqrt{1-x^2}} \end{aligned}$$

(4) $y = x^{\sqrt{2}} e^{-3x}$

풀이

$$\begin{aligned} y' &= (x^{\sqrt{2}})' e^{-3x} + x^{\sqrt{2}} (e^{-3x})' \\ &= \sqrt{2}\, x^{\sqrt{2}-1} e^{-3x} + x^{\sqrt{2}} \times (-3e^{-3x}) \\ &= \sqrt{2}\, x^{\sqrt{2}-1} e^{-3x} - 3x^{\sqrt{2}} e^{-3x} \end{aligned}$$

(5) $2x + x^2 \sqrt{y} = y$

풀이 양변을 x에 대하여 미분하면

$$2 + 2x\sqrt{y} + x^2 \times \frac{y'}{2\sqrt{y}} = y'$$

이고

양변을 y'을 포함한 식과 포함하지 않은 식으로 분리하면

$$2 + 2x\sqrt{y} = y'(1 - \frac{x^2}{2\sqrt{y}})$$

$$2 + 2x\sqrt{y} = y' \times \frac{2\sqrt{y} - x^2}{2\sqrt{y}}$$

이다.

따라서

$$y' = \frac{4\sqrt{y} + 4xy}{2\sqrt{y} - x^2}$$

이다.

(6) $x = \dfrac{y-1}{y+1}$

풀이 ① 음함수 미분법을 사용하지 않고 풀기

양변에 $y+1$곱하여 $xy + x = y - 1$를 얻고

이 식을 y를 포함한 식과 아닌 식으로 분리하면

$$x + 1 = y(1 - x)$$

이 되어

양함수

$$y = \frac{1+x}{1-x}$$

을 얻는다.

따라서

$$y' = \frac{(1+x)' \times (1-x) - (1+x)(1-x)'}{(1-x)^2}$$

$$= \frac{(1-x)+(1+x)}{(1-x)^2}$$

$$= \frac{2}{(1-x)^2}$$

이다.

② 음함수 미분법으로 풀기
분수함수의 형태로 미분을 하면 너무 복잡하니까
양변에 $y+1$곱하여

$$xy + x = y - 1$$

를 얻고
이 식을 y를 포함한 식과 아닌 식으로 분리하여

$$x + 1 = y(1-x)$$

로 놓고,
양변을 x에 대하여 미분하면

$$1 = y'(1-x) - y$$

가 된다. 따라서

$$(y+1) = y'(1-x)$$

이므로

$$y' = \frac{y+1}{1-x}$$

이다.

풀이 ②는 풀이 ①와 다르게 보이지만

$$x = \frac{y-1}{y+1}$$

은

$$y = \frac{1+x}{1-x}$$

이므로,

풀이 ②의 결과에

y 대신 $y=\dfrac{1+x}{1-x}$을 대입하면

$$y' = \frac{y+1}{1-x}$$

$$= \frac{\frac{1+x}{1-x}+1}{1-x}$$

$$= \frac{\frac{2}{1-x}}{1-x}$$

$$= \frac{2}{(1-x)^2}$$

이므로 같은 답이다.

(7) $y=(\dfrac{2}{x})^x$

풀이 양변에 로그를 잡으면

$$\ln y = \ln(\frac{2}{x})^x = x\ln\frac{2}{x} = x(\ln 2 - \ln x)$$

이다.
양변을 x에 관하여 미분하면

$$\frac{y'}{y} = (\ln 2 - \ln x) + x\times(-\frac{1}{x}) = \ln 2 - 1 - \ln x$$

이고, $y=(\dfrac{2}{x})^x$ 이므로

$$y' = (\frac{2}{x})^x \times (\ln 2 - 1 - \ln x)$$

(8) $y = 3\ln x^5$

풀이 $y = 3\ln x^5 = 15\ln x$

따라서

$$y' = \frac{15}{x}$$

(9) $y=\dfrac{x^e(x^2+1)^5}{(x+1)^\pi\sqrt{x+2}}$

풀이 양변에 로그를 잡으면

$$\begin{aligned}\ln y &= \ln\frac{x^e(x^2+1)^5}{(x+1)^\pi\sqrt{x+2}}\\ &= \ln\{x^e(x^2+1)^5\}-\ln\left\{(x+1)^\pi(x+2)^{\frac{1}{2}}\right\}\\ &= \ln x^e+\ln(x^2+1)^5-\ln(x+1)^\pi-\ln(x+2)^{\frac{1}{2}}\\ &= e\ln x+5\ln(x^2+1)-\pi\ln(x+1)-\frac{1}{2}\ln(x+2)\end{aligned}$$

이다.

양변을 x에 관하여 미분하면

$$\frac{y'}{y}=\frac{e}{x}+\frac{10x}{x^2+1}-\frac{\pi}{x+1}-\frac{1}{2x+4}$$

이고, $y=\dfrac{x^e(x^2+1)^5}{(x+1)^\pi\sqrt{x+2}}$ 이므로

$$y'=\left\{\frac{x^e(x^2+1)^5}{(x+1)^\pi\sqrt{x+2}}\right\}\times\left(\frac{e}{x}+\frac{10x}{x^2+1}-\frac{\pi}{x+1}-\frac{1}{2x+4}\right)$$

이다.

(10) $y=\dfrac{1}{\sin x}$

풀이 ①

$$y=\frac{1}{\sin x}=(\sin x)^{-1}$$

따라서

$$y'=-(\sin x)^{-2}\times\cos x$$

이다.

②

$$y=\frac{1}{\sin x}=\csc x$$

이므로, 미분 공식에 의하여

$$y'=-\csc x\cot x$$

이다.

풀이 ①과 풀이 ②는

$$y' = -(\sin x)^{-2} \times \cos x = -\frac{1}{\sin x} \times \frac{\cos x}{\sin x} = -\csc x \cot x$$

이므로 모양은 다르지만 같은 답이다.

2. 다음 함수의 전미분(dU)를 구하여라.

(1) $U = \sin(x+y)$

풀이

$$\frac{\partial U}{\partial x} = \cos(x+y) \times (1+0) = \cos(x+y)$$

$$\frac{\partial U}{\partial y} = \cos(x+y) \times (0+1) = \cos(x+y)$$

이므로

$$dU = \cos(x+y)dx + \cos(x+y)dy$$

이다.

(2) $U = r^2 - re^{3\theta} + \sin 3\theta$

풀이

$$\frac{\partial U}{\partial r} = 2r - e^{3\theta}, \quad \frac{\partial U}{\partial \theta} = -3re^{3\theta} - 3\cos 3\theta$$

이므로

$$dU = (2r - e^{3\theta})dr + (-3re^{3\theta} - 3\cos 3\theta)d\theta$$

이다.

(3) $U = x^3 + 2x^2 y \ln y + 2y$

풀이

$$\frac{\partial U}{\partial x} = 3x^2 + 4xy \ln y$$

이고,

$$\frac{\partial U}{\partial y} = 2x^2 \times (\ln y + 1) + 2$$

이므로

$$dU = (3x^2 + 4xy \ln y)dx + \{2x^2 \times (\ln y + 1) + 2\}dy$$

이다.

(4) $U = x^2 e^{xy}$

풀이

$$\frac{\partial U}{\partial x} = 2xe^{xy} + x^2 e^{xy} \times y = (2x + x^2 y)e^{xy}$$

이고,

$$\frac{\partial U}{\partial y} = x^2 e^{xy} \times x = x^3 e^{xy}$$

이므로

$$dU = (2x + x^2 y)e^{xy} dx + x^3 e^{xy} dy$$

이다.

공업
수학

제3장

적분

제 3 장 적분

3.1 적분의 유래

적분은 고대로부터 필요에 의해 원시적인 상태로 사용되었다. 예를 들어 이집트에서는 나일강 하류의 범람으로 인해 매년 일정한 시기에 토지를 다시 측량하여 이전의 소유 비율에 따라 분배할 필요가 있었다. 이를 위해 현대용어로 구분구적법(quadrature by parts, 區分求積法)이라고 해석할 수 있는 과정이 반복적으로 사용되었다. 즉 도형을 삼각형 혹은 사각형과 같이 넓이를 구할 수 있는 형태로 작게 잘라서 (구분, 區分) 다시 더하는 (구적, 求積) 방법을 이용한 것이다. 그리고 이 원시적인 적분기법을 아르키메데스(Archimedes, BC 287?~BC 212)가 체계화하였다. 아르키메데스는 당시의 수학자 에라토스테네스(Eratosthenes, BC 274~BC 196)에게 보낸 편지형식의 저서인 『방법론』에서 "구의 대원(大圓)과 같은 밑면을 갖고 그 구의 지름과 같은 높이를 갖는 원기둥은 그 구 겉넓이의 $\frac{3}{2}$과 정확히 같은 겉넓이를 갖고 그 구 부피의 $\frac{3}{2}$과 정확하게 같은 부피를 가진다"라고 했다. 이것으로부터 우리가 이미 알고 있는 익숙한 공식을 얻는다.

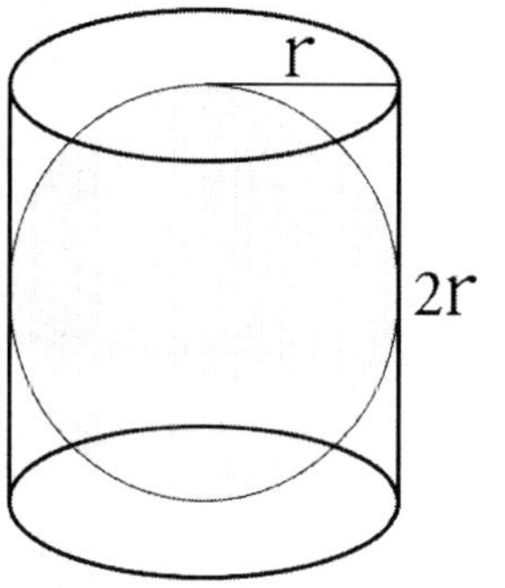

$$\begin{aligned}\text{원기둥의 겉넓이} &= 2\pi r^2 + 2\pi r \times 2r \\ &= 6\pi r^2 \\ &= \frac{3}{2} \times 4\pi r^2 \\ &= \frac{3}{2} \times \text{구의 겉넓이}\end{aligned}$$

원기둥의 부피$=\pi r^2 \times 2r$

$$= 2\pi r^3$$

$$= \frac{3}{2}\times\frac{4}{3}\pi r^3$$

$$= \frac{3}{2}\times \text{구의 부피}$$

3.2 적분의 정의

적분의 정의

$$\int f(x)dx = \{F(x) | F'(x) = f(x)\}$$

적분 기호로 사용되는 $\int$은 덧셈을 의미하는 sum의 s를 길게 늘어뜨려 사용한 것으로 integral 로 읽는다. 다시 말하면, $\int f(x)dx$는 x에 대해 미분하면 $f(x)$가 되는 함수의 집합으로 정의된다.

즉 $\int \cos x\,dx$는 x에 대해 미분하면 $\cos x$가 되는 함수 $F(x)$의 집합이다.
그런데 $(\sin x)' = \cos x$ 이고
도함수의 성질 중 $G'(x) = F'(x)$ 일 때 $G(x) = F(x) + C$ 임을 사용하여, 미분하면 $\cos x$가 되는 함수는 $\sin x + C$ 의 형태 외에는 없음을 알 수 있다. 즉 $\int \cos x dx = \{F(x) | F'(x) = \cos x\} = \sin x + C$ 이다.

그러므로 도함수에 관한 모든 공식
$F'(x) = f(x)$
는 적분에 관한 공식
$\int f(x)dx = F(x) + C$
로 바뀔 수 있다.

주의

여기에서 C는 모든 실수의 집합으로 사실 $\sin x + C$라는 표시는 함수$\sin x$와 집합 $C = \{c | c \in 실수\}$의 합의 모양이다. 함수와 집합의 덧셈을 정의한 일이 없기에 논리적으로 매우 불편한 형식이나 이를 $\sin x + C = \{\sin x + c | c \in 실수\}$로 이해하여 계산에 사용할 것이다.

3.3 적분법의 공식과 규칙

3.3.1 미분공식으로부터 찾은 기본 적분공식

$\int x^n dx = \frac{1}{n+1} x^{n+1} + C \ (n \neq -1)$	$\int \frac{1}{x} dx = \ln\|x\| + C$
$\int \sin x\, dx = -\cos x + C$	$\int \cos x\, dx = \sin x + C$
$\int \sec^2 x\, dx = \tan x + C$	$\int \csc x \cot x\, dx = -\csc x + C$
$\int \sec x \tan x\, dx = \sec x + C$	$\int \csc^2 x\, dx = -\cot x + C$
$\int \frac{1}{\sqrt{1-x^2}} dx = \sin^{-1} x + C$	$\int \frac{1}{1+x^2} dx = \tan^{-1} x + C$
$\int \frac{1}{\sqrt{a^2-x^2}} dx = \sin^{-1} \frac{x}{a} + C$	$\int \frac{1}{a^2+x^2} dx = \frac{1}{a} \tan^{-1} \frac{x}{a} + C$
$\int a^x dx = \frac{a^x}{\ln a} + C$	$\int e^x dx = e^x + C$

3.3.2 기본 적분 규칙

$\int c f(x) dx = c \int f(x) dx$
$\int \{f(x) \pm g(x)\} dx = \int f(x) dx \pm \int g(x) dx$

3.4 치환적분법

3.4.1 치환적분법

치환적분법

$f(x)$가 연속이고 $u=g(x)$가 미분가능하면 $\int f\{g(x)\}g'(x)dx=\int f(u)du$ 이다.

증명

$$\int f(x)dx=F(x)+C$$

라 놓으면

$$\int f(u)du=F(u)+C=F\{g(x)\}+C$$

이며 합성함수 미분법에 의하여

$$\frac{d}{dx}\int f(u)du=F'\{g(x)\}g'(x)=f\{g(x)\}g'(x)$$

가 되므로

$$\int f\{g(x)\}g'(x)dx=\int f(u)du$$

이다.

앞에 언급된 공식이 중복되지만 기본적분공식과 그 공식을 사용한 간단한 치환적분의 예를 비교해 보겠다.

기본적분공식

$\int x^n dx = \frac{1}{n+1}x^{n+1} + C\ (n \neq -1)$	$\int \frac{1}{x} dx = \ln\lvert x\rvert + C$
$\int \sin x\, dx = -\cos x + C$	$\int \cos x\, dx - \sin x + C$
$\int \sec^2 x\, dx = \tan x + C$	$\int \csc x \cot x\, dx = -\csc x + C$
$\int \sec x \tan x\, dx = \sec x + C$	$\int \csc^2 x\, dx = -\cot x + C$
$\int \frac{1}{\sqrt{1-x^2}} dx = \sin^{-1} x + C$	$\int \frac{1}{1+x^2} dx = \tan^{-1} x + C$
$\int \frac{1}{\sqrt{a^2-x^2}} dx = \sin^{-1}\frac{x}{a} + C$	$\int \frac{1}{a^2+x^2} dx = \frac{1}{a}\tan^{-1}\frac{x}{a} + C$
$\int a^x dx = \frac{a^x}{\ln a} + C$	$\int e^x dx = e^x + C$

치환 적분의 예

$\int 2x(x^2+1)^n dx = \frac{1}{n+1}(x^2+1)^{n+1} + C$ $(n \neq -1)$	$\int \frac{2x}{x^2+1} dx = \ln\lvert x^2+1\rvert + C$
$\int 2x\sin(x^2+1)\, dx = -\cos(x^2+1) + C$	$\int 2x\cos(x^2+1)\, dx = \sin(x^2+1) + C$
$\int \frac{1}{2\sqrt{x}}\sec^2\sqrt{x}\, dx = \tan\sqrt{x} + C$	$\int 2\csc(2x-1)\cot(2x-1)\, dx$ $= -\csc(2x-1) + C$
$\int \sec 5x \tan 5x\, dx = \frac{1}{5}\sec 5x + C$	$\int \frac{1}{x}\csc^2(\ln x)\, dx = -\cot(\ln x) + C$
$\int \frac{1}{\sqrt{1-(x+1)^2}} dx = \sin^{-1}(x+1) + C$	$\int \frac{1}{(x-2)^2+1} dx = \tan^{-1}(x-2) + C$
$\int 2x a^{x^2} dx = \frac{a^{x^2}}{\ln a} + C$	$\int \cos x\, e^{\sin x} dx = e^{\sin x} + C$

3.4.2 자주 쓰이는 치환적분의 형태

(1) $g(x) = ax + b$인 경우의 치환적분법

$$\int f(x)dx = F(x) + C$$

일 때

$\int f(ax+b)dx = \frac{1}{a}F(ax+b)+C$ 이다. 이런형태의 적분은 일반적인 치환적분에서 사용하는 $u=ax+b$, $du=adx$의 단계를 거치지 않고 바로 적분을 하여도 된다.

예

$$\int \frac{1}{x^2+2x+5}dx = \int \frac{1}{(x+1)^2+2^2}dx$$

이다.

$$\int \frac{1}{x^2+2^2}dx = \frac{1}{2}\tan^{-1}\frac{x}{2}+C$$

를 이용하여

$$\int \frac{1}{(x+1)^2+2^2}dx = \frac{1}{2}\tan^{-1}\frac{x+1}{2}+C$$

임을 알 수 있다.

(2) $\int \frac{f'(x)}{f(x)}dx$의 형태로 나타나는 경우의 치환적분법에서 $u=f(x)$, $du=f'(x)dx$의 단계를 거치지 않고 바로 적분하여 $\int \frac{f'(x)}{f(x)}dx = \ln|f(x)|+C$ 로 나타내도 된다.

예

$$\int \frac{2x}{x^2+1}dx = \ln(x^2+1)+C$$

예

$$\int \tan x\,dx = \int \frac{\sin x}{\cos x}dx = -\int \frac{-\sin x}{\cos x}dx = -\ln|\cos x|+C$$

예

$$\int \cot x\,dx = \int \frac{\cos x}{\sin x}dx = \ln|\sin x|+C$$

연습문제

주의할 점

적분은 궁극적으로 미분공식으로부터 유도된 적분공식의 형태로 바꾸어야만 결과를 얻을 수 있다. 즉,

$$\int x^n dx,\ \int \frac{1}{x}dx,\ \int \sin x\,dx,\ \int \sec^2 x\,dx,\ \int \frac{1}{\sqrt{a^2-x^2}}dx,\ \int \frac{1}{a^2+x^2}dx,\ \int e^x dx$$

등의 형태로 변환해야 한다.

※ 다음을 구하여라.

(1) $\int 2x(x^2+1)^9 dx$

풀이

$y' = (xe^x)' = (x)'e^x + x(e^x)' = e^x + xe^x$

치환 적분법의 정리

$$\int f\{g(x)\}g'(x)dx = \int f(u)du$$

에 의하면

$g(x)=u$로 치환을 하여 적분을 완성하려면 $g'(x)$가 $\int$ 안에 곱해져 있어야 한다.

이 문제에서는

(x^2+1)의 도함수인 $2x$가 $\int$ 안에 곱해져 있으므로 $x^2+1=u$로 치환할 수 있다.

$2x$의 존재로 인해 $2x\,dx = du$로 치환이 되어 $f\{g(x)\}g'(x)dx$가 $f(u)du$로 바뀌고 적분공식을 사용할 수 있게 된다.

이 문제의 풀이는 다음과 같이 시작하면 된다.

$u = x^2+1$, $du = 2xdx$로 치환하면

$$\int 2x(x^2+1)^9 dx = \int u^9 du = \frac{1}{10}u^{10} + C$$

$$= \frac{1}{10}(x^2+1)^{10} + C$$

이 된다.

$\int 2x(x^2+1)^n dx$와 같은 형태의 문제는 n이 실수이면 위와 같은 방법으로 풀 수 있다.

또한 아래의 기본 적분공식에서 x 대신에 (x^2+1)이 들어가고 $2xdx$가 곱해져 있는 모든 형태의 적분을 구할 수 있다. 마찬가지로 x 대신에 $g(x)$가 들어가고 $g'(x)$가 곱해져 있는 모든 형태의 적분도 구할 수 있다.

(2) $\int \frac{1}{x\ln x}dx$

풀이 위의 문제를 풀 때 수강생들이 실수하는 경우가 많았다.

그 이유는 (1)번 문제의 $2x(x^2+1)^9$에서는 (x^2+1)의 도함수인 $2x$가 곱해져 있는 것이 바로 눈에 띄지만, $\frac{1}{x\ln x}$은 괄호도 없고 뭔가 곱해진 형태도 쉽게 보이지 않기 때문이다.

그러나 이 문제를 $\frac{1}{\ln x}\times\frac{1}{x}$로 보면 무엇을 치환해야 하는지 분명히 보인다.

이 문제의 풀이는 다음과 같이 시작하면 된다.

$u=\ln x,\quad du=\frac{1}{x}dx$로 치환하면

$$\int \frac{1}{x\ln x}dx=\int \frac{1}{u}du=\ln|u|+C$$
$$=\ln|\ln x|+C$$

또는 $\int \frac{1}{x\ln x}dx=\int \frac{\frac{1}{x}}{\ln x}dx$의 모양으로 생각하여

$\int \frac{f'(x)}{f(x)}dx=\ln|f(x)|+C$ 의 공식을 바로 사용하면 간단하게 결과를 얻을 수 있다.

(3) $\int \frac{\sqrt{\ln x}}{x}dx$

풀이

$u=\ln x,\ du=\frac{1}{x}dx$로 치환하면

$$\int \frac{\sqrt{\ln x}}{x}dx=\int \sqrt{u}\,du=\int u^{\frac{1}{2}}du$$
$$=\frac{1}{\frac{1}{2}+1}u^{\frac{1}{2}+1}+C=\frac{2}{3}u^{\frac{3}{2}}+C=\frac{2}{3}(\ln x)^{\frac{3}{2}}+C$$
$$=\frac{2}{3}\ln x\sqrt{\ln x}+C$$

주의

(2)(3)번과 같은 방법으로 적분공식의 x 대신에 $\ln x$가 들어가고 $\frac{1}{x}$가 곱해져 있는 모든 형태의 적분도 구할 수 있다.

즉 $\int \frac{1}{x}\cos(\ln x)dx = \sin(\ln x) + C$

$$\int \frac{1}{x}\{(\ln x)^2 + 2(\ln x)\} = \frac{1}{3}(\ln x)^3 + (\ln x)^2 + C$$

(4) $\int \sec x\, dx$

풀이 이 문제를 출제하는 경우는 거의 없다. 과정을 이해하고 결과를 암기하여 사용하도록 하자.

$$\int \sec x\, dx = \int \frac{\sec x}{1} dx = \int \frac{\sec x(\sec x + \tan x)}{(\sec x + \tan x)} dx$$

$$= \int \frac{\sec^2 x + \sec x \tan x}{\sec x + \tan x} dx$$

$u = \sec x + \tan x$, $du = (\sec x \tan x + \sec^2 x)dx$로 치환하면

$$= \int \frac{1}{u} du = \ln|u| + C = \ln|\sec x + \tan x| + C$$

(5) $\int \csc x\, dx$

풀이 이 문제도 과정을 이해하고 결과를 암기하여 사용하도록 하자.

$$\int \csc x\, dx = \int \frac{\csc x}{1} dx = -\int \frac{-\csc x(\csc x + \cot x)}{(\csc x + \cot x)} dx$$

$$= -\int -(\frac{\csc^2 x + \csc x \cot x}{\csc x + \cot x}) dx$$

$u = \csc x + \cot x$, $du = -(\csc x \tan x + \csc^2 x)dx$로 치환하면

$$= -\int \frac{1}{u} du = -\ln|u| + C = -\ln|\csc x + \cot x| + C$$

(6) $\int \frac{1}{1-3x} dx$

풀이 이 문제는 본문의

$$\int f(x)dx = F(x) + C$$

일 때

$$\int f(ax+b)dx = \frac{1}{a}F(ax+b)+C$$

가 된다는 결과나

$\int \frac{f'(x)}{f(x)}dx = \ln|f(x)|+C$ 의 두가지 중 어느쪽을 사용하여 증명하여도 된다.

여기서는 두 번째 방법을 사용하겠다.

$$\int \frac{1}{1-3x}dx = -\frac{1}{3}\int \frac{-3}{1-3x}dx = -\frac{1}{3}\ln|1-3x|+C$$

(7) $\int \frac{\sec^2\sqrt{x}}{\sqrt{x}}dx$

풀이

$u=\sqrt{x}$, $du=\frac{1}{2\sqrt{x}}dx$로 치환하면

$$\int \frac{\sec^2\sqrt{x}}{\sqrt{x}}dx = 2\int \sec^2 u\,du = 2\tan u + C = 2\tan\sqrt{x}+C$$

(8) $\int \frac{1}{\sqrt[3]{3x+2}}dx$

풀이 이 문제는 본문의

$$\int f(x)dx = F(x)+C$$

일 때

$$\int f(ax+b)dx = \frac{1}{a}F(ax+b)+C$$

가 된다는 결과를 사용한다.

$$\int \frac{1}{\sqrt[3]{3x+2}}dx = \int (3x+2)^{-\frac{1}{3}}dx$$

$$= \frac{1}{3}\times\frac{1}{-\frac{1}{3}+1}(3x+2)^{-\frac{1}{3}+1}+C$$

$$= \frac{1}{2}(3x+2)^{\frac{2}{3}}+C = \frac{1}{2}\sqrt[3]{(3x+2)^2}+C$$

(9) $\int \sin x \cos^3 x dx$

풀이

$$\int \sin x \cos^3 x dx = -\int (-)\sin x (\cos x)^3 dx$$
$$= -\frac{1}{4}(\cos x)^4 + C = -\frac{1}{4}\cos^4 x + C$$

또는 $u = \cos x$, $du = -\sin x dx$로 치환하여

$$\int \sin x \cos^3 x dx = \int -u^3 du$$
$$= -\frac{1}{4}u^4 + C = -\frac{1}{4}(\cos x)^4 + C = -\frac{1}{4}\cos^4 x + C$$

(10) $\int \frac{1}{9x^2 + 6x + 2} dx$

풀이

$$\int \frac{1}{9x^2 + 6x + 2} dx = \int \frac{1}{(3x+1)^2 + 1} dx$$

$u = 3x + 1$, $du = 3dx$로 치환하여

$$\int \frac{1}{(3x+1)^2 + 1} dx = \int \frac{1}{3} \times \frac{1}{u^2 + 1} du$$
$$= \frac{1}{3}\tan^{-1} u + C = \frac{1}{3}\tan^{-1}(3x+1) + C$$

(11) $\int \frac{1}{9x^2 + 6x + 1} dx$

풀이

$$\int \frac{1}{9x^2 + 6x + 1} dx = \int \frac{1}{(3x+1)^2} dx$$

$u = 3x + 1$, $du = 3dx$로 치환하여

$$\int \frac{1}{(3x+1)^2} dx = \int \frac{1}{u^2} \times \frac{1}{3} du = \frac{1}{3}\int u^{-2} du$$
$$= \frac{1}{3} \times \frac{1}{-2+1} u^{-2+1} + C = -\frac{1}{3}u^{-1} + C = -\frac{1}{3(3x+1)} + C$$

3.5 부분적분법

부분적분법

$$\int f'(x)g(x)dx = f(x)g(x) - \int f(x)g'(x)dx$$

증명

곱에 관한 미분법 공식

$$\{f(x)g(x)\}' = f'(x)g(x) + f(x)g'(x)$$

와 적분의 정의에 의하여

$$\int \{f'(x)g(x) + f(x)g'(x)\}dx = f(x)g(x) + C$$

가 되고,

적분의 규칙에 의하여

$$\int \{f'(x)g(x) + f(x)g'(x)\}dx = \int f'(x)g(x)dx + \int f(x)g'(x)dx$$

가 되므로

$$\int f'(x)g(x)dx = f(x)g(x) - \int f(x)g'(x)dx$$

가 증명된다.

예제 1

$\int x^2 e^x dx$를 구하라.

풀이

$$\begin{aligned}\int x^2 e^x dx &= \int (e^x)' x^2 dx = x^2 e^x - \int e^x (x^2)' dx = x^2 e^x - \int 2xe^x dx \\ &= x^2 e^x - \int (e^x)' \times 2x\, dx = x^2 e^x - \left\{2xe^x - \int e^x (2x)' dx\right\} \\ &= x^2 e^x - 2xe^x + \int 2e^x dx = (x^2 - 2x + 2)e^x + C\end{aligned}$$

예제 2

$\int x^3 \cos x dx$를 구하라.

풀이

$f'(x) = \cos x$, $g(x) = x^3$으로 두면
$f(x) = \sin x$, $g'(x) = 3x^2$이므로

$$\int x^3 \cos x dx = x^3 \sin x - \int 3x^2 \sin x dx$$

이 되고,
$f'(x) = \sin x, g(x) = 3x^2$으로 두면
$f(x) = -\cos x, g'(x) = 6x$이므로

$$x^3 \sin x - \int 3x^2 \sin x dx$$
$$= x^3 \sin x - \left\{3x^2 \times (-\cos x) - \int 6x \times (-\cos x) dx\right\}$$
$$= x^3 \sin x - 3x^2 \times (-\cos x) + \int 6x \times (-\cos x) dx$$

이 된다.
또,
$f'(x) = -\cos x, g(x) = 6x$로 두면
$f(x) = -\sin x, g'(x) = 6$이므로

$$x^3 \sin x - 3x^2 \times (-\cos x) + \int 6x \times (-\cos x) dx$$
$$= x^3 \sin x - 3x^2 \times (-\cos x) + 6x \times (-\sin x) - \int 6 \times (-\sin x) dx$$
$$= x^3 \sin x - 3x^2 \times (-\cos x) + 6x \times (-\sin x) - 6\cos x + C$$

이다.

부분적분의 간편식

위의 풀이를 살펴보면 다음과 같이 $\cos x$는 계속 적분을 하고 x^3은 계속 미분을 하며 적분기호는 마지막 $f(x)$와 $g'(x)$에만 붙는다. 이 반복되는 과정을 간략하게 표를 사용하여 설명하겠다.

$\int$ 안에 들어가는 두 함수를 하나는 적분을 다른 하나는 미분을 하되 마지막 수평부분의 곱이 적분 가능할 때까지 적어준다. 그리고 그림의 사선 방향의 타원 내의 값은 곱하여 각각에 순서대로 +, −, +, −, ... 의 부호를 붙여주고, 마지막 수평방향의 타원 내의 값을 곱한 후 적분하고 다음 순서의 부호를 붙여주면 된다.

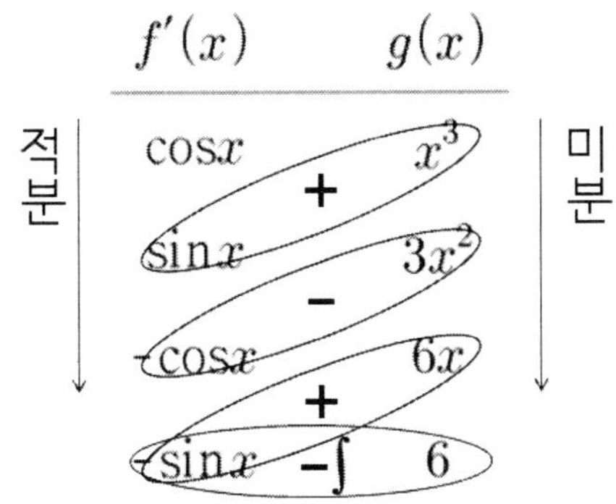

예제 3

$\int \ln x\, dx$**를 구하라.**

풀이

$$\begin{aligned}\int \ln x\, dx &= \int 1 \times \ln x\, dx = \int (x)' \ln x\, dx \\ &= x\ln x - \int x(\ln x)' dx \\ &= x\ln x - \int x \times \frac{1}{x} dx \\ &= x\ln x - x + C\end{aligned}$$

위의 **[예제 3]**도 간편식을 사용하면

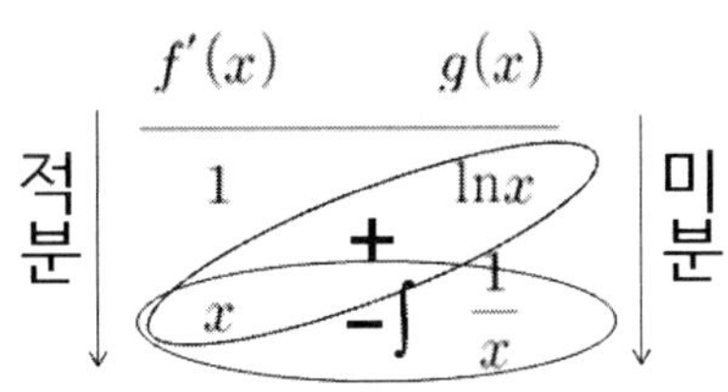

$$\begin{aligned}\int \ln x dx &= \int 1 \times \ln x\, dx \\ &= x\ln x - \int 1 dx = x\ln x - x + C\end{aligned}$$

가 된다.

예제 4

$\int e^{-x}\sin x dx$를 구하라.

풀이

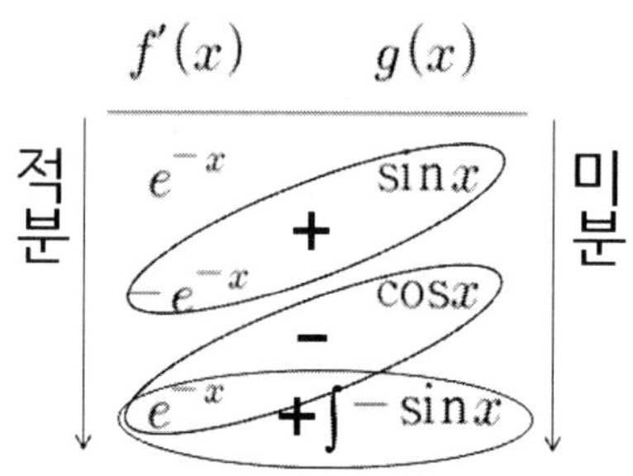

$$\int e^{-x}\sin x dx = -e^{-x}\sin x - e^{-x}\cos x - \int e^{-x}\sin x dx$$

가 된다.

우변의 $-\int e^{-x}\sin x\, dx$를 좌변으로 이항시키면

$$2\int e^{-x}\sin x dx = -e^{-x}\sin x - e^{-x}\cos x + C$$

가 되고

양변을 2로 나누면

$$\int e^{-x}\sin x dx = -\frac{1}{2}e^{-x}(\sin x + \cos x) + C$$

를 얻는다.

주의

위의 식에서 양변을 2로 나누면 우변은

$$-\frac{1}{2}e^{-x}(\sin x + \cos x) + \frac{C}{2}$$

가 되나

C가 표현하는 것은 모든 실수의 집합이므로

$$\frac{C}{2} = \left\{\frac{x}{2} | x \in 실수\right\}$$

이 되어 집합 $\frac{C}{2}$는 집합 C와 같아진다.

예제 5

$\int \ln(x+1)\,dx$를 **구하라.**

풀이

$$\int \ln(x+1)\,dx = \int 1\times\ln(x+1)\,dx = \int (x)'\ln(x+1)\,dx$$
$$= x\ln(x+1) - \int x\{\ln(x+1)\}'dx$$
$$= x\ln(x+1) - \int x\times\frac{1}{x+1}dx$$
$$= x\ln(x+1) - \int (\frac{x+1}{x+1} - \frac{1}{x+1})dx$$
$$= x\ln(x+1) - x + \ln(x+1) + C$$

이 문제를 다른 방법으로 풀어보자.

$$\int \ln(x+1)\,dx = \int 1\times\ln(x+1)\,dx = \int (x+1)'\ln(x+1)\,dx$$
$$= (x+1)\ln(x+1) - \int (x+1)\{\ln(x+1)\}'dx$$
$$= (x+1)\ln(x+1) - \int (x+1)\times\frac{1}{x+1}dx$$
$$= (x+1)\ln(x+1) - x + C$$

이 두가지 풀이에 의한 결과는 달라 보이지만

$$x\ln(x+1) - x + \ln(x+1) + C$$
$$= (x+1)\ln(x+1) - x + C$$

이므로 모양만 다른 같은 답이다.

[예제 5]에서 보여주는 것은 $1=(x)'$으로 두거나 $1=(x+1)'$으로 두거나 같은 결과를 얻을 수 있으나 $1=(x+1)'$으로 두는 것이 계산 과정을 좀 더 쉽게 만든다는 것이다.

연습문제

※ 다음 적분을 구하여라.

(1) $\int (x+1)e^x dx$

풀이

$f'(x)=e^x$, $g(x)=(x+1)$으로 두면

$f(x)=e^x$, $g'(x)=1$이므로

$$\int (x+1)e^x dx = (x+1)e^x - \int e^x dx = xe^x + C$$

(2) $\int (2x-x^2)e^{-x} dx$

풀이

$f'(x)=e^{-x}$, $g(x)=2x-x^2$으로 두면

$f(x)=-e^{-x}$, $g'(x)=2-2x$이므로

$$\int (2x-x^2)e^{-x} dx$$

$$=-e^{-x}(2x-x^2)-\int(-e^{-x})(2-2x)dx$$ 이 되고,

$f'(x)=-e^{-x}$, $g(x)=2-2x$으로 두면

$f(x)=e^{-x}$, $g'(x)=-2$이므로

$$=-e^{-x}(2x-x^2)-e^{-x}(2-2x)+\int(-2)e^{-x}dx$$

$$=-e^{-x}(2x-x^2)-e^{-x}(2-2x)+2e^{-x}+C$$

$$=x^2e^{-x}+C$$

가 된다.

(3) $\int 2x^5 e^{x^2} dx$

풀이

$u=x^2$, $du=2x\,dx$로 치환하면

$$\int 2x^5 e^{x^2} dx = \int u^2 e^u du$$

$f'(u)=e^u$, $g(u)=u^2$으로 두면

$f(u)=e^u$, $g'(u)=2u$이므로

$$=u^2e^u-\int 2ue^u du$$

$f'(u)=e^u$, $g(u)=2u$으로 두면

$f(u) = e^u$, $g'(u) = 2$이므로

$$= u^2e^u - (2ue^u - \int 2e^u du)$$

$$= u^2e^u - 2ue^u + 2e^u + C$$

$$= x^4e^{x^2} - 2x^2e^{x^2} + 2e^{x^2} + C = (x^4 - 2x^2 + 2)e^{x^2} + C$$가 된다.

(4) $\int \sin^{-1}x\,dx$

풀이 $f'(x) = 1$, $g(x) = \sin^{-1}x$으로 두면

$f(x) = x$, $g'(x) = \dfrac{1}{\sqrt{1-x^2}}$이므로

$$\int \sin^{-1}x\,dx = x\sin^{-1}x - \int \frac{x}{\sqrt{1-x^2}}dx$$

$u = 1-x^2$, $du = -2x\,dx$로 치환하면

$$\int \frac{x}{\sqrt{1-x^2}}dx = \int -\frac{1}{2}u^{-\frac{1}{2}}du = -\frac{1}{2} \times \frac{1}{-\frac{1}{2}+1}u^{-\frac{1}{2}+1} + C$$

$$= -u^{\frac{1}{2}} + C = -\sqrt{1-x^2} + C$$ 가 되어

$$\int \sin^{-1}x\,dx = x\sin^{-1}x + \sqrt{1-x^2} + C$$가 된다.

(5) $\int \sin(\ln x)dx$

풀이 $f'(x) = 1$, $g(x) = \sin(\ln x)$으로 두면

$f(x) = x$, $g'(x) = \dfrac{1}{x}\cos(\ln x)$이므로

$$\int \sin(\ln x)dx = x\sin(\ln x) - \int \cos(\ln x)dx$$

$f'(x) = 1$, $g(x) = \cos(\ln x)$으로 두면

$f(x) = x$, $g'(x) = -\dfrac{1}{x}\sin(\ln x)$이므로

$$\int \sin(\ln x)dx = x\sin(\ln x) - \left\{x\cos(\ln x) + \int \sin(\ln x)dx\right\}$$

$$= x\sin(\ln x) - x\cos(\ln x) - \int \sin(\ln x)dx$$

이 된다.

우변의 $-\int \sin(\ln x)dx$를 좌변으로 보내면

$$2\int \sin(\ln x)dx = x\{\sin(\ln x) - \cos(\ln x)\} + C$$

가 되어

$$\int \sin(\ln x)dx = \frac{1}{2}x\{\sin(\ln x) - \cos(\ln x)\} + C$$

이다.

(6) $\int 16(x^3+1)\ln x\,dx$

풀이 $f'(x) = 16(x^3+1),\ g(x) = \ln x$ 으로 두면

$f(x) = 16(\frac{1}{4}x^4 + x) = 4x^4 + 16x,\ g'(x) = \frac{1}{x}$ 이므로

$$\begin{aligned}\int 16(x^3+1)\ln x\,dx &= (4x^4+16x)\ln x - \int (4x^4+16x) \times \frac{1}{x}dx \\ &= (4x^4+16x)\ln x - \int (4x^3+16)dx \\ &= (4x^4+16x)\ln x - (x^4+16x) + C\end{aligned}$$

이다.

(7) $\int \tan^{-1}x\,dx$

풀이 $f'(x) = 1,\ g(x) = \tan^{-1}x$ 으로 두면

$f(x) = x,\ g'(x) = \frac{1}{1+x^2}$ 이므로

$$\begin{aligned}\int \tan^{-1}x\,dx &= x\tan^{-1}x - \int \frac{x}{1+x^2}dx \\ &= x\tan^{-1}x - \frac{1}{2}\int \frac{2x}{1+x^2}dx \\ &= x\tan^{-1}x - \frac{1}{2}\ln(1+x^2) + C\end{aligned}$$

이다.

(8) $\int x\sec^2 x\,dx$

풀이 $f'(x) = \sec^2 x,\ g(x) = x$ 으로 두면

$f(x) = \tan x,\ g'(x) = 1$ 이므로

$$\begin{aligned}\int x\sec^2 x\,dx &= x\tan x - \int \tan x\,dx \\ &= x\tan x - \int \frac{\sin x}{\cos x}dx \\ &= x\tan x + \int \frac{-\sin x}{\cos x}dx\end{aligned}$$

$$= x\tan x + \ln(\cos x) + C$$

이다.

(9) $\int 4x\sin 2x\, dx$

풀이 $f'(x) = \sin 2x$, $g(x) = 4x$ 으로 두면

$f(x) = -\frac{1}{2}\cos 2x$, $g'(x) = 4$ 이므로

$$\begin{aligned}\int 4x\sin 2x\, dx &= -2x\cos 2x + \int 2\cos 2x dx \\ &= -2x\cos 2x + \sin 2x + C\end{aligned}$$

이다.

3.6 분수함수 적분법

3.6.1 진분수함수와 가분수함수

분수함수란 공통 인수가 없는 두 다항식 $f(x), g(x)$의 몫, $\frac{f(x)}{g(x)}$로 정의된 함수이다.

분수함수는 $f(x)$의 차수가 $g(x)$보다 작을 때 진분수함수, $f(x)$의 차수가 $g(x)$보다 크거나 같을 때 가분수함수라고 한다.

가분수함수는 다항식의 나눗셈에 의해

$$\frac{f(x)}{g(x)} = Q(x) + \frac{r(x)}{g(x)}$$

의 형태로 변환이 가능하고 $\frac{r(x)}{g(x)}$는 진분수함수가 된다.

즉 가분수함수는 다항식과 진분수함수의 합으로 변환할 수 있다.

그러므로 진분수함수의 적분을 공부하면 분수함수의 적분을 모두 구할 수 있게 된다.

3.6.2 부분분수

분수함수를 적분하기 위해서는 주어진 분수함수를 간단한 분수식들의 합으로 변환하는 것이 필요하다. 이러한 변환 과정을 부분분수로 분해한다고 한다.

진분수함수 $\frac{f(x)}{g(x)}$의 분모 $g(x)$는 대수학의 기본정리에 의하여 일차 혹은 이차 다항식으로 인수분해가 가능하다.

따라서 진분수함수는 다음과 같이 부분분수의 합으로 분해할 수 있다.

즉, $(ax+b)^m$이 $g(x)$의 인수이면

이 인수에 다음과 같이 m개의 부분분수의 합

$$\frac{A_1}{ax+b}+\frac{A_2}{(ax+b)^2}+\ \dots\ +\frac{A_m}{(ax+b)^m}$$

이 대응한다.

여기서 $A_1, A_2, \dots. A_m$은 상수이다.

또한, $(ax^2+bx+c)^m$이 인수이면

$$\frac{A_1x+B_1}{(ax^2+bx+c)}+\frac{A_2x+B_2}{(ax^2+bx+c)^2}+\dots+\frac{A_mx+B_m}{(ax^2+bx+c)^m}$$

이 대응한다.

여기서 $A_1,\ A_2, \dots. A_m$과 $B_1,\ B_2, \dots. B_m$은 상수이다.

위와 같이 분수함수를 부분분수의 합으로 분해한 후 적분하면 된다.

예제 6

$\int \frac{1}{x^2-3x+2}dx$**를 구하라.**

풀이 적분을 하기 위하여 피적분함수를 부분분수로 분해해 보자.
분모를 인수분해하면

$$x^2-3x+2=(x-1)(x-2)$$

이므로

$$\frac{1}{x^2-3x+2}=\frac{1}{(x-1)(x-2)}=\frac{A}{x-1}+\frac{B}{x-2}$$

로 놓고

양변에 $(x-1)(x-2)$를 곱하여

$$1 = A(x-2) + B(x-1)$$

이란 식을 얻는데 여기에
$x=1$을 대입하여 $A=-1$를 구하고
$x=2$를 대입하여 $B=1$을 구한다.

따라서 피적분함수는 $\dfrac{1}{x^2-3x+2} = -\dfrac{1}{x-1} + \dfrac{1}{x-2}$로 분해된다.

마지막으로 적분을 구하면,

$$\begin{aligned}\int \frac{1}{x^2-3x+2}dx &= \int \left(-\frac{1}{x-1} + \frac{1}{x-2}\right)dx \\ &= -\ln|x-1| + \ln|x-2| + C\end{aligned}$$

이다.

예제 7

$\displaystyle\int \frac{2x}{x^2-3x+2}dx$**를 구하라.**

풀이 적분을 하기 위하여 피적분함수를 부분분수로 분해해 보자.
분모를 인수분해하면

$$x^2-3x+2 = (x-1)(x-2)$$

이므로 피적분함수를

$$\frac{2x}{x^2-3x+2} = \frac{2x}{(x-1)(x-2)} = \frac{A}{x-1} + \frac{B}{x-2}$$

로 놓는다.
양변에 $(x-1)(x-2)$를 곱하여

$$2x = A(x-2) + B(x-1)$$

이란 식을 얻는데 여기에
$x=1$을 대입하여 $A=-2$를 구하고
$x=2$를 대입하여 $B=4$를 구한다.
따라서 피적분함수는
$\dfrac{2x}{x^2-3x+2} = -\dfrac{2}{x-1} + \dfrac{4}{x-2}$로 분해된다.
마지막으로 적분을 구하면,

$$\int \frac{2x}{x^2-3x+2}dx = \int (-\frac{2}{x-1} + \frac{4}{x-2})dx$$
$$= -2\ln|x-1| + 4\ln|x-2| + C$$

이다.

예제 8

$\int \frac{2x+3}{x^2+2x+5}dx$를 구하라.

풀이 피적분함수의 분모는 더 이상 인수분해 되지 않는 2차함수이다.
이런 경우에는 먼저 피적분함수를

$$\frac{f'(x)}{f(x)} + \frac{\text{상수}}{f(x)}$$

의 형태로 변환한 후 공식

$$\int \frac{f'(x)}{f(x)}dx = \ln|f(x)| + C$$

를 이용하여 적분한다.
즉, 주어진 피적분함수를

$$\frac{2x+3}{x^2+2x+5} = \frac{2x+2}{x^2+2x+5} + \frac{1}{x^2+2x+5}$$

로 변형한 후 공식을 적용하면

$$\int \frac{2x+2}{x^2+2x+5}dx = \ln(x^2+2x+5) + C$$

이고,
$\frac{1}{x^2+2x+5} = \frac{1}{(x+1)^2+2^2}$으로 바꾸어 적용하면

$$\int \frac{1}{x^2+2x+5}dx = \int \frac{1}{(x+1)^2+2^2}dx = \frac{1}{2}\tan^{-1}\frac{x+1}{2} + C$$

가 된다.
그러므로

$$\int \frac{2x+3}{x^2+2x+5}dx = \ln(x^2+2x+5) + \frac{1}{2}\tan^{-1}\frac{x+1}{2} + C$$

를 구할 수 있다.

예제 9

$\int \frac{-x^5+x^4+3x-5}{x^4-2x^3+2x^2-2x+1}dx$를 구하라.

풀이 피적분함수가 가분수함수이므로 나눗셈에 의하여

$$\frac{-x^5+x^4+3x-5}{x^4-2x^3+2x^2-2x+1}=-x-1+\frac{2x-4}{x^4-2x^3+2x^2-2x+1}$$

로 변형한 후, 진분수식 $\frac{2x-4}{x^4-2x^3+2x^2-2x+1}$의 적분을 하여 답을 구한다.

이 적분을 구하기 위하여 분모를 인수분해 하면

$$x^4-2x^3+2x^2-2x+1=(x-1)^2(x^2+1)$$

이므로

$$\frac{2x-4}{(x-1)^2(x^2+1)}=\frac{A_1}{(x-1)}+\frac{A_2}{(x-1)^2}+\frac{B_1x+B_2}{(x^2+1)}$$

로 놓는다.
양변에 $(x-1)^2(x^2+1)$을 곱하면

$$2x-4=A_1(x-1)(x^2+1)+A_2(x^2+1)+(B_1x+B_2)(x-1)^2$$

이란 식을 얻는다.
여기에
$x=1$을 대입하여 $A_2=-1$을 얻고
계수비교에 의해
3차의 계수는

$$0=A_1+B_1 \quad \cdots\cdots (식1)$$

2차의 계수는

$$0=-A_1+A_2-2B_1+B_2 \quad \cdots\cdots (식2)$$

1차의 계수는

$$2=A_1+B_1-2B_2 \quad \cdots\cdots (식3)$$

상수항은

$$-4=-A_1+A_2+B_2 \quad \cdots\cdots (식4)$$

(식1)을 (식3)에 대입하여 $B_2=-1$을 얻고
(식4)에 $A_2=-1, B_2=-1$을 대입하여 $A_1=2$를 얻고

이것을 (식1)에 대입하여 $B_1 =-2$를 얻는다.
그러므로

$$\frac{2x-4}{(x-1)^2(x^2+1)} = \frac{2}{(x-1)} - \frac{1}{(x-1)^2} - \frac{2x+1}{(x^2+1)}$$

로 분해된다.

분해된 부분분수 각각을 적분하면

$$\int \frac{2}{x-1}dx = 2\ln|x-1| + C,$$

$$\int \frac{1}{(x-1)^2} = -\frac{1}{x-1} + C,$$

$$\int \frac{2x+1}{x^2+1}dx = \int \frac{2x}{x^2+1}dx + \int \frac{1}{x^2+1}dx$$
$$= \ln(x^2+1) + \tan^{-1}x + C$$

가 된다.
종합하여

$$\int \frac{-x^5+x^4+3x-5}{x^4-2x^3+2x^2-2x+1}dx$$
$$= \int (-x-1+\frac{2x-4}{x^4-2x^3+2x^2-2x+1})dx$$
$$= -\frac{1}{2}x^2 - x + \int \frac{2x-4}{(x-1)^2(x^2+1)}dx$$
$$= -\frac{1}{2}x^2 - x + \int \left\{ \frac{2}{(x-1)} - \frac{1}{(x-1)^2} - \frac{2x+1}{(x^2+1)} \right\} dx$$
$$= -\frac{1}{2}x^2 - x + 2\ln|x-1| + \frac{1}{x-1} - \ln(x^2+1) - \tan^{-1}x + C$$

를 구할 수 있다.

연습문제

※ 다음 적분을 구하라.

(1) $\int \frac{x^2+2}{x^5+2x^3+x}dx$

풀이 피적분함수는 진분수함수이다. 그러므로 나눗셈을 할 필요는 없다.
이 적분을 구하기 위하여 분모를 인수분해하면

$$x^5+2x^3+x = x(x^4+2x^2+1) = x(x^2+1)^2$$

이므로 피적분함수를

$$\frac{x^2+2}{x^5+2x^3+x} = \frac{x^2+2}{x(x^2+1)^2} = \frac{A}{x} + \frac{Bx+C}{x^2+1} + \frac{Dx+E}{(x^2+1)^2}$$

로 놓는다.
윗식의 양변에 $x(x^2+1)^2$를 곱하여

$$x^2+2 = A(x^2+1)^2 + (Bx+C)x(x^2+1) + (Dx+E)x$$

이란 식을 얻는데 여기에
$x=0$을 대입하여 $A=2$를 구하고
계수비교에 의해
4차의 계수는
$0=A+B$ 이므로 $B=-2$

3차의 계수는 $C=0$

2차의 계수는 $2A+B+D=1$이므로 $D=-1$

1차의 계수는 $C+E=0$이므로 $E=0$을 얻는다.
그러므로 $\frac{x^2+2}{x^5+2x^3+x} = \frac{x^2+2}{x(x^2+1)^2} = \frac{2}{x} - \frac{2x}{x^2+1} - \frac{x}{(x^2+1)^2}$로 분해되고 분해된 부분분수 각각을 적분하면

$$\int \frac{2}{x}dx = 2\ln x + C$$

$$-\int \frac{2x}{x^2+1}dx = -\ln(x^2+1)$$

$$-\int \frac{x}{(x^2+1)^2}dx =$$

$u = x^2 + 1$, $du = 2xdx$ 로 치환하면

$$-\int \frac{x}{(x^2+1)^2}dx = -\int \frac{\frac{1}{2}}{u^2}du = -\frac{1}{2}\int u^{-2}du$$
$$= -\frac{1}{2}\times\frac{1}{-2+1}u^{-2+1} + C$$
$$= \frac{1}{2}u^{-1} + C$$
$$= \frac{1}{2(x^2+1)} + C$$

가 된다.
종합하여

$$\int \frac{x^2+2}{x^5+2x^3+x}dx = \int\left\{\frac{2}{x} - \frac{2x}{x^2+1} - \frac{x}{(x^2+1)^2}\right\}dx$$
$$= 2\ln x - \ln(x^2+1) + \frac{1}{2(x^2+1)} + C$$

이다.

(2) $\int \frac{4x+2}{x^2+x}dx$

풀이

① 분모를 인수분해하면 $x^2 + x = x(x+1)$ 이므로 피적분함수는

$\frac{4x+2}{x^2+x} = \frac{4x+2}{x(x+1)} = \frac{A}{x} + \frac{B}{x+1}$ 로 놓는다.

윗 식의 양변에 $x(x+1)$을 곱하여
$4x+2 = A(x+1) + Bx$ 이란 식을 얻는데 여기에
$x = 0$을 대입하여 $A = 2$를 구하고
$x = -1$을 대입하여 $B = 2$를 얻는다.
그러므로
$\frac{4x+2}{x^2+x} = \frac{2}{x} + \frac{2}{x+1}$ 로 분해된다.
따라서

$$\int \frac{4x+2}{x^2+x}dx = \int \frac{4x+2}{x(x+1)}dx = \int\left(\frac{2}{x} + \frac{2}{x+1}\right)dx$$
$$= 2\ln x + 2\ln(x+1) + C$$ 이다.

② $\int \frac{4x+2}{x^2+x}dx = 2\int \frac{2x+1}{x^2+x}dx$ 가 되고

공식 $\int \frac{f'(x)}{f(x)}dx = \ln\{(f(x)\} + C$에 의해

$\int \frac{4x+2}{x^2+x}dx = 2\ln(x^2+x) + C$를 구할 수 있다.

풀이 ①의 해와 풀이 ②의 해는 로그함수의 성질에 의해

$2\ln x + 2\ln(x+1) = 2\ln\{x(x+1)\}$

이므로 같은 해이다.

(3) $\int \frac{2x^2-1}{x^3+3x^2+2x}dx$

풀이 분모를 인수분해하면 $x^3+3x^2+2x = x(x^2+3x+2) = x(x+1)(x+2)$이므로 피적분함수를

$\frac{2x^2-1}{x^3+3x^2+2x} = \frac{2x^2-1}{x(x+1)(x+2)} = \frac{A}{x} + \frac{B}{x+1} + \frac{C}{x+2}$로 놓는다.

윗 식의 양변에 $x(x+1)(x+2)$을 곱하여

$2x^2-1 = A(x+1)(x+2) + Bx(x+2) + Cx(x+1)$이란 식을 얻는데 여기에

$x=0$을 대입하여 $2A=-1$ 즉$A=-\frac{1}{2}$를 구하고

$x=-1$을 대입하여 $-B=1$ 즉 $B=-1$를 얻는다.

또 $x=-2$를 대입하여 $2C=7$ 즉 $C=\frac{7}{2}$를 얻는다.

그러므로 $\frac{2x^2-1}{x^3+3x^2+2x} = -\frac{1}{2}\times\frac{1}{x} - \frac{1}{x+1} + \frac{7}{2}\times\frac{1}{x+2}$로 분해되고

종합하면

$$\int \frac{2x^2-1}{x^3+3x^2+2x}dx = \int \frac{2x^2-1}{x(x+1)(x+2)}dx$$

$$= \int(-\frac{1}{2}\times\frac{1}{x} - \frac{1}{x+1} + \frac{7}{2}\times\frac{1}{x+2})dx$$

$$= -\frac{1}{2}\ln x - \ln(x+1) + \frac{7}{2}\ln(x+2) + C$$이다.

(4) $\int \frac{1}{3x^2-x-2}dx$

풀이 분모를 인수분해하면 $3x^2-x-2 = (3x+2)(x-1)$이므로 피적분함수를

$\frac{1}{3x^2-x-2} = \frac{1}{(3x+2)(x-1)} = \frac{A}{3x+2} + \frac{B}{x-1}$로 놓는다.

윗 식의 양변에 $(3x+2)(x-1)$을 곱하여
$1=A(x-1)+B(3x+2)$이란 식을 얻는데 여기에
$x=-\frac{2}{3}$을 대입하여 $-\frac{5}{3}A=1$ 즉 $A=-\frac{3}{5}$을 구하고
$x=1$을 대입하여 $5B=1$ 즉 $B=\frac{1}{5}$를 얻는다.

그러므로 $3x^2-x-2=\dfrac{-\frac{3}{5}}{3x+2}+\dfrac{\frac{1}{5}}{x-1}$로 분해되고

$$\begin{aligned}\int\frac{1}{3x^2-x-2}dx&=\int\frac{1}{(3x+2)(x-1)}dx\\&=\int\left(\frac{-\frac{3}{5}}{3x+2}+\frac{\frac{1}{5}}{x-1}\right)dx\\&=-\frac{3}{5}\times\frac{1}{3}\ln(3x+2)+\frac{1}{5}\ln(x-1)+C\\&=-\frac{1}{5}\ln(3x+2)+\frac{1}{5}\ln(x-1)+C\text{이다.}\end{aligned}$$

(5) $\int\frac{x}{3x^2-x-2}dx$

풀이 분모를 인수분해하면 $3x^2-x-2=(3x+2)(x-1)$이므로 피적분함수를

$\dfrac{x}{3x^2-x-2}=\dfrac{x}{(3x+2)(x-1)}=\dfrac{A}{3x+2}+\dfrac{B}{x-1}$로 놓는다.

윗 식의 양변에 $(3x+2)(x-1)$을 곱하여
$x=A(x-1)+B(3x+2)$이란 식을 얻는데 여기에
$x=-\frac{2}{3}$을 대입하여 $-\frac{5}{3}A=-\frac{2}{3}$ 즉 $A=\frac{2}{5}$을 구하고
$x=1$을 대입하여 $5B=1$
즉 $B=\frac{1}{5}$를 얻는다.

그러므로 $\dfrac{x}{3x^2-x-2}=\dfrac{\frac{2}{5}}{3x+2}+\dfrac{\frac{1}{5}}{x-1}$로 분해되어

$$\begin{aligned}\int\frac{x}{3x^2-x-2}dx&=\int\frac{x}{(3x+2)(x-1)}dx\\&=\int\left(\frac{\frac{2}{5}}{3x+2}+\frac{\frac{1}{5}}{x-1}\right)dx\end{aligned}$$

$$= \frac{2}{5} \times \frac{1}{3} \ln(3x+2) + \frac{1}{5} \ln(x-1) + C$$

$$= \frac{2}{15} \ln(3x+2) + \frac{1}{5} \ln(x-1) + C$$

이다.

(6) $\int \frac{x+1}{3x^2-x-2} dx$

풀이 분모를 인수분해하면 $3x^2-x-2=(3x+2)(x-1)$이므로 피적분함수를

$\frac{x+1}{3x^2-x-2} = \frac{x+1}{(3x+2)(x-1)} = \frac{A}{3x+2} + \frac{B}{x-1}$ 로 놓고

윗 식의 양변에 $(3x+2)(x-1)$을 곱하여

$x+1 = A(x-1)+B(3x+2)$이란 식을 얻는데 여기에

$x=-\frac{2}{3}$을 대입하여 $-\frac{5}{3}A=\frac{1}{3}$ 즉 $A=-\frac{1}{5}$을 구하고

$x=1$을 대입하여 $5B=2$

즉 $B=\frac{2}{5}$를 얻는다.

그러므로 $\frac{x+1}{3x^2-x-2} = \frac{-\frac{1}{5}}{3x+2} + \frac{\frac{2}{5}}{x-1}$ 로 분해되어

$$\int \frac{x+1}{3x^2-x-2} dx = \int \frac{x+1}{(3x+2)(x-1)} dx$$

$$= \int \left(\frac{-\frac{1}{5}}{3x+2} + \frac{\frac{2}{5}}{x-1}\right) dx$$

$$= -\frac{1}{5} \times \frac{1}{3} \ln(3x+2) + \frac{2}{5} \ln(x-1) + C$$

$$= -\frac{1}{15} \ln(3x+2) + \frac{2}{5} \ln(x-1) + C$$

이다.

사실 (6)번 문제는 (5)번 문제와 (4)번 문제의 합이다. 그러므로 답도 (5)번 문제와 (4)번 문제의 합으로 나온다.

(7) $\int \frac{x^4-2x-1}{x^2-1} dx$

풀이 피적분함수가 가분수 함수이므로 나눗셈을 하여야 한다.

$$
\begin{array}{r|l}
 & x^2+1 \\
\hline
x^2-1 & x^4 \qquad -2x-1 \\
 & x^4 - x^2 \\
\hline
 & \quad x^2-2x-1 \\
 & \quad x^2 \qquad -1 \\
\hline
 & \qquad -2x
\end{array}
$$

나눗셈에 의하여 $\dfrac{x^4-2x-1}{x^2-1}=x^2+1-\dfrac{2x}{x^2-1}$

로 변형한 후 적분한다.

$$\int\frac{x^4-2x-1}{x^2-1}dx=\int(x^2+1-\frac{2x}{x^2-1})dx$$
$$=\frac{1}{3}x^3+x-\ln(x^2-1)+C$$

(8) $\displaystyle\int\frac{x^4+5x^3-x^2+1}{x^3-x}dx$

풀이 피적분함수가 가분수 함수이므로 나눗셈을 하여야 한다.

$$
\begin{array}{r|l}
 & x+5 \\
\hline
x^3-x & x^4+5x^3-x^2+1 \\
 & x^4 \qquad -x^2 \\
\hline
 & \quad 5x^3 \qquad +1 \\
 & \quad 5x^3-5x \\
\hline
 & \qquad 5x+1
\end{array}
$$

나눗셈에 의하여

$\dfrac{x^4+5x^3-x^2+1}{x^3-x}=(x+5)+\dfrac{5x+1}{x^3-x}$로 변형한 후 적분한다.

앞부분의 $(x+5)$는 간단하게 적분이 가능하므로

진분수식 $\dfrac{5x+1}{x^3-x}$의 적분을 구하면 답을 구할 수 있다.

먼저, 분모를 인수분해하면

$x^3-x=x(x^2-1)=x(x+1)(x-1)$이므로

$$\frac{5x+1}{x^3-x}=\frac{5x+1}{x(x+1)(x-1)}=\frac{A}{x}+\frac{B}{x+1}+\frac{C}{x-1}$$

로 놓는다..
양변에 $x(x+1)(x-1)$을 곱하면

$$5x+1=A(x+1)(x-1)+Bx(x-1)+Cx(x+1)$$

이란 식을 얻는다.
여기에
$x=0$을 대입하여 $A=-1$을 얻고
$x=-1$ 을 대입하여 $B=-2$
$x=1$을 대입하여 $C=3$을 얻는다.
그러므로 $\frac{5x+1}{x^3-x}=-\frac{1}{x}-\frac{2}{x+1}+\frac{3}{x-1}$로 분해되어

$$\int\frac{5x+1}{x^3-x}dx=\int\frac{5x+1}{x(x+1)(x-1)}dx=\int(-\frac{1}{x}-\frac{2}{x+1}+\frac{3}{x-1})dx$$
$$=-\ln x-2\ln(x+1)+3\ln(x-1)+C$$

이다.
종합하여

$$\int\frac{x^4+5x^3-x^2+1}{x^3-x}dx=\int(x+5+\frac{5x+1}{x^3-x})dx$$
$$=\frac{1}{2}x^2+5x+\int\frac{5x+1}{x(x+1)(x-1)}dx$$
$$=\frac{1}{2}x^2+5x-\ln x-2\ln(x+1)+3\ln(x-1)+C$$

를 구할 수 있다.

(9) $\int\frac{x^2}{x^4-1}dx$

풀이

분모를 인수분해하면 $x^4-1=(x^2+1)(x^2-1)=(x^2+1)(x+1)(x-1)$이므로 피적분함수를

$$\frac{x^2}{x^4-1}=\frac{x^2}{(x^2+1)(x+1)(x-1)}$$
$$=\frac{Ax+B}{x^2+1}+\frac{C}{x+1}+\frac{D}{x-1}$$

로 놓는다.
윗 식의 양변에 $(x^2+1)(x+1)(x-1)$을 곱하여

$x^2 = (Ax+B)(x+1)(x-1)+C(x^2+1)(x-1)+D(x^2+1)(x+1)$이란 식을 얻는데 여기에 $x=-1$을 대입하여 $-4C=1$ 즉 $C=-\frac{1}{4}$를 얻는다.

$x=1$을 대입하여 $4D=1$ 즉 $D=\frac{1}{4}$을 구하고

양변의 3차항의 계수를 비교하여 $0=A+C+D$이고 $C=-\frac{1}{4}, D=\frac{1}{4}$ 를 대입하여 $A=0$를 얻는다.

상수항을 비교하면 $0=-B-C+D$이고 $C=-\frac{1}{4}, D=\frac{1}{4}$를 대입하여 $B=\frac{1}{2}$를 구한다.

그러므로 $\frac{x^2}{x^4-1}=\frac{\frac{1}{2}}{x^2+1}-\frac{\frac{1}{4}}{x+1}+\frac{\frac{1}{4}}{x-1}$ 로 분해되어

$$\begin{aligned}\int \frac{x^2}{x^4-1}dx &= \int \frac{x^2}{(x^2+1)(x+1)(x-1)}dx \\ &= \int \left(\frac{\frac{1}{2}}{x^2+1}-\frac{\frac{1}{4}}{x+1}+\frac{\frac{1}{4}}{x-1}\right)dx \\ &= \frac{1}{2}\tan^{-1}x-\frac{1}{4}\ln(x+1)+\frac{1}{4}\ln(x-1)+C\end{aligned}$$

이다.

(10) $\int \frac{2}{x^3+8}dx$

풀이

$x^3+y^3=(x+y)(x^2-xy+y^2)$이므로
분모를 인수분해하면 $x^3+8=x^3+2^3=(x+2)(x^2-2x+4)$이다.
따라서 피적분함수를

$$\frac{2}{x^3+8}=\frac{2}{(x+2)(x^2-2x+4)}=\frac{A}{x+2}+\frac{Bx+C}{x^2-2x+4}$$

로 놓는다.
윗 식의 양변에 $(x+2)(x^2-2x+4)$을 곱하여
$2=A(x^2-2x+4)+(Bx+C)(x+2)$이란 식을 얻는데 여기에 $x=-2$을 대입하여 $12A=2$ 즉 $A=\frac{1}{6}$를 얻는다.

양변의 2차항의 계수를 비교하면 $A+B=0$ 이고 $A=\frac{1}{6}$을 대입하여 $B=-\frac{1}{6}$을 얻는다.

양변의 상수항을 비교하면

$4A+2C=2$이고 $A=\frac{1}{6}$을 대입하여 $C=\frac{2}{3}$를 얻는다.

그러므로 $\frac{2}{x^3+8}=\frac{1}{x+2}-\frac{x-4}{x^2-2x+4}$로 분해되어

$$\int\frac{2}{x^3+8}dx=\int\frac{2}{(x+2)(x^2-2x+4)}dx$$
$$=\int\frac{1}{6}\left(\frac{1}{x+2}-\frac{x-4}{x^2-2x+4}\right)dx \text{이다.}$$

적분과정중 까다로운 부분인 $\int\frac{x-4}{x^2-2x+4}dx$를 먼저 다루어보겠다.

$$\int\frac{x-4}{x^2-2x+4}dx=\int\frac{1}{2}\left(\frac{2x-2}{x^2-2x+4}\right)dx-\int\frac{3}{x^2-2x+4}dx$$
$$=\frac{1}{2}\int\left(\frac{2x-2}{x^2-2x+4}\right)dx-3\int\frac{1}{(x-1)^2+3}dx$$
$$=\frac{1}{2}\ln(x^2-2x+4)-3\times\frac{1}{\sqrt{3}}\tan^{-1}\frac{x-1}{\sqrt{3}} \text{이 된다.}$$

(첫번째 적분에서는 $\int\frac{f'(x)}{f(x)}dx=\ln|f(x)|+C$를 두 번째 적분에서는

$\int\frac{1}{a^2+x^2}dx=\frac{1}{a}\tan^{-1}\frac{x}{a}+C$ 를 사용하였다.)

따라서

$$\int\frac{2}{x^3+8}dx=\int\frac{1}{6}\left(\frac{1}{x+2}-\frac{x-4}{x^2-2x+4}\right)dx$$
$$=\frac{1}{6}\left\{\ln(x+2)-\frac{1}{2}\ln(x^2-2x+4)+\sqrt{3}\tan^{-1}\frac{x-1}{\sqrt{3}}\right\}+C \text{이다.}$$

제4장

미분방정식의 예비이론

제 4 장 미분방정식의 예비이론

4.1 미분방정식의 정의

등식(等式)이란 등호(等號, =)를 사용하여 수나 식이 서로 같음을 나타낸 식이다. 방정식(方程式)이란 문자의 값에 따라 참이나 거짓이 되는 등식이고 방정식이 참이 되는 문자의 집합을 방정식의 해(解, solution)라고 한다.

이차함수를 포함하는

$$x^2+2x-3=0$$

와 같은 방정식을 이차방정식이라 하고

이 방정식의 해는

$$x=1,-3$$

이 된다.

마찬가지로 삼각함수를 포함하는

$$\sin x=\frac{\sqrt{3}}{2}$$

와 같은 방정식을 삼각방정식이라 하고

이 방정식의 해는

$$x=n\pi+(-1)^n\frac{\pi}{3}$$

이 된다.

도함수를 포함하는 방정식을 미분방정식이라 하며 그 방정식을 만족하는 함수를 모두 찾는 것을 '미분방정식의 해를 구한다'고 말한다.

예를 들어,

$$y' - y = 0$$

은 도함수를 포함하는 방정식이므로 미분방정식이라고 부르며

$$y' - y = 0$$

을 만족한다는 것은

$$y' = y$$

를 뜻하는 것이다.

이런 함수는

$$y = e^x,\ y = -2e^x,\ y = 5e^x,\ \ldots$$

이 있으며 이들을 모두 포함하는 해를 간략하게

$$y = Ce^x$$

로 표현한다.

즉, 미분방정식

$$y' - y = 0$$

의 해는

$$y = Ce^x$$

이다.

예

(1) $\dfrac{dQ}{dt} + Q = 5\sin 2t$

(2) $y'' - y' - 2y = 0$

4.2 미분방정식의 계수

방정식에 나타난 도함수 중 가장 많이 미분한 횟수를 미분방정식의 계수라 부른다.

예를 들면 도함수 중 가장 많이 미분한 횟수가 1회인 미분방정식

$$y' + xy = xy^2$$

을 1계 미분방정식이라 하고
도함수 중 가장 많이 미분한 횟수가 3회인

$$y'''y + y'' - y' + 15xy = 0$$

을 3계 미분방정식이라 한다.

4.3 선형미분방정식의 정의

미분방정식 중에서

$$a_n(x)y^{(n)} + \cdots + a_2(x)y'' + a_1(x)y' + a_0(x)y = f(x)$$

의 형태로 변형할 수 있는 미분방정식을 선형미분방정식이라고 한다.

또한 $f(x) = 0$이면 제차(齊次, homogeneous)선형미분방정식,
$f(x) \neq 0$이면 비제차선형미분방정식이라 한다.

예를 들면

$$x^3y''' + 3x^2y'' + 2xy' = 0$$

은 도함수 중 가장 많이 미분한 횟수가 3회이고, $f(x) = 0$의 형태이므로
3계 제차선형미분방정식이다.

$$2y' + y = 1$$

은 도함수 중 가장 많이 미분한 횟수가 1회이고, $f(x) = 1 \neq 0$이므로

1계 비제차선형미분방정식이다.

$$y' = 2x$$

는 $y' + 0y = 2x$ 의 형태로 변환되므로
1계 비제차선형미분방정식이다.

선형이 아닌 미분방정식도 존재한다.
예를 들면
미분방정식 중에서

$$(x^4 + y^4) + 2x^3yy' = 0$$

은 비선형미분방정식이다.

$$(x+1) - x(\ln y)y' = 0$$

도 비선형미분방정식이다.

$$2xy\,dx + (2x^2 + 3y)dy = 0$$

도 비선형미분방정식이다.
이들은 제5장에서 상세히 다룰 것이다.

4.4 미분방정식의 해

4.4.1 일반해

위에 예로 들은 선형미분방정식

$$y' = 2x$$

의 해는

$$y = x^2 + C$$

이며 이는

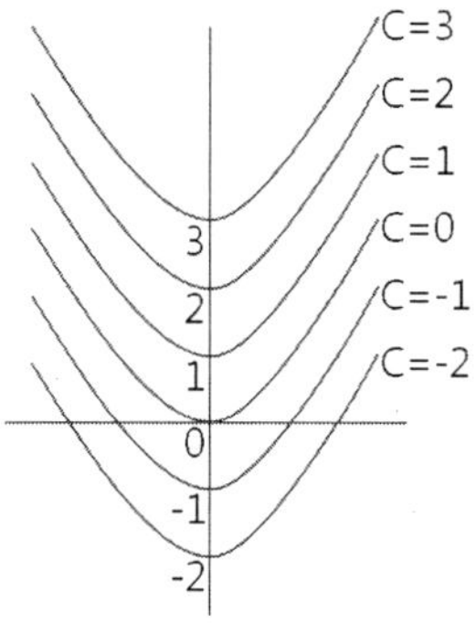

로 표현될 수 있다.

이와 같이 임의상수 C 를 포함하는 해를 일반해(一般解, general solution)라 한다.

4.4.2 특수해

미분방정식

$$y' = 2x$$

에

$$y(0) = -1$$

이 조건으로 주어진

$$y' = 2x\,,\, y(0) = -1$$

의 경우 미분방정식의 해는 해집합

$$y = x^2 + C$$

중

$$y = x^2 - 1$$

로 결정된다.

이같이 주어진 조건에 의하여 해집합 중 하나로 결정된 해를 특수해(特殊解, particular solution)라고 부른다.

4.4.3 특이해

1계 비선형 미분방정식

$$y'^2 - xy' + y = 0$$

에

$y = Cx - C^2$와 $y' = C$를 대입하면

$$y'^2 - xy' + y = C^2 - x \times C + (Cx - C^2) = 0$$

이 되어

$$y = Cx - C^2$$

은 일반해가 된다.

또한, $y = \frac{x^2}{4}$, $y' = \frac{x}{2}$을 대입하면

$$y'^2 - xy' + y = (\frac{x}{2})^2 - x \times (\frac{x}{2}) + (\frac{x^2}{4}) = 0$$

이 되어

$$y = \frac{x^2}{4}$$

도 해가 된다.

그러나 일반해

$$y = Cx - C^2$$

에 어떠한 실수 C를 대입하여도

$y = \frac{x^2}{4}$의 형태가 되지 않아 이는 일반해도, 특수해도 모두 아니다.

이와 같은 해를 <u>특이해(特異解, singular solution)</u>이라 부른다.

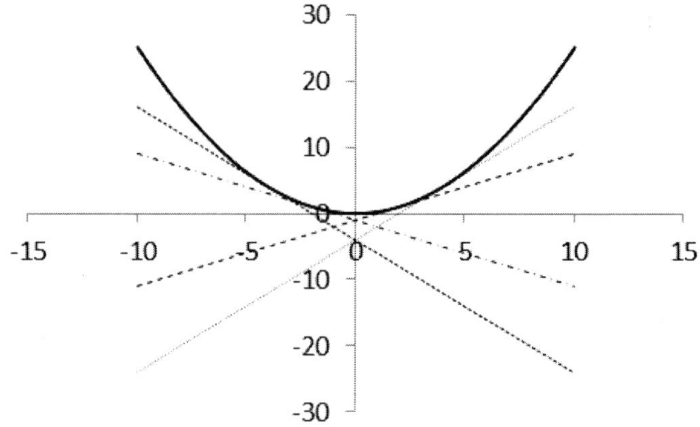
30
20
10
0
-10
-20
-30
-15
-10
-5
5
10
15

제5장

1계 미분방정식

제 5 장 1계 미분방정식

1계 미분방정식은 도함수 중 가장 많이 미분한 횟수가 1회인 미분방정식으로

$$\frac{dy}{dx}+\frac{M(x,y)}{N(x,y)}=0$$

또는

$$M(x,y)dx+N(x,y)dy=0$$

의 형태로 나타낼 수 있다.

예를 들면

$$\frac{dy}{dx}+\frac{x^2-y^2}{2xy}=0$$

또는

$$(x^2-y^2)dx+2xydy=0$$

과 같은 형태가 1계 미분방정식이다.

5.1 변수분리형 미분방정식

변수분리형 미분방정식

$y'=\frac{dy}{dx}=-\frac{M(x,y)}{N(x,y)}=\frac{f(x)}{g(y)}$ 의 형태로 주어진 미분방정식을 변수분리형 미분방정식이라고 한다.

변수분리형 미분방정식의 해는 다음과 같이 세 단계의 과정을 거쳐서 구한다.

1단계 :
$g(y)dy = f(x)dx$ 로 변형한다. $g(y)dy - f(x)dx = 0$ 의 형태도 가능하다.

2단계 :
양변을 적분한다.

3단계 : 2단계에서 구한 해가 음함수 형태이면 양함수 형태의 해로 바꾼다. 그것이 불가능하면 2단계에서 멈추어 음함수 형태의 해로 구한다.

예를 들어 변수분리형 미분방정식

$$y' = -2x \times \frac{1}{y}$$

의 해를 단계적으로 구해보자.

1단계로 y' 대신 $\frac{dy}{dx}$ 를 대입하고 변형하여

$$y\,dy = -2x\,dx$$

의 형태로 변수분리한다.

2단계로 양변을 적분하면

$$\int y\,dy = \int -2x\,dx$$

가 되어, 일반해는

$$\frac{1}{2}y^2 + C = -x^2 + C$$

이다.

이때 좌변의 C 를 우변으로 이항하면

$$\frac{1}{2}y^2 = -x^2 + C - C$$

가 되는데

$$C - C = \{a - b | a \in R, b \in R\} = C$$

가 되므로(집합의 연산 $A - B = A \cap B^c$ 과는 다르다)

음함수 형태의 일반해

$$\frac{1}{2}y^2 = -x^2 + C$$

를 얻는다.

이는 양함수 형태로 변형이 불가능하므로 2단계에서 멈춘다.

주의

위와 마찬가지의 논리로 임의 상수 C 는

$$2C = \{2a | a \in R\} = C$$
$$-0.1C = C$$
$$C + 3C = C$$

등 일반적인 대수에서는 볼 수 없는 성질을 가지고 있다.

예제 1

$y' = \cos x$ **의 해를 구하라.**

풀이 1단계 :

y' 대신 $\frac{dy}{dx}$ 를 대입하고 변형하여

$$dy = \cos x\, dx$$

의 형태로 변수분리한다.

2단계 : 로 양변을 적분하면 양함수 해의 형태인

$$y = \sin x + C$$

를 얻는다.

예제 2

$\frac{dy}{dx} = \frac{y-1}{x}$, $y(1) = 3$ **의 해를 구하라.**

풀이 1단계 :

$$\frac{dy}{y-1} = \frac{dx}{x}$$

의 형태로 변수분리한다.

2단계 : 양변을 적분하면 음함수 형태의 해

$$\ln|y-1| = \ln|x| + C$$

를 얻는다.

3단계 : 음함수 형태의 해를 양함수 형태로 바꾸는 과정을 거친다.
우선 양변에 자연지수함수를 잡으면

$$e^{\ln|y-1|} = e^{\ln|x|+C} = e^{\ln|x|} \times e^{C}$$

이 되고,
역함수로서 지수와 로그의 성질 $e^{\log_e x} = x$을 사용하여

$$|y-1| = e^{C}|x|$$

가 되어

$$y = \pm e^{C} x + 1$$

을 얻는다.
여기서 $\pm e^{C} = C$ 로 바꾸어 좀 더 일반적인 형태의 해인

$$y = Cx + 1$$

을 얻을 수 있다.
조건 $y(1) = 3$을 적용하면 $3 = C + 1$이 되어
특수해

$$y = 2x + 1$$

을 구한다.

주의

$y = \pm e^{C} x + 1$ 와 같은 형태의 해는
$x = 1, y = 3$을 대입하여
$3 = \pm e^{C} \times 1 + 1$
$2 = \pm e^{C}$.....
등의 복잡한 계산이 따라와야 하고, 실수를 유발하게 하므로 되도록 사용하지 않는다.

예제 3

$(x+1)dx - x\ln y\,dy = 0$**의 해를 구하라.**

풀이 1단계 :

양변을 x로 나누면 다음과 같다.

$$\frac{x+1}{x}dx - \ln y dy = 0$$

이 된다. 좌변의 첫 번째 항을 유리함수의 적분법에 의하여 다음과 같이 변형한다.

$$(1+\frac{1}{x})dx - \ln y dy = 0$$

2단계 :

각각의 적분변수에 대하여 적분하면 음함수 해

$$(x+\ln x) - y\ln y + y = C$$

를 구한다.

예제 4

$(xy+x+y+1)dy + (x^2+1)dx = 0$**의 해를 구하라.**

풀이 1단계 : 이 미분방정식은 변수분리형으로 보이지 않지만

$$\begin{aligned} xy+x+y+1 &= x(y+1)+(y+1) \\ &= (x+1)(y+1) \end{aligned}$$

로 변형하면 변수분리가 가능하다.

$$(x+1)(y+1)dy + (x^2+1)dx = 0$$

의 양변을 $(x+1)$로 나누면

$$(y+1)dy + \frac{x^2+1}{x+1}dx = 0$$

이 된다.

2단계 : 양변을 적분한다.

$$\int (y+1)dy + \int \frac{x^2+1}{x+1}dx = C$$

위의 등식 중 좌변의 첫 번째 항을 적분하고 두 번째 항의 피적분함수를 유리함수 적분법에 의하여 변형하면

$$(\frac{1}{2}y^2+y)+\int\left\{(x-1)+\frac{2}{x+1}\right\}dx=C$$

이 된다. 이후 좌변의 두 번째 항을 적분하여

$$(\frac{1}{2}y^2+y)+(\frac{1}{2}x^2-x+2\ln|x+1|+C)=C$$

가 되고 $C-C=C$를 사용하여
일반해

$$\frac{1}{2}y^2+y+\frac{1}{2}x^2-x+2\ln|x+1|=C$$

를 구한다.

예제 5

$y'+xy=xy^2,\ y(0)=0.5$**의 해를 구하라.**

풀이 1단계 : xy를 우변으로 넘기고 인수분해 하면

$$\frac{dy}{dx}=x(y^2-y)=xy(y-1)$$

이 된다.

2단계 : 변수분리하면

$$\frac{1}{y(y-1)}dy=x\,dx$$

가 된다.

3단계 : 좌변을 적분하기 위하여 부분분수로 바꾸면

$$(-\frac{1}{y}+\frac{1}{y-1})dy=xdx$$

를 얻는다.
이제 양변을 적분하면

$$-\ln|y|+\ln|y-1|=\frac{1}{2}x^2+C$$

이 되고, 로그함수의 성질에 의하여

$$\ln|\frac{y-1}{y}|=\frac{1}{2}x^2+C$$

가 된다.

양변에 자연지수함수를 잡으면

$$e^{\ln\left|\frac{y-1}{y}\right|} = e^{\frac{1}{2}x^2 + C} = e^c \times e^{\frac{1}{2}x^2}$$

이 되고, 지수함수와 로그함수의 역함수 관계에 의하여

$$\left|\frac{y-1}{y}\right| = e^c \times e^{\frac{1}{2}x^2}$$

이 된다.
절댓값의 성질에 의하여

$$\frac{y-1}{y} = \pm e^c \times e^{\frac{1}{2}x^2} = Ce^{\frac{1}{2}x^2}$$

이 되는데,
이를 잘 정리하여 양함수 형태의 일반해

$$y = \frac{1}{1 - Ce^{\frac{1}{2}x^2}}$$

을 얻는다.
조건 $y(0) = 0.5$를 만족하는 C는

$$C = -1$$

이고 이것을 위의 일반해에 대입하여, 특수해

$$y = \frac{1}{1 + e^{\frac{1}{2}x^2}}$$

를 구한다.

예제 6

$\cos^2 x\,dy + \csc y\,dx = 0$, $y(\frac{\pi}{4}) = 0$**의 해를 구하라.**

풀이

1단계 : 미분방정식의 양변을 $\cos^2 x \csc y$로 나누면

$$\frac{1}{\csc y}dy + \frac{1}{\cos^2 x}dx = 0$$

로 변수분리된다.

2단계 :

$\csc y = \dfrac{1}{\sin y}$, $\sec x = \dfrac{1}{\cos x}$ 임을 사용하여

$$\sin y\, dy + \sec^2 x\, dx = 0$$

이 된다.

3단계 : 양변을 적분하여 일반해

$$-\cos y + \tan x = C$$

를 얻는다.

조건 $y(\frac{\pi}{4}) = 0$을 적용하면

$$C = 0$$

를 얻고, 이것을 위의 일반해에 대입하여 특수해

$$-\cos y + \tan x = 0$$

를 구한다.

주의

$\cos y = \tan x$를 양함수로 바꾸면 $y = \cos^{-1}(\tan x)$일 것으로 보이지만 함수 $f(x) = \cos x$는 주기 함수로서 역함수를 갖지 않는다. $f^{-1}(x) = \cos^{-1} x$라고 표현된 함수는 $f(x) = \cos x$의 역함수가 아니라 $f(x)$의 정의역을 $[0\ \pi]$로 제한한 함수의 역함수이다.

예제 7

$yy' = e^{-(x+y)} + e^{-3x}e^{-y}$, $y(0) = 0$의 해를 구하라.

풀이 1단계 :

우변을 정리하면

$$e^{-x}e^{-y} + e^{-3x}e^{-y} = e^{-y}(e^{-x} + e^{-3x})$$

이 된다.

주어진 미분방정식을 변수분리하면

$$ye^{y}dy = (e^{-x} + e^{-3x})dx$$

가 된다.

2단계 :
좌변은 제 3 장의 부분적분법을 사용하여 적분하면

$$\int ye^y dy = ye^y - e^y + C$$

이 된다.
우변은 치환적분을 사용하여 적분하면

$$\int (e^{-x} + e^{-3x})dx = -e^{-x} - \frac{1}{3}e^{-3x} + C$$

가 된다.
이제 양변을 정리하면,
일반해

$$ye^y - e^y = -e^{-x} - \frac{1}{3}e^{-3x} + C$$

를 얻는다.
조건 $y(0) = 0$를 적용하면

$$-1 = -1 - \frac{1}{3} + C$$

$$C = \frac{1}{3}$$

을 얻고, 이 값을 일반해에 대입하여
특수해

$$ye^y - e^y = -e^{-x} - \frac{1}{3}e^{-3x} + \frac{1}{3}$$

을 구한다.

연습문제

(1) $e^x \dfrac{dy}{dx} + 2(x+1)y^2 = 0, \ \ y(0) = \dfrac{1}{2}$

풀이 1단계 :
변수분리하면

$$\frac{1}{y^2}dy + 2(x+1)e^{-x}dx = 0$$

이 된다.

2단계 :
적분하면

$$\int \frac{1}{y^2}dy = \int y^{-2}dy = \frac{1}{-2+1}y^{-2+1} + C = -\frac{1}{y} + C$$

이고, 부분적분을 하기 위하여

$f'(x) = e^{-x},\ g(x) = 2(x+1)$

으로 두면

$f(x) = -e^{-x},\ \ g'(x) = 2$

이므로

$$\begin{aligned}\int 2(x+1)e^{-x}dx &= -2(x+1)e^{-x} + \int 2e^{-x}dx \\ &= -2(x+1)e^{-x} - 2e^{-x} + C \\ &= -2(x+2)e^{-x} + C\end{aligned}$$

가 되어

$$\frac{1}{y} = -2(x+2)e^{-x} + C$$

이다.

3단계 :
음함수 형태의 해를 양함수 형태로 바꾸면

$$y = \frac{1}{-2(x+2)e^{-x} + C}$$

이다.
여기에 $x = 0,\ y = \frac{1}{2}$을 대입하면

$$\frac{1}{2} = \frac{1}{-4+C}$$

가 되어 $C = 6$이고,
주어진 조건을 만족하는 특수해

$$y = \frac{1}{-2(x+2)e^{-x} + 6}$$

를 얻는다.

(2) $t\dfrac{dx}{dt}=\dfrac{1-4x^2}{5x}$

풀이

1단계 :
변수분리하면

$$\frac{5x}{1-4x^2}dx=\frac{1}{t}dt$$

이 된다.

2단계 : 좌변에서 분모를 인수분해하면

$$\frac{5x}{1-4x^2}=\frac{5x}{(1-2x)(1+2x)}$$

이 되고,
부분분수로 분해하면

$$\frac{5x}{1-4x^2}=\frac{5}{4}\left(\frac{1}{1-2x}-\frac{1}{1+2x}\right)$$

이 되므로,

$$\frac{5}{4}\left(\frac{1}{1-2x}-\frac{1}{1+2x}\right)dx=\frac{1}{t}dt$$

의 양변을 적분하여

$$\frac{5}{4}\left(-\frac{1}{2}\ln|1-2x|-\frac{1}{2}\ln|1+2x|\right)=\ln|t|+C$$

이다.

3단계 :

$$-\frac{5}{8}\ln|(1-2x)(1+2x)|=\ln(|t|e^{C})$$

이므로
양함수

$$t=\pm e^{-c}\{(1-2x)(1+2x)\}^{-\frac{5}{8}}$$

이고
양함수

$$t=C\{(1-2x)(1+2x)\}^{-\frac{5}{8}}$$

를 얻는다.

(3) $\frac{\cos x \cot x}{y} dy - y e^{\sec x} dx = 0$

풀이 1단계 :
변수분리하면

$$\frac{1}{y^2} dy = e^{\sec x} \times \frac{1}{\cos x \cot x} dx = e^{\sec x} \sec x \tan x dx$$

이 된다.

2단계 :
좌변을 적분하면

$$\int \frac{1}{y^2} dy = \int y^{-2} dy = \frac{1}{-2+1} y^{-2+1} + C = -\frac{1}{y} + C$$

이고,
우변에서 $u = \sec x$, $du = \sec x \tan x\, dx$ 로 치환하고 적분하면

$$\int e^{\sec x} \sec x \tan x dx = \int e^u du = e^u + C = e^{\sec x} + C$$

이 된다.

3단계 :
그러므로 주어진 미분방정식의 해는

$$-\frac{1}{y} = e^{\sec x} + C$$

이다.
이것을 양함수로 고치면

$$y = -\frac{1}{e^{\sec x} + C}$$

이다.

(4) $e^x \sin 2y \frac{dy}{dx} = (e^{2x} + e^x) \sin y$

풀이 1단계 :
변수분리하면

$$\frac{\sin 2y}{\sin y} dy = \frac{e^{2x} + e^x}{e^x} dx$$

이 된다.

그런데 $\sin 2y = 2\sin y\cos y$ 이므로

$$\frac{2\sin y\cos y}{\sin y}dy = \frac{e^x(e^x+1)}{e^x}dx$$

$$2\cos y\,dy = (e^x+1)dx$$

이 된다.

2단계 :
양변을 적분하면

$$2\sin y = e^x + x + C$$

이다. 이 문제에서 sine 함수의 역함수는 원래 존재하지 않는다는 것을 고려하면 양함수의 형태인 미분방정식의 해를 구할 수 없다.

5.2 동차형 미분방정식(치환을 사용하여 변수분리형으로 변환하는 방법)

동차형 미분방정식의 정의

미분방정식이 $\frac{dy}{dx} = f\left(\frac{y}{x}\right)$의 형태로 표현될 때 이를 동차형 미분방정식이라고 한다.

예

$$(x^4+y^4)dx + 2x^3y\,dy = 0$$

에서 좌변의 첫 번째 항을 우변으로 넘기면

$2x^3y\,dy = -(x^4+y^4)dx$ 이 되고

$\frac{dy}{dx}$ 를 구하면

$$\frac{dy}{dx} = -\frac{x^4+y^4}{2x^3y}$$

이다. 우변을 변형하면

$$\frac{dy}{dx} = -\frac{(x^4+y^4)}{2x^3y} = -\frac{1}{2}\left(\frac{x}{y}+\frac{y^3}{x^3}\right)$$

$$= -\frac{1}{2}\left(\frac{1}{\frac{y}{x}}+\left(\frac{y}{x}\right)^3\right)$$

이 되어 이 미분방정식이 동차형임을 알 수 있다.
동차형 미분방정식의 해는 다음과 같이 세 단계의 과정을 거쳐서 구한다.

1단계 :

$\frac{y}{x}=u$(즉 $y=ux$)로 치환하고 등식 $y=ux$의 양변을 x에 관해 미분하면

$$\frac{dy}{dx}=u+x\frac{du}{dx} \quad (\text{즉 } dy=udx+xdu)$$

으로 되고
이것을 미분방정식에 대입하면 u와 x에 관한 변수분리형 미분방정식이 된다.

2단계 :
변수분리형 미분방정식의 해를 구한다.

3단계 :

$u=\frac{y}{x}$를 대입하여 주어진 미분방정식의 해를 구한다.

예제 8

$(x^4+y^4)dx+2x^3ydy=0,\ y(e)=0$**의 해를 구하라.**

풀이 1단계 :

미분방정식을 변형하여 좌변에 $\frac{dy}{dx}$만 남기면

$$\frac{dy}{dx}=-\frac{x^4+y^4}{2x^3y}=-\frac{1}{2}\left\{\frac{x}{y}+\left(\frac{y}{x}\right)^3\right\}$$

이므로 동차형 미분방정식이다.

$$\frac{y}{x}=u,\ \frac{dy}{dx}=u+x\frac{du}{dx}$$

를 대입하면

$$u+x\frac{du}{dx}=-\frac{1}{2}\left(\frac{1}{u}+u^3\right)=-\frac{1}{2}\times\frac{1+u^4}{u}$$

이고 이 등식은

$$x\frac{du}{dx}=-u-\frac{1}{2}\times\frac{1+u^4}{u}=-\frac{1}{2}\times\frac{u^4+2u^2+1}{u}$$

이 되어 이 식을 변수분리하면

$$\frac{1}{x}dx = -\frac{2u}{(u^2+1)^2}du$$

이 된다.

2단계 :
좌변의 적분은 적분 공식에서 바로 나오므로 우변을 적분하겠다.
먼저 $-\int \frac{2u}{(u^2+1)^2}du$를 구하기 위하여 $v = u^2+1$로 치환하면

$$-\int \frac{2u}{(u^2+1)^2}du = -\int \frac{1}{v^2}dv = \frac{1}{v} + C = \frac{1}{u^2+1} + C$$

가 되고,
변수분리된 식의 양변을 적분하면 모두 적분하면

$$\ln x = \frac{1}{u^2+1} + C$$

이다.

3단계 :
$u = \frac{y}{x}$를 대입하면

$$\ln x - \frac{1}{(\frac{y}{x})^2+1} = C$$

가 되고, 이를 정리하여
일반해

$$\ln x - \frac{x^2}{x^2+y^2} = C$$

를 얻는다.
여기에 조건 $y(e) = 0$를 적용하여

$$C = 0$$

를 얻고,
특수해

$$\ln x - \frac{x^2}{x^2+y^2} = 0$$

를 구한다.

또는, 1단계에서
$y = ux$, $dy = udx + xdu$로 치환하면,
주어진 미분방정식은

$$(x^4 + u^4x^4)dx + 2ux^4(udx + xdu) = 0$$

이 된다.
양변을 x^4로 나눈 후 정리하면

$$(u^4 + 2u^2 + 1)dx + 2uxdu = 0$$

이 되고,
이를 인수분해하고 변수분리하여

$$\frac{1}{x}dx + \frac{2u}{(u^2+1)^2}du = 0$$

의 형태로 만든 후 2단계 이후의 과정을 취해도 된다.

예제 9

$x\frac{dy}{dx} = y + 4xe^{-\frac{2y}{x}}$ **의 해를 구하라.**

풀이 1단계 :

미분방정식을 변형하여 좌변에 $\frac{dy}{dx}$만 남기면

$$\frac{dy}{dx} = \frac{y}{x} + 4e^{-\frac{2y}{x}}$$

가 되고,
$\frac{y}{x} = u$, $\frac{dy}{dx} = u + x\frac{du}{dx}$를 대입하면

$$u + x\frac{du}{dx} = u + 4e^{-2u}$$

가 된다.
이를 정리하고 변수분리하면

$$e^{2u}du = \frac{4}{x}dx$$

가 된다.

2단계 :
양변을 적분하면

$$\frac{1}{2}e^{2u} = 4\ln x + C$$

를 구할 수 있다.

3단계 :

$u = \frac{y}{x}$ 를 대입하여 일반해

$$\frac{1}{2}e^{\frac{2y}{x}} = 4\ln x + C$$

를 구한다.

또는 1단계에서 $y = ux$, $\frac{dy}{dx} = u + x\frac{du}{dx}$ 로 치환하면,
주어진 미분방정식은

$$x(u + x\frac{du}{dx}) = ux + 4xe^{-\frac{2ux}{x}}$$

이 되고, 양변을 x 로 나누면,

$$u + x\frac{du}{dx} = u + 4e^{-\frac{2ux}{x}}$$

이 되어 이를 정리하여 변수분리하고

$$e^{2u}du = \frac{4}{x}dx$$

의 형태로 만든 후 2단계 이후의 과정을 취해도 된다.

예제 10

$(x^4 + y^4)dy + 2x^3ydx = 0$ 의 해를 구하라.

풀이 1단계 :
$y = ux$, $dy = udx + xdu$ 로 치환하면,
주어진 미분방정식은

$$(x^4 + u^4x^4)(udx + xdu) + 2x^4u\,dx = 0$$

가 된다.
양변을 x^4 로 나눈 후 정리하여 변수분리하면

$$\frac{1}{x}dx + \frac{1 + u^4}{u^5 + 3u}du = 0$$

이 된다.

이후 과정을 진행하기 위해서는 $\int \frac{1+u^4}{u^5+3u}du$를 구해야 하나 쉽지 않다.

여기에서 동차방정식의 정의에 의하면 $\frac{dy}{dx}=f(\frac{y}{x})$ 의 형태로 표현될 수 있고,

$\frac{y}{x}=\left(\frac{1}{\frac{x}{y}}\right)$이므로 $\frac{dy}{dx}$는 $\frac{x}{y}$의 함수의 형태로도 표현될 수 있다.

따라서,

$v=\frac{x}{y}$(즉 $x=vy$), $\frac{dx}{dy}=v+y\frac{dv}{dy}$(즉 $dx=vdy+ydv$)로 치환하여

주어진 미분방정식에 대입하여도 변수분리형의 미분방정식을 얻을 수 있다.

이러한 방법으로 주어진 미분방정식을 치환하면

$$(v^4y^4+y^4)dy+2v^3y^4(vdy+ydv)=0$$

이 된다.

양변을 y^4로 나눈 후,

정리하여 변수분리하면

$$\frac{2v^3}{3v^4+1}dv+\frac{1}{y}dy=0$$

이 된다.

2단계 :

양변을 적분하여

$$\frac{1}{6}\ln(3v^4+1)+\ln|y|=C$$

를 구할 수 있다.

3단계 :

$v=\frac{x}{y}$를 대입한 후 양변에 6을 곱하면,

일반해

$$\ln\left|\frac{3x^4+y^4}{y^4}\right|+6\ln|y|=6C=C$$

를 얻는다.

이를 좀 더 간단하게 표현하기 위해 로그함수의 성질을 사용하여

$$\ln\left|\frac{3x^4+y^4}{y^4}\times y^6\right|=C$$

로 바꾸고,
양변에 자연지수함수를 잡으면

$$|3x^4y^2 + y^6| = e^C$$

가 된다.
마지막으로 절댓값의 성질을 사용하여,
정리된 형태의 일반해

$$3x^4y^2 + y^6 = C$$

를 구한다.

예제 11

$(x + \sqrt{xy})y' - y = 0$의 해를 구하라.

풀이 1단계 :

주어진 미분방정식을 변형하여 좌변에 $\frac{dy}{dx}$만 남기면

$$\frac{dy}{dx} = \frac{y}{x + \sqrt{xy}} = \frac{\frac{y}{x}}{1 + \sqrt{\frac{y}{x}}}$$

가 되며,
$\frac{y}{x} = u$, $\frac{dy}{dx} = u + x\frac{du}{dx}$를 대입하면

$$u + x\frac{du}{dx} = \frac{u}{1 + \sqrt{u}}$$

이 된다. u를 우변으로 보내면

$$-x\frac{du}{dx} = \frac{u\sqrt{u}}{1 + \sqrt{u}}$$

이 되고 변수분리하면

$$\frac{1}{x}dx = -\frac{1 + \sqrt{u}}{u\sqrt{u}}du$$

가 된다.

2단계 :
양변을 적분하여 우변을 좌변으로 이항하면

$$\ln|x| - 2\frac{1}{\sqrt{u}} + \ln|u| = C$$

를 구할 수 있다.

3단계 :

$u=\dfrac{y}{x}$ 를 대입하면 일반해

$$-2\sqrt{\frac{x}{y}}+\ln\left|\frac{y}{x}\right|+\ln|x|=C$$

를 얻는데 대수함수의 성질을 사용하여

$$\ln\left|\frac{y}{x}\right|=\ln|y|-\ln|x|$$

를 대입하면

$$-2\sqrt{\frac{x}{y}}+\ln|y|=C$$

를 구한다.

주의

동차형 미분방정식이 $M(x,y)\,dx+N(x,y)\,dy=0$의 형태일 때
$N(x,y)$가 $M(x,y)$보다 항의 수가 적다면
$y=ux$, $dy=udx+xdu$로 치환하여 식을 간단하게 만들 수 있으며,
$M(x,y)$가 $N(x,y)$보다 항의 수가 적다면
$x=vy$, $dx=vdy+ydv$로 치환하여 식을 좀 더 간단하게 만들 수 있다.

주의

다른 방법으로 동차형 미분방정식을 구분할 수 있다.
위의 **[예제 8]**의 경우,
$M(x,y)=x^4+y^4$와 같이 x에 관해 4차인 식과 y에 관해 4차인 식이 더해져 있으면 4차식으로 해석하고,
$N(x,y)=2x^3y$와 같이 x에 관해서는 3차이고 y에 관하여는 1차인 식이 곱해져 있는 경우는 $3+1=4$차로 해석한다.
즉 $M(x,y)$가 4차이고 $N(x,y)$도 4차인 미분방정식이므로 4차 동차형 미분방정식이 된다.
[예제 11]의 경우는 $M(x,y)$가 1차이고 $N(x,y)$가 1차인 1차 동차형 미분방정식이다.

연습문제

(1) 미분방정식 $\frac{dy}{dx} = \frac{x^2+y^2}{xy}$ 의 해를 구하여라.

풀이 1단계 :

$$\frac{dy}{dx} = \frac{x^2+y^2}{xy} = \frac{x^2}{xy} + \frac{y^2}{xy} = \frac{1}{\frac{y}{x}} + \frac{y}{x}$$

가 되며,

$\frac{y}{x} = u$, $\frac{dy}{dx} = u + x\frac{du}{dx}$ 를 대입하면

$$u + x\frac{du}{dx} = \frac{1}{u} + u$$

가 된다.

이를 정리하여 변수분리하면

$$u\,du = \frac{1}{x}dx$$

가 된다.

2단계 :

양변을 적분하면

$$\frac{1}{2}u^2 = \ln|x| + C$$

를 구할 수 있다.

3단계 :

$u = \frac{y}{x}$ 를 대입하여,

일반해

$$\frac{1}{2} \times \frac{y^2}{x^2} = \ln|x| + C$$

를 구할 수 있고,

이 식을 정리하여

$$y^2 = 2x^2\ln|x| + Cx^2$$

를 구할 수 있다.

(2) **미분방정식 $y^2dx + (x^2 + xy + y^2)dy = 0$의 해를 구하여라.**

풀이

* 풀이 ①

1단계 :

$y = ux$, $dy = udx + xdu$로 치환하면

$$u^2x^2dx + (x^2 + ux^2 + u^2x^2)(udx + xdu) = 0$$

가 되고,

이를 정리하면

$$x^2(u^3 + 2u^2 + u)dx + x^3(u^2 + u + 1)du = 0$$

이 된다.

이를 변수분리하면

$$\frac{1}{x}dx + \frac{u^2 + u + 1}{u^3 + 2u^2 + u}du = 0$$

가 된다.

2단계 :

좌변의 우측 항을 부분분수로 분해하여 적분하기 위하여 분모를

$$u^3 + 2u^2 + u = u(u+1)^2$$

으로 인수분해한 후

$$\frac{u^2 + u + 1}{u(u+1)^2} = \frac{A}{u} + \frac{B}{u+1} + \frac{C}{(u+1)^2}$$

로 놓는다.

양변에 $u(u+1)^2$을 곱하면

$$u^2 + u + 1 = A(u+1)^2 + Bu(u+1) + Cu$$

이 된다. 양변에 $u = 0$를 대입하여 $A = 1$을 얻고,

$u = -1$을 대입하여 $C = -1$을 얻는다.

또 2차 항의 계수를 비교하여 $B = 0$을 구한다.

따라서

$$\frac{u^2 + u + 1}{u^3 + 2u^2 + u} = \frac{1}{u} - \frac{1}{(u+1)^2}$$

로 분해되므로

$$\frac{1}{x}dx + \frac{u^2 + u + 1}{u^3 + 2u^2 + u}du = 0$$

는

$$\frac{1}{x}dx + \left\{ \frac{1}{u} - \frac{1}{(u+1)^2} \right\} du = 0$$

이 된다.

3단계 :
양변을 적분하면

$$\ln|x| + \ln|u| + \frac{1}{u+1} = C$$

가 된다.

마지막으로 $u = \frac{y}{x}$ 를 대입하면

$$\ln|x| + \ln\left|\frac{y}{x}\right| + \frac{1}{\frac{y}{x}+1} = C$$

가 되고, 이를 정리하여
음함수 해

$$\ln|y| + \frac{x}{x+y} = C$$

를 얻는다.

* 풀이 ②
만약 이것을
1단계 :
$x = vy,\ \ dx = vdy + ydv$ 로 치환하면

$$y^2(vdy + ydv) + (v^2y^2 + vy^2 + y^2)dy = 0$$

이 된다.
이를 정리하면

$$(v^2 + 2v + 1)dy + ydv = 0$$

이 되고, 변수분리하면

$$\frac{1}{y}dy + \frac{1}{(v+1)^2}dv = 0$$

가 된다.

2단계 :
양변을 적분하면

$$\ln|y| - \frac{1}{v+1} = C$$

가 된다.

3단계 :
마지막으로 $v = \dfrac{x}{y}$를 대입하면

$$\ln|y| - \frac{1}{\frac{x}{y}+1} = C$$

가 되고, 이를 정리하여
음함수 해

$$\ln|y| - \frac{y}{x+y} = C$$

를 얻는다.

풀이 ①과 풀이 ②의 해가 다르게 보이지만,

$$\ln|y| - \frac{y}{x+y} + 1 = C + 1 = C$$

이고

$$-\frac{y}{x+y} + 1 = \frac{-y+x+y}{x+y} = \frac{x}{x+y}$$

이므로 같은 해이다.

(3) $(x^3 + 3y^3)dx - 2xy^2dy = 0$

풀이 1단계 :
$y = ux$, $dy = udx + xdu$로 치환하면

$$(x^3 + 3u^3x^3)dx - 2u^2x^3(udx + xdu) = 0$$

가 된다.
이를 정리하여

$$x^3(1+u^3)dx - 2u^2x^4du = 0$$

이 되고, 변수분리하면

$$\frac{1}{x}dx - \frac{2u^2}{u^3+1}du = 0$$

가 된다.

2단계 :
양변을 적분하면

$$\ln|x| - \frac{2}{3}\ln(u^3+1) = C$$

를 얻는다.

3단계 :

마지막으로 $u = \frac{y}{x}$를 대입하면

$\ln|x| - \frac{2}{3}\ln|\frac{y^3}{x^3}+1| = C$가 되며 이것을 로그함수의 성질을 이용하여 정리하면

음함수 해 $\frac{x^9}{(x^3+y^3)^2} = C$를 얻는다.

(4) $(x+\sqrt{xy})dy = (x^{-\frac{1}{2}}y^{\frac{3}{2}} - x + y)dx$

풀이 1단계 :
$y = ux,\ dy = udx + xdu$로 치환하면

$$(x + x\sqrt{u})(udx + xdu) = (xu^{\frac{3}{2}} - x + ux)dx$$

가 된다.
이를 정리하면

$$\frac{1}{x}dx + (1+\sqrt{u})du = 0$$

이 된다.

2단계 :
양변을 적분하면

$$\ln|x| + u + \frac{2}{3}u^{\frac{3}{2}} = C$$

를 얻는다

3단계 :

마지막으로 $u = \frac{y}{x}$를 대입하면

음함수 해

$$\ln|x| + \frac{y}{x} + \frac{2}{3}\left(\frac{y}{x}\right)^{\frac{3}{2}} = C$$

를 얻는다.

(5) $xy' - y - x\cot\frac{y}{x} = 0$

풀이 1단계 :

$y' = \frac{dy}{dx}$를 대입하면

$$x\frac{dy}{dx} - y - x\cot\frac{y}{x} = 0$$

가 되고, 이는

$$xdy - (y + x\cot\frac{y}{x})dx = 0$$

가 된다.
여기서 $y = ux$, $dy = udx + xdu$로 치환하면

$$x(udx + xdu) - (ux + x\cot u)dx = 0$$

이 되고 정리하면

$$x^2 du - x\cot u dx = 0$$

가 된다.
이를 변수분리하면

$$\tan u du - \frac{1}{x}dx = 0$$

가 된다.

2단계 :
양변을 적분하여

$$-\ln|\cos u| - \ln|x| = 0$$

를 얻는다.

3단계 :

마지막으로 $u=\frac{y}{x}$를 대입하면

$$-\ln|\cos\frac{y}{x}|-\ln|x|=C$$

가 되는데, 이는 로그함수의 성질에 의하여

$$\ln|x\cos\frac{y}{x}|=C$$

가 되어

$$x\cos\frac{y}{x}=\pm e^{C}=C$$

를 얻는다.

5.3 완전 미분방정식

2장의 마지막에 다루었던 전미분을 한번 기억하여 보자.
2변수함수 $U(x,y)$의 전미분은 dU라고 쓰며

$$dU=\frac{\partial U}{\partial x}dx+\frac{\partial U}{\partial y}dy$$

로 정의된다.

예를들어 $U=x^3+3xy+y^2+y$의 전미분을 구하려면

$$\frac{\partial U}{\partial x}=3x^2+3y\ ,\quad \frac{\partial U}{\partial y}=3x+2y+1$$

을 구하여 전미분

$$dU=(3x^2+3y)dx+(3x+2y+1)dy$$

를 구할 수 있다.

완전 미분방정식의 정의

일계미분방정식 $M(x,y)\,dx+N(x,y)\,dy=0$의 좌변이 이변수함수 $U(x,y)$의 전미분

$$dU=\frac{\partial U}{\partial x}dx+\frac{\partial U}{\partial y}dy$$

로 표현된다면 즉,

$$\frac{\partial U}{\partial x}=M(x,y),\quad \frac{\partial U}{\partial y}=N(x,y)$$

을 만족하는 적당한 함수 $U(x,y)$가 존재한다면, 이 미분방정식을 완전미분방정식이라 정의한다.

예를 들어 미분방정식 $(3x^2+3y)dx+(3x+2y+1)dy=0$의 좌변은 [2.8.1 전미분의 정의]에서 다룬 이변수함수

$$U=x^3+y^2+3xy+y$$

의 전미분이므로 미분방정식은

$$dU=(3x^2+3y)dx+(3x+2y+1)dy=0$$

가 되어 양변을 적분한 해

$$U=x^3+y^2+3xy+y=C$$

를 얻는다.

그러나 위의 예처럼 이변수함수 $U(x,y)$가 주어지지 않았다면, 미분방정식

$$(3x^2+3y)dx+(3x+2y+1)dy=0$$

이 완전미분방정식인지 아닌지를 판단하기는 쉽지 않다.

따라서 다음 정리를 사용하여 미분방정식의 완전여부를 판단한다.

완전 미분방정식의 판별식

함수 $M(x,y)$, $N(x,y)$가 자체적으로 교차하는 점이 없는 폐곡선을 경계로 갖는 영역 안에서 연속이고 1계 편도함수가 연속일 때, 미분방정식

$$M(x,y)\,dx + N(x,y)\,dy = 0$$

이 완전미분방정식이 될 필요충분조건은

$$\frac{\partial M}{\partial y} = \frac{\partial N}{\partial x}$$

이며 이를 완전 미분방정식의 판별식이라고 한다.
두 번 미분 가능한 이변수함수를 두 번 편미분할 때, 편미분하는 순서와 상관없다는 편미분에 관한 교환법칙 $\frac{\partial^2 U}{\partial y \partial x} = \frac{\partial^2 U}{\partial x \partial y}$에 의해 증명이 가능하나 여기서는 생략한다.

미분방정식 $(3x^2 + 3y)dx + (3x + 2y + 1)dy = 0$의 해를 두 가지 방법으로 구해보자.

방법 1

$$\frac{\partial M}{\partial y} = 3 = \frac{\partial N}{\partial x}$$

이므로 주어진 미분방정식은 완전미분방정식이고

$$dU = (3x^2 + 3y)dx + (3x + 2y + 1)dy$$

를 만족하는 $U(x,y)$가 존재함을 알 수 있다.

이변수함수 $U(x,y)$의 전미분은

$$dU = \frac{\partial U}{\partial x}dx + \frac{\partial U}{\partial y}dy$$

로 정의되므로

$$\frac{\partial U}{\partial x} = 3x^2 + 3y, \quad \frac{\partial U}{\partial y} = 3x + 2y + 1$$

을 만족하는 $U(x,y)$를 찾아야 한다.

먼저, 첫 번째 조건 $\frac{\partial U}{\partial x} = 3x^2 + 3y$를 만족하는 $U(x,y)$는, $M(x,y)$를 x에 대하여 적분하면

$$U(x,y) = \int^{x} (3x^2 + 3y)dx + g(y) = x^3 + 3xy + g(y)$$

이다.

여기서 적분은 x에 관한 적분이므로 $g(y)$는 적분상수이다.

또한, 두 번째 조건에 의하여 $\frac{\partial U}{\partial y} = 3x + 2y + 1$이므로

위의 함수 $U(x,y)$를 y에 대하여 편미분하면

$$\frac{\partial U}{\partial y} = 3x + g'(y) = 3x + 2y + 1$$

가 되어야 하므로

$$g(y) = y^2 + y$$

를 얻게 된다.

따라서 해는

$$U(x,y) = x^3 + 3xy + y^2 + y = C$$

가 된다.

방법 2

$$\frac{\partial M}{\partial y} = 3 = \frac{\partial N}{\partial x}$$

이므로 주어진 미분방정식은 완전미분방정식이고

$$dU = (3x^2 + 3y)dx + (3x + 2y + 1)dy$$

를 만족하는 $U(x,y)$가 존재함을 알 수 있다.

이변수함수 $U(x,y)$의 전미분은

$$dU = \frac{\partial U}{\partial x}dx + \frac{\partial U}{\partial y}dy$$

로 정의되므로

$$\frac{\partial U}{\partial x} = 3x^2 + 3y,\ \ \frac{\partial U}{\partial y} = 3x + 2y + 1$$

을 만족하는 $U(x,y)$를 찾아야 한다.

먼저, 두 번째 조건 $\frac{\partial U}{\partial y} = 3x + 2y + 1$을 만족하는 $U(x,y)$는, $N(x,y)$를 y에 대하여 적분하면

$$U(x,y) = \int^{y} (3x + 2y + 1)dy + h(x) = 3xy + y^2 + y + h(x)$$

이다.

여기서 적분은 y에 관한 적분이므로 $h(x)$는 적분상수이다.

또한, 첫 번째 조건에 의하여 $\frac{\partial U}{\partial x} = 3x^2 + 3y$이므로,

위의 함수 $U(x,y)$를 x에 대하여 편미분하면

$$\frac{\partial U}{\partial x} = 3y + h'(x) = 3x^2 + 3y$$

가 되어야 하므로

$$h(x) = x^3$$

을 얻게 된다.

따라서 해는

$$U(x,y) = x^3 + 3xy + y^2 + y = C$$

가 된다.

완전 미분방정식의 해 (방법 3.)

미분방정식 $(3x^2 + 3y)dx + (3x + 2y + 1)dy = 0$의 해를 다른 방법으로 구해보자.
위의 방법 1에서

$$\begin{aligned} U(x,y) &= \int^{x} (3x^2 + 3y)dx + g(y) = x^3 + 3xy + g(y) \\ &= x^3 + 3xy + y^2 + y \end{aligned}$$

이고, 방법 2에서

$$U(x,y) = \int^{y} (3x+2y+1)dy + h(x) = 3xy + y^2 + y + h(x)$$
$$= 3xy + y^2 + y + x^3$$

의 형태로 나온다. 즉
$U_1(x,y)$를 방법 1에서의 적분상수 $g(y)$ 없이

$$U_1(x,y) = \int^{x} (3x^2+3y)dx = x^3 + 3xy$$

로 놓고,
$U_2(x,y)$를 방법 2에서의 적분상수 $h(x)$ 없이

$$U_2(x,y) = \int^{y} (3x+2y+1)dy = 3xy + y^2 + y$$

로 놓는다.
그러면, $U(x,y)$는
$U_1(x,y)$과 $U_2(x,y)$에 공통으로 존재하는 $3xy$와 $U_1(x,y)$에 존재하는 x의 함수 x^3, $U_2(x,y)$에 존재하는 y의 함수 y^2+y의 합이 되어 해

$$U(x,y) = x^3 + 3xy + y^2 + y = C$$

를 찾을 수 있다.

이와 같이 여러 가지 방법으로 완전미분방정식의 해를 구할 수 있으나, 이 책에서는 (방법 3.)을 사용하여 완전미분방정식의 해를 구하도록 할 것이다.

예제 12

$2xydx + x^2dy = 0$**의 해를 구하라.**

풀이 $M(x,y) = 2xy,\ N(x,y) = x^2$이면

$$\frac{\partial M}{\partial y} = 2x = \frac{\partial N}{\partial x}$$

이므로 완전미분방정식이다. 따라서

$$U_1(x,y) = \int^{x} 2xy\,dx = x^2y,$$
$$U_2(x,y) = \int^{y} x^2\,dy = x^2y$$

이므로

위의 (방법 3)에 의하여 x의 함수와 y의 함수는 존재하지 않고 변수 x, y가 모두 포함된 x^2y만 존재하여
해

$$U(x,y) = x^2y = C$$

를 찾을 수 있다.
이 해를 양함수의 형태로 바꾸면

$$y = \frac{C}{x^2}$$

이다.

예제 13

$(2x + y^3 + e^y \sin x)dx + (3xy^2 + 4y - e^y \cos x)dy = 0$의 해를 구하라.

풀이 $M(x,y) = 2x + y^3 + e^y \sin x$, $N(x,y) = 3xy^2 + 4y - e^y \cos x$이면

$$\frac{\partial M}{\partial y} = 3y^2 + e^y \sin x = \frac{\partial N}{\partial x}$$

이므로 완전미분방정식이다.
따라서

$$U_1(x,y) = \int^x (2x + y^3 + e^y \sin x)dx = x^2 + xy^3 - e^y \cos x$$

$$U_2(x,y) = \int^y (3xy^2 + 4y - e^y \cos x)dy = xy^3 + 2y^2 - e^y \cos x$$

이므로, $U(x,y)$는 변수 x, y가 모두 포함된 $xy^3 - e^y \cos x$ 와 x의 함수인 x^2, y의 함수인 $2y^2$의 합이 되어, 해

$$U(x,y) = xy^3 - e^y \cos x + x^2 + 2y^2 = C$$

를 구할 수 있다.

주의

완전미분방정식의 해를 (방법 3.)으로 구할 때
x, y가 모두 포함된 항이 $U_1(x,y)$와 $U_2(x,y)$에서 서로 다르게 나온다면,
완전미분방정식이 아니거나 계산과정이 틀린 것으로 보아야 한다.
예를 들어
동차미분방정식의 **[예제 10]**에서
$(x^4 + y^4)dx + 2x^3y dy = 0$의 경우

$$U_1(x,y) = \int^x (x^4 + y^4)dx = \frac{1}{5}x^5 + xy^4$$

$$U_2(x,y) = \int^y 2x^3ydy = x^3y^2$$

이 된다. U_1의 x, y가 모두 포함된 항은 xy^4이고
U_2의 x, y가 모두 포함된 항은 x^3y^2이다. 이렇게 U_1과 U_2에서 x, y가 모두 포함된 항이 다르게 나오는 것은 미분방정식 $(x^4 + y^4)dx + 2x^3ydy = 0$에서

$$\frac{\partial M}{\partial y} = 4y^3, \quad \frac{\partial N}{\partial x} = 6x^2y$$

이므로 이 미분방정식이 완전미분방정식이 아니기 때문이다.

연습문제

※ 다음 미분방정식의 해를 구하라.

(1) $(x+y)dx + (x-y)dy = 0, y(1) = 1$

풀이 $M(x,y) = (x+y), N(x,y) = x - y$이므로

$$\frac{\partial M}{\partial y} = 1, \quad \frac{\partial N}{\partial x} = 1$$

이어서 완전미분방정식이다.
따라서

$$U_1(x,y) = \int^x (x+y)dx = \frac{1}{2}x^2 + xy$$

$$U_2(x,y) = \int^y (x-y)dy = xy - \frac{1}{2}y^2$$

이므로

$$U(x,y) = \frac{1}{2}x^2 + xy - \frac{1}{2}y^2 = C$$

가 일반해이다.

$x = 1, y = 1$을 대입하여 $U(1,1) = \frac{1}{2} + 1 - \frac{1}{2} = 1$ 이므로 특수해

$U(x,y) = \frac{1}{2}x^2 + xy - \frac{1}{2}y^2 = 1$ 을 얻는다.

(2) $(2r-e^{3\theta})dr-3(re^{3\theta}-\cos 3\theta)d\theta=0$

풀이 $M(r,\theta)=2r-e^{3\theta}, N(r,\theta)=-3(re^{3\theta}-\cos 3\theta)$이므로

$$\frac{\partial M}{\partial \theta}=-3e^{-3\theta},\ \frac{\partial N}{\partial r}=-3e^{3\theta}$$

이어서 완전미분방정식이다.
따라서

$$U_1(r,\theta)=\int^{r}(2r-e^{3\theta})dr=r^2-re^{3\theta}$$

$$U_2(r,\theta)=\int^{\theta}-3(re^{3\theta}-\cos 3\theta)d\theta=-re^{3\theta}+\sin 3\theta$$

이므로

$$U(r,\theta)=r^2-re^{3\theta}+\sin 3\theta=C$$

가 해이다.

(3) $(3x^2+4xy\ln y)dx+(2x^2\ln y+2x^2+2)dy=0,\ y(1)=1$

풀이 $M(x,y)=3x^2+4xy\ln y$
$N(x,y)=2x^2\ln y+2x^2+2$

이므로

$$\frac{\partial M}{\partial y}=4x\ln y+4xy\times\frac{1}{y},\ \frac{\partial N}{\partial x}=4x\ln y+4x$$

이어서 완전미분방정식이다.
따라서

$$U_1(x,y)=\int^{x}(3x^2+4xy\ln y)dx=x^3+2x^2y\ln y$$

$$\begin{aligned}U_2(x,y)&=\int^{y}(2x^2\ln y+2x^2+2)dy\\&=2x^2(y\ln y-y)+2x^2y+2y\\&=2x^2y\ln y+2y\end{aligned}$$

이므로

$$U(x,y)=x^3+2x^2y\ln y+2y=C$$

가 일반해이다.
여기에 $y(1)=1$조건을 더하면

$$1+2\ln 1+2=C$$

이므로

$C=3$

이되어
초기조건을 만족하는 특수해

$x^3+2x^2y\ln y+2y=3$

을 구할 수 있다.

(4) $(\sin x\cos y)dx+(\cos x\sin y)dy=0,\ y(\frac{\pi}{3})=\frac{\pi}{3}$

풀이 $M(x,y)=\sin x\cos y$, $N(x,y)=\cos x\sin y$

이므로

$\frac{\partial M}{\partial y}=-\sin x\sin y,\ \ \frac{\partial N}{\partial x}=-\sin x\sin y$

이어서 완전미분방정식이다.
따라서

$U_1(x,y)=\int^x \sin x\cos y\,dx=-\cos x\cos y$

$U_2(x,y)=\int^y \cos x\sin y\,dy=-\cos x\cos y$

이므로

$U(x,y)=-\cos x\cos y=C$

가 일반해이다.
여기에 $x=\frac{\pi}{3}$, $y=\frac{\pi}{3}$를 대입하여 $-\cos\frac{\pi}{3}\cos\frac{\pi}{3}=-\frac{1}{4}$이므로 특수해

$\cos x\cos y=\frac{1}{4}$ 를 얻는다.

(5) $(2xy^3-2y^4+3x^2)dx+(3x^2y^2-8xy^3+1)dy=0$

풀이 $M(x,y)=2xy^3-2y^4+3x^2$
$N(x,y)=3x^2y^2-8xy^3+1$

이므로

$\frac{\partial M}{\partial y}=6xy^2-8y^3$
$\frac{\partial N}{\partial x}=6xy^2-8y^3$

이어서 완전미분방정식이다.
따라서

$$U_1(x,y) = \int^x (2xy^3 - 2y^4 + 3x^2)dx$$
$$= x^2y^3 - 2xy^4 + x^3$$

$$U_2(x,y) = \int^y (3x^2y^2 - 8xy^3 + 1)dy$$
$$= x^2y^3 - 2xy^4 + y$$

이므로

$$U(x,y) = x^2y^3 - 2xy^4 + x^3 + y = C$$

가 해이다.

(6) $2xydx + (x^2 - 1)dy = 0$

풀이

$$M(x,y) = 2xy \ , \ N(x,y) = x^2 - 1$$

이므로

$$\frac{\partial M}{\partial y} = 2x, \quad \frac{\partial N}{\partial x} = 2x$$

이어서 완전미분방정식이다.
따라서

$$U_1(x,y) = \int^x 2xydx = x^2y$$

$$U_2(x,y) = \int^y (x^2 - 1)dy = x^2y - y$$

이므로

$$U(x,y) = x^2y - y = C$$

즉

$$y = \frac{C}{x^2 - 1}$$

가 해이다.

(7) $\{\cos(x+y) - 3x^2\}dx + \{\cos(x+y) + 2y\}dy = 0$

풀이

$$M(x,y) = \cos(x+y) - 3x^2$$
$$N(x,y) = \cos(x+y) + 2y$$

$$\frac{\partial M}{\partial y} = -\sin(x+y), \quad \frac{\partial N}{\partial x} = -\sin(x+y)$$

이어서 완전미분방정식이다.
따라서

$$U_1(x,y) = \int^x \{\cos(x+y) - 3x^2\}dx$$
$$= \sin(x+y) - x^3$$

$$U_2(x,y) = \int^y \{\cos(x+y) + 2y\}dy$$
$$= \sin(x+y) + y^2$$

이므로

$$U(x,y) = \sin(x+y) - x^3 + y^2 = C$$

가 해이다.

5.4 적분인자(적분인자를 사용하여 완전미분방정식으로 변환하는 방법)

적분인자

일계미분방정식 $M(x,y)\,dx + N(x,y)\,dy = 0$이 완전미분방정식이 아닐 때 $F(x,y)M(x,y)\,dx + F(x,y)N(x,y)\,dy = 0$이 완전미분방정식이 되면 $F(x,y)$를 주어진 미분방정식의 적분인자라고 한다.

예 $2y\,dx + x\,dy = 0$는

$$\frac{\partial M}{\partial y} = 2, \frac{\partial N}{\partial x} = 1$$

이므로 완전미분방정식이 아니다.
그러나 양변에 $F(x,y) = x$를 곱하면,
위의 **[예제 12]** $(2xydx + x^2dy = 0)$와 같이 되어 완전미분방정식이 된다.
이때 $F(x,y) = x$를 미분방정식 $2y\,dx + x\,dy = 0$의 적분인자라고 한다.

적분인자를 구하는 방법

일계 미분방정식 $M(x,y)\,dx + N(x,y)\,dy = 0$ 에서
$\frac{1}{N}(\frac{\partial M}{\partial y} - \frac{\partial N}{\partial x})$ 이 x만의 함수이면

$$F(x) = e^{\int \frac{1}{N}(\frac{\partial M}{\partial y} - \frac{\partial N}{\partial x})dx}$$

가 적분인자가 되고,
$\frac{1}{M}(\frac{\partial N}{\partial x} - \frac{\partial M}{\partial y})$ 가 y만의 함수이면

$$F(y) = e^{\int \frac{1}{M}(\frac{\partial N}{\partial x} - \frac{\partial M}{\partial y})dy}$$

가 적분인자가 된다.
증명은 생략한다.

주의

적분인자는 유일하다고 할 수 없다.
예를 들어
미분방정식 $(\frac{\sin x}{x} + \cos x)dx + \frac{\sin x}{y}dy = 0$ 의 경우
$F(x) = \csc x$ 와
$F(x,y) = xy$ 가
모두 적분인자가 된다.

예제 14

$2xy\,dx + (2x^2 + 3y)dy = 0,\ y(-1) = 1$ **의 해를 구하라.**

풀이

$$\frac{\partial M}{\partial y} = 2x, \quad \frac{\partial N}{\partial x} = 4x$$

이므로 완전미분방정식이 아니다.
여기에서

$$\frac{1}{M}(\frac{\partial N}{\partial x} - \frac{\partial M}{\partial y}) = \frac{1}{y}$$

이므로 적분인자

$$F(y) = e^{\int \frac{1}{y} dy} = e^{\ln y} = y$$

를 구할 수 있다.
이 적분인자를 주어진 미분방정식에 곱하면

$$2xy^2\,dx + (2x^2y + 3y^2)dy = 0$$

이고,
앞 절의 방법에 의하여

$$U_1(x,y) = x^2y^2,$$
$$U_2(x,y) = x^2y^2 + y^3$$

이므로 일반해

$$U(x,y) = x^2y^2 + y^3 = C$$

를 구할 수 있다.
조건에 의하면 $x = -1,\ y = 1$이 되어야 하므로
$1 + 1 = C$인

$$C = 2$$

를 대입하여 특수해

$$x^2y^2 + y^3 = 2$$

를 구할 수 있다.

예제 15

$(x + y)dx + dy = 0$**의 해를 구하라.**

풀이

$$\frac{\partial M}{\partial y} = 1,\ \frac{\partial N}{\partial x} = 0$$

이므로 완전미분방정식이 아니다.
여기에서

$$\frac{1}{N}\left(\frac{\partial M}{\partial y} - \frac{\partial N}{\partial x}\right) = 1$$

이므로 적분인자

$$F(x) = e^{\int 1 dx} = e^x$$

를 구할 수 있다.
이 적분인자를 주어진 미분방정식에 곱하면

$$e^x(x+y)dx + e^x dy = 0$$

이고, 앞 절의 방법에 의하여

$$U_1(x,y) = e^x(x-1) + ye^x,$$
$$U_2(x,y) = ye^x$$

이므로 해

$$U(x,y) = (x+y-1)e^x = C$$

를 구할 수 있다.

주의

[예제 15]와 같이 $\frac{1}{N}(\frac{\partial M}{\partial y} - \frac{\partial N}{\partial x}) = 1$이 상수로 나온 경우, 적분인자 F를 구할 때 반드시 x에 대해 적분하여야 적분인자 $F(x) = e^{\int 1dx} = e^x$를 구할 수 있다.
이때 y에 관해 적분하여 구한 e^y를 주어진 미분방정식에 곱하면 $e^y(x+y)dx + e^y dy = 0$은 완전미분방정식이 아니다.

연습문제

※ 다음 미분방정식의 해를 구하라.

(1) $(\frac{\sin x}{x} + \cos x)dx + \frac{\sin x}{y}dy = 0$

풀이

$$\frac{\partial M}{\partial y} = 0,\quad \frac{\partial N}{\partial x} = \frac{\cos x}{y}$$

이므로 완전미분방정식이 아니다.

$$\frac{1}{N}(\frac{\partial M}{\partial y} - \frac{\partial N}{\partial x}) = \frac{1}{\frac{\sin x}{y}}(0 - \frac{\cos x}{y}) = -\frac{\cos x}{\sin x}$$

이므로,
적분인자

$$F(x) = e^{\int -\frac{\cos x}{\sin x}dx} = e^{-\ln|\sin x|} = e^{\ln|\csc x|} = \csc x$$

를 구할 수 있다.

이 적분인자를 주어진 미분방정식에 곱하면

$$(\frac{1}{x}+\frac{\cos x}{\sin x})dx+\frac{1}{y}dy=0$$

이고, 앞 절의 방법에 의하여

$$U_1(x,y)=\ln|x|+\ln|\sin x|=\ln|x\sin x|,$$
$$U_2(x,y)=\ln|y|$$

이므로 해

$$U(x,y)=\ln|x\sin x|+\ln|y|=C$$

즉

$$|yx\sin x|=e^c$$
$$y=\pm e^c\times\frac{1}{x\sin x}=\frac{C}{x\sin x}$$

를 얻는다.

(2) $3xe^y+2y+(x^2e^y+x)y'=0$

풀이

$$3xe^y+2y+(x^2e^y+x)\frac{dy}{dx}=0$$

이고

$$(3xe^y+2y)dx+(x^2e^y+x)dy=0$$

이다.

$$\frac{\partial M}{\partial y}=3xe^y+2,\quad \frac{\partial N}{\partial x}=2xe^y+1$$

이므로 완전미분방정식이 아니다. 여기에서

$$\begin{aligned}\frac{1}{N}(\frac{\partial M}{\partial y}-\frac{\partial N}{\partial x})&=\frac{1}{x^2e^y+x}\{(3xe^y+2)-(2xe^y+1)\}\\&=\frac{1}{x(xe^y+1)}(xe^y+1)\\&=\frac{1}{x}\end{aligned}$$

이므로 적분인자

$$F(x)=e^{\int\frac{1}{x}dx}=e^{\ln x}=x$$

를 구할 수 있다.

이 적분인자를 주어진 미분방정식에 곱하면

$$(3x^2e^y + 2xy)dx + (x^3e^y + x^2)dy = 0$$

이고, 앞 절의 방법에 의하여

$$U_1(x,y) = x^3e^y + x^2y,$$
$$U_2(x,y) = x^3e^y + x^2y$$

이므로 해

$$U(x,y) = x^3e^y + x^2y = C$$

를 얻는다.

(3) $dx + (3x - e^{-2y})dy = 0$

풀이

$$\frac{\partial M}{\partial y} = 0, \ \frac{\partial N}{\partial x} = 3$$

이므로 완전미분방정식이 아니다. 여기에서

$$\frac{1}{M}\left(\frac{\partial N}{\partial x} - \frac{\partial M}{\partial y}\right) = 1 \times 3 = 3$$

이므로 적분인자

$$F(y) = e^{\int 3dy} = e^{3y}$$

를 구할 수 있다.
이 적분인자를 주어진 미분방정식에 곱하면

$$e^{3y}dx + (3xe^{3y} - e^y)dy = 0$$

이고, 앞 절의 방법에 의하여

$$U_1(x,y) = xe^{3y},$$
$$U_2(x,y) = xe^{3y} - e^y$$

이므로 해

$$U(x,y) = xe^{3y} - e^y = C$$

를 얻는다.

(4) $(xy^2 + y^2)dx + (2x^2y + 2xy)dy = 0$

풀이

$$\frac{\partial M}{\partial y} = 2xy + 2y, \ \frac{\partial N}{\partial x} = 4xy + 2y$$

이므로 완전미분방정식이 아니다. 여기에서

$$\frac{1}{N}\left(\frac{\partial M}{\partial y}-\frac{\partial N}{\partial x}\right)=\frac{-2xy}{2xy(x+1)}=-\frac{1}{x+1}$$

이므로 적분인자

$$F(x)=e^{\int -\frac{1}{x+1}dx}=e^{-\ln(x+1)}=\frac{1}{x+1}$$

를 구할 수 있다.
이 적분인자를 주어진 미분방정식에 곱하면

$$y^2dx+(2xy)dy=0$$

이고, 앞 절의 방법에 의하여

$$U_1(x,y)=xy^2,$$

$$U_2(x,y)=xy^2$$

이므로 해

$$U(x,y)=xy^2=C$$

를 얻는다.

(5) $(ye^x-1)dx+(e^{x+y}+xe^x)dy=0$

풀이

$$\frac{\partial M}{\partial y}=e^x,\quad \frac{\partial N}{\partial x}=e^{x+y}+xe^x+e^x$$

이므로 완전미분방정식이 아니다. 여기에서

$$\frac{1}{N}\left(\frac{\partial M}{\partial y}-\frac{\partial N}{\partial x}\right)=\frac{1}{e^{x+y}+xe^x}\{e^x-(e^{x+y}+xe^x+e^x)\}=-1$$

이므로 적분인자

$$F(x)=e^{\int -1dx}=e^{-x}$$

를 구할 수 있다.
이 적분인자를 주어진 미분방정식에 곱하면

$$(y-e^{-x})dx+(e^y+x)dy=0$$

이고, 앞 절의 방법에 의하여

$$U_1(x,y)=xy+e^{-x},$$

$$U_2(x,y)=e^y+xy$$

이므로 해

$$U(x,y)=xy+e^{-x}+e^y=C$$

를 얻는다.

5.5 일계 선형 미분방정식

4.3절에 의하면 n계 선형미분방정식의 정의는

$$a_n(x)y^{(n)} + \cdots + a_2(x)y'' + a_1(x)y' + a_0(x)y = f(x) \qquad \text{(식 1)}$$

와 같고

$n = 1$인 경우가 1계 선형미분방정식이 되어

$$a_1(x)y' + a_0(x)y = f(x) \qquad \text{(식 2)}$$

의 형태를 가지게 된다.

이와 같은 형태의 미분방정식을 **1계 선형미분방정식의 일반형**이라 부른다.

(식 2)의 양변을 $a_1(x)$로 나누면

$$y' + \frac{a_0(x)}{a_1(x)}y = \frac{f(x)}{a_1(x)}$$

가 되어

$$y' + p(x)y = r(x)$$

로 나타낼 수 있고, 이를 **1계 선형미분방정식의 표준형**이라 한다.

1계 선형미분방정식의 정의

1계 선형미분방정식의 일반형

$$a_1(x)y' + a_0(x)y = f(x)$$

1계 선형미분방정식의 표준형

$$y' + p(x)y = r(x)$$

1계 선형미분방정식의 해를 구하기 위해서

$$y' + p(x)y = r(x)$$

를

$$\frac{dy}{dx} + p(x)y = r(x)$$

로 바꾼 후 양변에 dy를 곱하여

$$\{p(x)y - r(x)\}dx + dy = 0 \quad \cdots\cdots \text{(식 3)}$$

의 형태를 얻는다.

$$\frac{\partial M}{\partial y} = p(x), \quad \frac{\partial N}{\partial x} = 0$$

이 되어 적분인자는

$$F(x) = e^{\int \frac{1}{N}(\frac{\partial M}{\partial y} - \frac{\partial N}{\partial x})dx} = e^{\int p(x)dx}$$

가 된다.

(식 3)에 $F(x) = e^{\int p(x)dx}$를 곱하면, 미분방정식은

$$e^{\int p(x)dx}\{p(x)y - r(x)\}dx + e^{\int p(x)dx}dy = 0$$

이 되고

$$U_1 = \int^x e^{\int p(x)dx}\{p(x)y - r(x)\}dx$$

에서

$$u = \int p(x)dx\ , du = p(x)dx$$

로 놓으면

$$y\int e^{\int p(x)dx}p(x)dx = y\int e^u du = ye^u$$

가 되어

$$U_1 = y\int e^{\int p(x)dx} p(x)dx - \int e^{\int p(x)dx} r(x)dx$$
$$= ye^{\int p(x)dx} - \int e^{\int p(x)dx} r(x)dx$$

이고

$$U_2 = \int^y e^{\int p(x)dx} dy = ye^{\int p(x)dx}$$

가 되어, 해

$$U = ye^{\int p(x)dx} - \int e^{\int p(x)dx} r(x)dx = C$$

를 얻게 된다.

이를 양함수 형태의 해로 바꾸면

$$y = e^{-\int p(x)dx}\left\{\int e^{\int p(x)dx} r(x)dx + C\right\}$$

이다.

1계 선형미분방정식의 해

1계 선형미분방정식 $y' + p(x)y = r(x)$의 해는

$$y = e^{-\int p(x)dx}\left\{\int e^{\int p(x)dx} r(x)dx + C\right\}$$

가 된다.

예제 16

$y' + y = 0$ 의 해를 구하라.

풀이 $p(x) = 1, r(x) = 0$를 공식

$$y = e^{-\int p(x)dx}\left\{\int e^{\int p(x)dx} r(x)dx + C\right\}$$

에 대입하면

$$e^{-\int p(x)dx} = e^{-x}$$

이므로 해

$$y = e^{-x}\left\{\int 0dx + C\right\} = Ce^{-x}$$

를 구한다.

예제 17

$y' + y = x^2$ **의 해를 구하라.**

풀이 $p(x) = 1, r(x) = x^2$을 공식

$$y = e^{-\int p(x)dx}\left\{\int e^{\int p(x)dx} r(x)dx + C\right\}$$

에 대입하면

$$e^{-\int p(x)dx} = e^{-x}$$

이므로 해는

$$y = e^{-x}\left\{\int x^2 e^x dx + C\right\}$$

이고,
3장의 **[예제 1]**에 의하여, 해

$$y = e^{-x}\{(x^2 - 2x + 2)e^x + C\} = x^2 - 2x + 2 + Ce^{-x}$$

를 구한다.

예제 18

$y' + (\frac{2x+1}{x})y = e^{-2x}$ **의 해를 구하라.**

풀이 $p(x) = \frac{2x+1}{x}, r(x) = e^{-2x}$을 공식

$$y = e^{-\int p(x)dx}\left\{\int e^{\int p(x)dx} r(x)dx + C\right\}$$

에 대입하면

$$e^{-\int \frac{2x+1}{x}dx} = e^{-\int (2+\frac{1}{x})dx} = e^{-(2x+\ln x)}$$
$$= e^{-2x} \times e^{-\ln x} = e^{-2x} \times e^{\ln (x^{-1})}$$
$$= \frac{1}{xe^{2x}}$$

이므로, 해

$$y = \frac{1}{xe^{2x}}\left\{\int xe^{2x} \times e^{-2x} dx + C\right\}$$
$$= \frac{1}{xe^{2x}}(\frac{1}{2}x^2 + C)$$
$$= \frac{1}{2}xe^{-2x} + \frac{C}{x}e^{-2x}$$

를 구한다.

예제 19

$(x^2+1)y' + 2xy = \ln x$, $y(1) = 0$의 해를 구하라.

풀이 일반형인 문제를 공식에 맞추어 표준형으로 변환하면

$$y' + \frac{2x}{x^2+1}y = \frac{\ln x}{x^2+1}$$

가 되고

$$p(x) = \frac{2x}{x^2+1},\ r(x) = \frac{\ln x}{x^2+1}$$

이다.

$$e^{-\int p(x)dx} = e^{-\int \frac{2x}{x^2+1}dx} = e^{-\ln (x^2+1)} = e^{\ln (x^2+1)^{-1}}$$
$$= \frac{1}{x^2+1}$$

이므로 공식

$$y = e^{-\int p(x)dx}\left\{\int e^{\int p(x)dx} r(x)dx + C\right\}$$

에 의하여

$$y = \frac{1}{x^2+1}(\int (x^2+1) \times \frac{\ln x}{x^2+1}dx + C)$$

이다.

앞의 3장의 **[예제 3]**에 의하여, 일반해

$$y=\frac{1}{x^2+1}(x\ln x-x+C)$$
$$=\frac{x\ln x-x}{x^2+1}+\frac{C}{x^2+1}$$

를 구할 수 있다.
조건에 의하면 $x=1$일 때 $y=0$가 되어야 하므로
$0=\frac{-1}{2}+\frac{C}{2}$인 $C=1$을 대입하여,
특수해

$$y=\frac{x\ln x-x}{x^2+1}+\frac{1}{x^2+1}$$
$$=\frac{x\ln x-x+1}{x^2+1}$$

를 구한다.

예제 20

$\frac{dy}{dx}=\frac{1}{x+y^2}$의 해를 구하라.

풀이 주어진 미분방정식은 선형이 아니다.
그러나 $\frac{dx}{dy}=x+y^2$ 즉

$$\frac{dx}{dy}-x=y^2$$

은 y를 독립변수로 갖는 함수 x에 관하여 1계 선형미분방정식이다.
따라서 1계 선형미분방정식의 해에 관한 공식에서 x와 y를 바꾸어 얻은

$$x=e^{-\int p(y)dy}\left\{\int e^{\int p(y)dy}r(y)dy+C\right\}$$

에 $p(y)=-1,\ r(y)=y^2$을 대입하면

$$x=e^{-\int(-1)dy}\left\{\int e^{\int(-1)dy}y^2dy+C\right\}=e^y\left(\int y^2e^{-y}dy+C\right)$$

이고, 부분적분법에 의하여

$$\int y^2e^{-y}dy=-(y^2+2y+2)e^{-y}+C$$

가 되므로, 해

$$x = -(y^2 + 2y + 2) + Ce^y$$

를 구한다.

주의

위의 **[예제 20]**의 미분방정식 $\frac{dy}{dx} = \frac{1}{x+y^2}$ 에서 x와 y를 바꾸어 $\frac{dx}{dy} = \frac{1}{y+x^2}$ 의 해를 구한 다음, x와 y를 다시 바꾸어 놓아도 된다.

연습문제

※ 다음 미분방정식의 해를 구하라.

(1) $y' + y\tan x = 0$

풀이

공식 $y = e^{-\int p(x)dx}\left\{\int e^{\int p(x)dx} r(x)dx + C\right\}$

에 맞추어 해를 구하면

$p(x) = \tan x,\ r(x) = 0$

$e^{-\int \tan x dx} = e^{\ln|\cos x|} = \cos x$

이므로 해는

$y = \cos x \times C = C\cos x$

이다.

(2) $y' + y\tan x = \sin 2x$

풀이

공식 $y = e^{-\int p(x)dx}\left\{\int e^{\int p(x)dx} r(x)dx + C\right\}$

에 맞추어 해를 구하면

$p(x) = \tan x,\ r(x) = \sin 2x = 2\sin x\cos x$

$e^{-\int \tan x dx} = e^{\ln|\cos x|} = \cos x$

이므로 해는

$$y = e^{\ln|\cos x|}\left\{\int e^{-\ln|\cos x|} \times 2\sin x\cos x\,dx + C\right\}$$

$$= \cos x\left\{\int \frac{1}{\cos x} \times 2\sin x\cos x\,dx + C\right\}$$

$$= \cos x \left\{ \int 2\sin x \, dx + C \right\}$$

$$= -2\cos^2 x + C\cos x$$

이다.

(3) $y' = \csc x - y\cot x$

풀이 $y' + y\cot x = \csc x$

로 변형한후 공식 $y = e^{-\int p(x)dx}\left\{\int e^{\int p(x)dx} r(x)dx + C\right\}$

에 맞추어 해를 구하면

$p(x) = \cot x,\ r(x) = \csc x$

$e^{-\int \cot x dx} = e^{-\ln|\sin x|} = \csc x$

이므로 해는

$$y = e^{-\ln|\sin x|}\left\{\int e^{\ln|\sin x|} \times \csc x \, dx + C\right\}$$

$$= \csc x\left\{\int \sin x \times \csc x \, dx + C\right\}$$

$$= x\csc x + C\csc x$$

이다.

(4) $y' + 2xy = xe^{-x^2}$

풀이 공식 $y = e^{-\int p(x)dx}\left\{\int e^{\int p(x)dx} r(x)dx + C\right\}$

에 맞추어 해를 구하면

$p(x) = 2x,\ r(x) = xe^{-x^2}$

$e^{-\int 2x dx} = e^{-x^2}$

이므로 해는

$$y = e^{-x^2}\left\{\int e^{x^2} \times xe^{-x^2} dx + C\right\}$$

$$= e^{-x^2}\left\{\int x \, dx + C\right\}$$

$$= \frac{1}{2}x^2 e^{-x^2} + Ce^{-x^2}$$

이다.

(5) $xy' = 4y + x^6 e^x$

풀이 위의 식을 1계 선형미분방정식의 표준형으로 바꾸면

$$y' - \frac{4}{x}y = x^5 e^x$$

이고,

공식 $y = e^{-\int p(x)dx}\left\{\int e^{\int p(x)dx} r(x)dx + C\right\}$

에 맞추어 해를 구하면

$$p(x) = -\frac{4}{x},\ r(x) = x^5 e^x$$

$$\begin{aligned} e^{-\int -\frac{4}{x}dx} &= e^{4\ln x} \\ &= e^{\ln x^4} \\ &= x^4 \end{aligned}$$

이므로 해는

$$\begin{aligned} y &= x^4\left\{\int \frac{1}{x^4} \times x^5 e^x\, dx + C\right\} \\ &= x^4\left\{\int xe^x\, dx + C\right\} \\ &= x^4\{xe^x - e^x + C\} \\ &= (x^5 - x^4)e^x + Cx^4 \end{aligned}$$

이다.

(6) $(y^2+1)dx = (1-xy)dy$

풀이

$$(y^2+1)\frac{dx}{dy} = (1-xy)$$

$$\frac{dx}{dy} + \frac{y}{y^2+1}x = \frac{1}{y^2+1}$$

은 y를 독립변수로 갖는 함수 x에 관하여 1계 선형미분방정식이다.
따라서 1계 선형미분방정식의 해에 관한 공식에서 x와 y를 바꾸어 얻은

$$x = e^{-\int p(y)dy}\left\{\int e^{\int p(y)dy} r(y)dy + C\right\}$$

에

$$p(y) = \frac{y}{y^2+1},\ r(y) = \frac{1}{y^2+1}$$

을 대입하면

$$x = e^{-\int \frac{y}{y^2+1}dy}\left\{\int e^{\int (\frac{y}{y^2+1})dy} \times \frac{1}{y^2+1}dy + C\right\}$$

$$= e^{-\frac{1}{2}\ln(y^2+1)}\left(\int e^{\frac{1}{2}\ln(y^2+1)} \times \frac{1}{y^2+1}dy + C\right)$$

$$= \frac{1}{\sqrt{y^2+1}}\left(\int \sqrt{y^2+1} \times \frac{1}{y^2+1}dy + C\right)$$

$$= \frac{1}{\sqrt{y^2+1}}\left(\int \frac{1}{\sqrt{y^2+1}}dy + C\right)$$

$y = \tan\theta$, $dy = \sec^2\theta\, d\theta$로 치환하면

$$\int \frac{1}{\sqrt{y^2+1}}dy = \int \frac{1}{\sqrt{\tan^2\theta+1}}\sec^2\theta d\theta$$

$$= \int \frac{1}{\sec\theta}\sec^2\theta d\theta$$

$$= \int \sec\theta d\theta$$

$$= \ln|\sec\theta + \tan\theta| + C$$

$$= \ln|\sqrt{y^2+1} + y| + C$$

가 되므로 해

$$x = \frac{1}{\sqrt{y^2+1}}(\ln|\sqrt{y^2+1} + y| + C)$$

를 구한다.

5.6 베르누이 미분방정식(치환을 사용하여 1계 선형미분방정식으로 변형하는 방법)

베르누이 미분방정식의 정의

임의의 실수 n에 대하여

$$\frac{dy}{dx} + p(x)y = r(x)y^n$$

과 같은 형태의 미분방정식을 베르누이 미분방정식이라 한다.

주의

베르누이 미분방정식에서
$n=0$인 경우

$$\frac{dy}{dx}+p(x)y=r(x)$$

이 되어 1계 선형미분방정식이다.
$n=1$인 경우

$$\frac{dy}{dx}+\{p(x)-r(x)\}y=0$$

이 되어 역시 1계 선형미분방정식이 된다.

$n \neq 0, 1$인 경우 베르누이 미분방정식의 해를 구하려면

양변을 y^n으로 나누어 오른쪽에서부터 1계 선형미분방정식과 유사한 형태로 만든다.

즉,

$$y^{-n}\frac{dy}{dx}+p(x)y^{1-n}=r(x)$$

로 만든 다음 $v=y^{1-n}$으로 치환한다.

또 좌변을 모두 x와 v로 치환하기 위해서는 $\frac{dy}{dx}$를 구해야 하고

$v=y^{1-n}$의 양변을 x에 관하여 미분하여

$$\frac{dv}{dx}=(1-n)y^{-n}\frac{dy}{dx}$$

를 얻고,

$y^{-n}\frac{dy}{dx}=\frac{1}{1-n}\frac{dv}{dx}$으로 치환하면

$$\frac{1}{1-n}\frac{dv}{dx}+p(x)v=r(x)$$

가 된다.

이 미분방정식은 x와 v에 관한 1계 선형미분방정식이 되므로 일반해를 구할 수 있다.

그리고 다시 $v=y^{1-n}$을 대입하면

주어진 미분방정식 $\frac{dy}{dx}+p(x)y=r(x)y^n$의 해가 된다.

베르누이 미분방정식의 해를 구하는 방법

$n \neq 0, 1$인 베르누이미분방정식

$$\frac{dy}{dx}+p(x)y=r(x)y^n$$

의 해를 구하기 위해서
양변을 y^n으로 나눈 후
$v=y^{1-n}$, $y^{-n}\frac{dy}{dx}=\frac{1}{1-n}\frac{dv}{dx}$로 치환하면

$$\frac{1}{1-n}\frac{dv}{dx}+p(x)v=r(x)$$

이 되고,
이를 표준형으로 변형한 후 공식에 의해 x와 v에 관한 해를 구한다.
마지막으로 $v=y^{1-n}$을 대입하면 주어진 미분방정식의 해가 된다.

예제 21

$y'+\frac{1}{x}y=x^2y^{-1}$**의 해를 구하라.**

풀이 양변에 y를 곱하여

$$yy'+\frac{1}{x}y^2=x^2$$

로 만든 다음, $v=y^2$, $\frac{dv}{dx}=2yy'$로 치환하여

$$\frac{1}{2}\frac{dv}{dx}+\frac{1}{x}v=x^2$$

을 얻는다.
이를 1계 선형미분방정식의 표준형으로 바꾸면

$$\frac{dv}{dx}+\frac{2}{x}v=2x^2$$

이 되고 $p(x)=\dfrac{2}{x}$, $r(x)=2x^2$

을 공식 $v=e^{-\int p(x)dx}\left\{\int e^{\int p(x)dx} r(x)dx+C\right\}$

에 대입하여

$$
\begin{aligned}
v&=e^{-\int \frac{2}{x}dx}\left\{\int e^{\int \frac{2}{x}dx}\times 2x^2dx+C\right\}\\
&=e^{-2\ln x}\left\{\int e^{2\ln x}\times 2x^2dx+C\right\}\\
&=\frac{1}{x^2}\left\{\int 2x^4dx+C\right\}\\
&=\frac{2}{5}x^3+\frac{C}{x^2}
\end{aligned}
$$

가 된다.

마지막으로 $v=y^2$을 대입하여, 해

$$y^2=\frac{2}{5}x^3+\frac{C}{x^2}$$

를 얻는다.

예제 22

$x^2y'+2xy=y^3,\ y(-1)=1$의 해를 구하라.

풀이 양변을 x^2y^3으로 나누어

$$y^{-3}y'+\frac{2}{x}y^{-2}=\frac{1}{x^2}$$

으로 만든 다음 $v=y^{-2}$, $\dfrac{dv}{dx}=-2y^{-3}y'$으로 치환하여

$$-\frac{1}{2}\frac{dv}{dx}+\frac{2}{x}v=\frac{1}{x^2}$$

을 얻는다.

이를 1계 선형미분방정식의 표준형으로 바꾸면

$$\frac{dv}{dx}-\frac{4}{x}v=-\frac{2}{x^2}$$

이 되고 $p(x)=-\frac{4}{x}$, $r(x)=-\frac{2}{x^2}$을 공식에 대입하여

$$\begin{aligned} v &= e^{\int \frac{4}{x}dx}\left\{\int e^{\int -\frac{4}{x}dx} \times (-\frac{2}{x^2})dx + C\right\} \\ &= e^{4\ln x}\left\{\int e^{-4\ln x} \times (-\frac{2}{x^2})dx + C\right\} \\ &= x^4\left\{\int -\frac{2}{x^6}dx + C\right\} \\ &= x^4(\frac{2}{5x^5} + C) = \frac{2}{5x} + Cx^4 \end{aligned}$$

이 된다.

마지막으로 $v=y^{-2}$을 대입하여, 해

$$y^{-2} = \frac{2}{5x} + Cx^4$$

을 얻는다.

조건에 의하면 $x=-1$일 때 $y=1$이 되어야 하므로

$1=-\frac{2}{5}+C$인 $C=\frac{7}{5}$를 대입하여, 특수해

$$y^{-2} = \frac{2}{5x} + \frac{7x^4}{5}$$

을 구한다.

예제 23

$6y^2dx - x(2x^3+y)dy = 0$의 해를 구하라.

풀이 주어진 미분방정식은 베르누이 미분방정식이 아니다.

그러나

$$6y^2\frac{dx}{dy} - x(2x^3+y) = 0$$

로 변형한 후

$$6y^2\frac{dx}{dy} - yx = 2x^4$$

이 되어 y를 독립변수로 갖는 함수 x에 대하여 베르누이미분방정식이 된다.

5.5절의 **[예제 20]**과 같은 방법으로 해를 구할 수도 있으나 x, y를 바꾸어 해를 구한 후 다시 x, y를 바꾸는 방법을 취하겠다.

x, y를 바꾸어

$$6x^2\frac{dy}{dx} - xy = 2y^4$$

의 해를 구해보자.

양변을 $6x^2y^4$으로 나누어

$$y^{-4}\frac{dy}{dx} - \frac{1}{6x}y^{-3} = \frac{1}{3x^2}$$

을 얻고 $v = y^{-3}$, $\frac{dv}{dx} = -3y^{-4}\frac{dy}{dx}$로 치환하면

$$-\frac{1}{3}\frac{dv}{dx} - \frac{1}{6x}v = \frac{1}{3x^2}$$

을 얻는다.

이를 1계 선형미분방정식의 표준형으로 바꾸면

$$\frac{dv}{dx} + \frac{1}{2x}v = -\frac{1}{x^2}$$

이 되고 $p(x) = \frac{1}{2x}$, $r(x) = -\frac{1}{x^2}$을 공식에 대입하여

$$\begin{aligned} v &= e^{\int -\frac{1}{2}\times\frac{1}{x}dx}\left\{\int e^{\int \frac{1}{2}\times\frac{1}{x}dx}\times\left(-\frac{1}{x^2}\right)dx + C\right\} \\ &= e^{-\frac{1}{2}\ln x}\left\{\int e^{\frac{1}{2}\ln x}\times\left(-\frac{1}{x^2}\right)dx + C\right\} \\ &= \frac{1}{\sqrt{x}}\left\{\int \sqrt{x}\times\left(-\frac{1}{x^2}\right)dx + C\right\} \\ &= \frac{1}{\sqrt{x}}\left\{\int -x^{-\frac{3}{2}}dx + C\right\} \\ &= \frac{1}{\sqrt{x}}\left(2x^{-\frac{1}{2}} + C\right) \\ &= \frac{2}{x} + \frac{C}{\sqrt{x}} \end{aligned}$$

이 된다.

그리고 $v = y^{-3}$을 대입하여

$$y^{-3} = \frac{2}{x} + \frac{C}{\sqrt{x}}$$

를 얻는다.

마지막으로 x, y를 바꾸어, 해

$$x^{-3} = \frac{2}{y} + \frac{C}{\sqrt{y}}$$

를 얻는다.

연습문제

※ 다음 미분방정식의 해를 구하라.

(1) $y' + \frac{1}{x}y = \frac{1}{x^4}y^{-\frac{3}{4}}$

풀이

양변에 $y^{\frac{3}{4}}$을 곱하여

$$y^{\frac{3}{4}}y' + \frac{1}{x}y^{\frac{7}{4}} = \frac{1}{x^4}$$

으로 만든 다음 $v = y^{\frac{7}{4}}$, $\frac{dv}{dx} = \frac{7}{4}y^{\frac{3}{4}}y'$로 치환하여

$$\frac{4}{7}\frac{dv}{dx} + \frac{1}{x}v = \frac{1}{x^4}$$

을 얻는다.
이를 1계 선형미분방정식의 표준형으로 바꾸면

$$\frac{dv}{dx} + \frac{7}{4} \times \frac{1}{x}v = \frac{7}{4} \times \frac{1}{x^4}$$

이 되고 $p(x) = \frac{7}{4} \times \frac{1}{x}$, $r(x) = \frac{7}{4} \times \frac{1}{x^4}$을 공식에 대입하여

$$v = e^{-\frac{7}{4}\int \frac{1}{x}dx}\left\{\int e^{\frac{7}{4}\int \frac{1}{x}dx} \times \frac{7}{4} \times \frac{1}{x^4}dx + C\right\}$$

$$= e^{-\frac{7}{4}\ln x}\left\{\int e^{\frac{7}{4}\ln x} \times \frac{7}{4} \times \frac{1}{x^4}dx + C\right\}$$

$$= x^{-\frac{7}{4}}\left\{\int \frac{7}{4} \times x^{\frac{7}{4}-4}dx + C\right\}$$

$$= x^{-\frac{7}{4}}\left\{\frac{7}{4} \times \frac{1}{-\frac{9}{4}+1}x^{-\frac{9}{4}+1} + C\right\}$$

$$= x^{-\frac{7}{4}}\left\{-\frac{7}{5}x^{-\frac{5}{4}} + C\right\}$$

$$= -\frac{7}{5}x^{-3} + Cx^{-\frac{7}{4}}$$

마지막으로 $v = y^{\frac{7}{4}}$을 대입하여, 해

$$y^{\frac{7}{4}} = -\frac{4}{5}x^{-3} + Cx^{-\frac{7}{4}}$$

을 얻는다.

(2) $y' - \dfrac{2}{x}y = -\dfrac{y^2}{x}$

풀이 양변에 y^{-2}를 곱하여

$$y^{-2}y' - \frac{2}{x}y^{-1} = -\frac{1}{x}$$

으로 만든 다음 $v = y^{-1}$, $\dfrac{dv}{dx} = -y^{-2}y'$로 치환하여

$$-\frac{dv}{dx} - \frac{2}{x}v = -\frac{1}{x}$$

을 얻는다.
이를 1계 선형미분방정식의 표준형으로 바꾸면

$$\frac{dv}{dx} + \frac{2}{x}v = \frac{1}{x}$$

이 되고 $p(x) = \dfrac{2}{x}$, $r(x) = \dfrac{1}{x}$을 공식에 대입하여

$$v = e^{-\int \frac{2}{x}dx}\left\{\int e^{\int \frac{2}{x}dx} \times \frac{1}{x}dx + C\right\}$$

$$= e^{-2\ln x}\left\{\int e^{2\ln x} \times \frac{1}{x}dx + C\right\}$$

$$= \frac{1}{x^2}\left\{\int x dx + C\right\} = \frac{1}{2} + \frac{C}{x^2}$$

가 된다.
마지막으로 $v = y^{-1}$을 대입하여, 해

$$y^{-1} = \frac{x^2 + 2C}{2x^2}$$

즉,

$$y=\frac{2x^2}{x^2+2C}$$

을 얻는다.

(3) $ydx+(xy-3x^3y^3)dy=0$

풀이 주어진 미분방정식은 베르누이 미분방정식이 아니다.
그러나

$$y\frac{dx}{dy}+yx=3y^3x^3$$

으로 변형하면,
y를 독립변수로 갖는 함수 x에 대하여 베르누이미분방정식이 된다.
5.5절의 **[예제 20]**과 같은 방법으로 해를 구할 수도 있으나 x, y를 바꾸어 해를 구한 후 다시 x, y를 바꾸는 방법을 취하겠다.
x, y를 바꾸어

$$x\frac{dy}{dx}+xy=3x^3y^3$$

의 해를 구해보자.
양변을 xy^3으로 나누어

$$y^{-3}\frac{dy}{dx}+y^{-2}=3x^2$$

을 얻고 $v=y^{-2},\ \frac{dv}{dx}=-2y^{-3}\frac{dy}{dx}$로 치환하면

$$-\frac{1}{2}\frac{dv}{dx}+v=3x^2$$

을 얻는다.
이를 1계 선형미분방정식의 표준형으로 바꾸면

$$\frac{dv}{dx}-2v=-6x^2$$

이 되고 $p(x)=-2,\ r(x)=-6x^2$을 공식에 대입하여

$$\begin{aligned}v&=e^{+\int 2dx}\left\{\int e^{-\int 2dx}\times(-6x^2)dx+C\right\}\\&=e^{+2x}\left\{\int -6x^2e^{-2x}dx+C\right\}\\&=e^{+2x}\left(3x^2e^{-2x}+3xe^{-2x}+\frac{3}{2}e^{-2x}+C\right)\end{aligned}$$

$$= 3x^2 + 3x + \frac{3}{2} + Ce^{2x}$$

이 된다.
그리고 $v = y^{-2}$을 대입하여

$$y^{-2} = 3x^2 + 3x + \frac{3}{2} + Ce^{2x}$$

을 얻는다.
마지막으로 x, y를 바꾸어, 해

$$x^{-2} = 3y^2 + 3y + \frac{3}{2} + Ce^{2y}$$

를 얻는다.

제6장

고계 제차선형 미분방정식

제 6 장 고계 제차선형미분방정식

6.1 2계 제차선형미분방정식의 예비 이론

4장에서

$$a_n(x)y^{(n)} + \cdots + a_2(x)y'' + a_1(x)y' + a_0(x)y = f(x)$$

의 형태로 주어진 미분방정식을 선형미분방정식이라고 정의하였다.

또한

$f(x) = 0$이면 제차선형미분방정식,

$f(x) \neq 0$이면 비제차선형미분방정식이라고 정의하였다.

이제 고계 제차 선형 미분방정식의 해를 구하는 방법을 알아보려한다.

앞에서 구한 1계 제차선형미분방정식의 경우를 돌아보며 2계 선형미분방정식의 해를 구해보겠다. 먼저 1계 제차 선형 미분 방정식의 해의 형태를 알아보자.

5.5절의 **[예제 16]**에서 $y = Ce^{-x}$는 미분방정식 $y' + y = 0$의 해임을 구했다. 이것은 미분방정식 $y' + y = 0$의 하나의 해인 $y = e^{-x}$에 임의 상수 C 를 곱한 형태라는 것을 알 수 있다.

5.5절의 **[연습문제]** (1)에서도 $y = C\cos x$는 미분방정식 $y' + y\tan x = 0$의 해가 되고, 이는 미분방정식 $y' + y\tan x = 0$의 하나의 해 $y = \cos x$에 임의 상수 C를 곱한 형태이다.

마찬가지로

2계 제차선형미분방정식의 해

y_1과 y_2가 2계 제차선형미분방정식 $a_2(x)y'' + a_1(x)y' + a_0(x)y = 0$의 해이면, 이 두 함수의 일차결합

$y = C_1y_1 + C_2y_2$도 미분방정식

$$a_2(x)y'' + a_1(x)y' + a_0(x)y = 0$$

의 해가 된다

증명

y_1, y_2가 2계 제차선형미분방정식

$$a_2(x)y'' + a_1(x)y' + a_0(x)y = 0$$

의 해이므로

$$a_2(x)y_1'' + a_1(x)y_1' + a_0(x)y_1 = 0$$

이고

$$a_2(x)y_2'' + a_1(x)y_2' + a_0(x)y_2 = 0$$

이다.

그러므로 $y = C_1y_1 + C_2y_2$를 대입하면

$$\begin{aligned}
&a_2(x)y'' + a_1(x)y' + a_0(x)y \\
&= a_2(x)(C_1y_1 + C_2y_2)'' + a_1(x)(C_1y_1 + C_2y_2)' + a_0(x)(C_1y_1 + C_2y_2) \\
&= a_2(x)(C_1y_1'' + C_2y_2'') + a_1(x)(C_1y_1' + C_2y_2') + a_0(x)(C_1y_1 + C_2y_2) \\
&= C_1\{a_2(x)y_1'' + a_1(x)y_1' + a_0(x)y_1\} + C_2\{a_2(x)y_2'' + a_1(x)y_2' + a_0(x)y_2\} \\
&= 0
\end{aligned}$$

이 되어

$$y = C_1y_1 + C_2y_2$$

는 주어진 2계 제차선형미분방정식의 해가 된다.

예 $y_1 = e^x$ 는

$$y_1'' - 3y_1' + 2y_1 = (e^x)'' - 3(e^x)' + 2e^x = e^x - 3e^x + 2e^x = 0$$

이므로 2계 제차선형미분방정식 $y'' - 3y' + 2y = 0$의 해가 된다.

또한, $y_2 = e^{2x}$ 도

$$y_2'' - 3y_2' + 2y_2 = (e^{2x})'' - 3(e^{2x})' + 2e^{2x} = 4e^{2x} - 6e^{2x} + 2e^{2x} = 0$$

이므로 해가 된다.

결과적으로,

$$y = C_1e^x + C_2e^{2x}$$

는 2계 제차선형미분방정식 $y'' - 3y' + 2y = 0$의 일반해가 된다.

주의

$y_1 = e^x$와 $y_2 = 2e^x$는 모두 2계 제차선형미분방정식 $y'' - 3y' + 2y = 0$의 해가 된다. 그러나

$$y = C_1y_1 + C_2y_2 = C_1e^x + C_2(2e^x) = (C_1 + 2C_2)e^x = Ce^x$$

로 변환되므로
$y'' - 3y' + 2y = 0$의 해가 되기는 하나 일반해라고는 할 수 없다.

위의 예를 살펴보면 2계 제차선형미분방정식의 일반해를 구하기 위해서는

$$\frac{y_2}{y_1} \neq \text{상수}$$

가 되는 y_1, y_2를 구하여

$$y = C_1y_1 + C_2y_2$$

로 놓으면 일반해를 구할 수 있다.

$\frac{y_2}{y_1} =$ 상수가 되는 경우(즉 y_2가 y_1의 일차결합으로 나타나는 경우),

함수 y_1, y_2를 일차종속(linearly dependent)이라 정의하고,

$\frac{y_2}{y_1} \neq$ 상수가 되는 경우(즉 y_2가 y_1의 일차결합으로 나타나지 않는 경우),
함수 y_1, y_2를 일차독립(linearly independent)이라고 정의한다.

그러므로 2계 제차선형미분방정식

$$a_2(x)y'' + a_1(x)y' + a_0(x)y = 0$$

의 해를 구하기 위해서는, 일차독립인 두 해 y_1, y_2를 구하면 일반해

$$y = C_1 y_1 + C_2 y_2$$

를 구할 수 있다.

6.2 2계 제차선형미분방정식

6.2.1 상수계수를 갖는 2계 제차선형미분방정식

n계 선형미분방정식

$$a_n(x)y^{(n)} + \cdots + a_2(x)y'' + a_1(x)y' + a_0(x)y = f(x)$$

에서

$$a_n(x), \cdots, a_2(x), a_1(x), a_0(x)$$

를 미분방정식 계수(係數, coefficient))라 하며,
이 계수가 모두 상수인 선형미분방정식을 <u>상수계수 선형미분방정식</u>이라 부른다.

1계, 2계, 3계, n계 미분방정식에서의 계는 한자로 階, 영어로 order이다.

상수 계수를 갖는 2계 제차선형미분방정식은

$$a_2(x)y'' + a_1(x)y' + a_0(x)y = 0$$

에서 $a_2(x)$, $a_1(x)$, $a_0(x)$가 각각 상수이므로

$$a_2 y'' + a_1 y' + a_0 y = 0$$

의 형태이고,
양변을 a_2로 나누면

$$y'' + \frac{a_1}{a_2}y' + \frac{a_0}{a_2}y = 0$$

이다.

이는 일반적으로

$$y'' + Ay' + By = 0$$

로 바꿀 수 있다.

이제 상수 계수를 갖는 2계 제차선형미분방정식 $y'' + Ay' + By = 0$의 해를 구해보자.

6.1절의 내용에 의하면 일차독립인 두 해 y_1, y_2를 구하면, 일반해

$$y = C_1y_1 + C_2y_2$$

를 구할 수 있다.

일차 독립인 두 해를 구하기 위하여 2계 제차선형미분방정식

$$y'' + Ay' + By = 0$$

을 변형하여

$$y = -\frac{1}{B}y'' - \frac{A}{B}y'$$

을 얻는다.

이 미분방정식에 의하면 y'과 y''에 상수 배를 하여 y를 얻을 수 있고
이와 같은 성질을 갖는 함수로는 자연 지수 함수

$$y = e^{\lambda x}$$

를 생각할 수 있다.

우리는 어떻게 하든지 $y'' + Ay' + By = 0$의 일차독립인 두 해 y_1, y_2만 구하면 되므로 $y = e^{\lambda x}$가 해가 되는 조건을 찾아보겠다.

$y = e^{\lambda x}$가 해가 되기 위해서는 주어진 미분방정식에

$$y = e^{\lambda x}$$

$$y' = \lambda e^{\lambda x}$$
$$y'' = \lambda^2 e^{\lambda x}$$

을 대입하여 등식을 만족하면 된다. 이를 대입하면

$$\begin{aligned} y'' + Ay' + By &= \lambda^2 e^{\lambda x} + A\lambda e^{\lambda x} + Be^{\lambda x} \\ &= e^{\lambda x}(\lambda^2 + A\lambda + B) \\ &= 0 \end{aligned}$$

이고, $e^{\lambda x} \neq 0$이므로 2차 방정식

$$\lambda^2 + A\lambda + B = 0$$

의 해 λ를 찾으면

$$y'' + Ay' + By = 0$$

의 해,

$$y = e^{\lambda x}$$

를 찾게 된다.

이 이차방정식 $\lambda^2 + A\lambda + B = 0$를 **보조방정식**이라 정의한다.

그런데, 이 보조방정식 $\lambda^2 + A\lambda + B = 0$의 해는 판별식 $D = A^2 - 4B$의 값에 따라 달라지므로,

세 가지 경우로 나누어 해를 찾아보겠다.

경우1 $D = A^2 - 4B > 0$ **일 때,**

보조방정식 $\lambda^2 + A\lambda + B = 0$의 해는 근의 공식에 의하여

$$\lambda = \frac{-A \pm \sqrt{A^2 - 4B}}{2}$$

로 주어진다.

이 경우에는 $D = A^2 - 4B > 0$이므로 보조방정식은 서로 다른 두 해

$$\lambda_1 = \frac{-A - \sqrt{A^2 - 4B}}{2},$$

$$\lambda_2 = \frac{-A + \sqrt{A^2 - 4B}}{2}$$

를 갖게 된다.

그러므로 2계 제차선형미분방정식 $y'' + Ay' + By = 0$는 두 해

$$y_1 = e^{\lambda_1 x} \text{ 와 } y_2 = e^{\lambda_2 x}$$

를 갖게 되고

$$\frac{y_2}{y_1} = e^{(\lambda_2 - \lambda_1)x} \neq \text{상수}$$

이므로 y_1, y_2는 일차독립이다.

따라서 2계 제차선형미분방정식 $y'' + Ay' + By = 0$의 일반해는

$$y = C_1 e^{\lambda_1 x} + C_2 e^{\lambda_2 x}$$

이다.

주의

2계 제차선형미분방정식이 $Ay'' + By' + Cy = 0$의 형태일 때도 동일한 과정을 거쳐서 보조방정식은 $A\lambda^2 + B\lambda + C = 0$가 된다. 이 방정식의 근 λ를 구하면 위와 같은 방법으로 $Ay'' + By' + Cy = 0$의 해를 구할 수 있다.

예제 1

$y'' + 5y' + 6y = 0$의 해를 구하여라.

풀이 보조방정식이 $\lambda^2 + 5\lambda + 6 = 0$이므로

$$\lambda^2 + 5\lambda + 6 = (\lambda + 3)(\lambda + 2)$$

로 인수분해하여 두 근

$$\lambda_1 = -3, \ \lambda_2 = -2$$

을 얻는다.
그러므로 $y''+5y'+6y=0$의 두 해는

$$y_1=e^{-3x} \text{ 와 } y_2=e^{-2x}$$

가 되고
2계 제차선형미분방정식 $y''+5y'+6y=0$의 해는

$$y=C_1e^{-3x}+C_2e^{-2x}$$

이다.

예제 2

$2y''+3y'-2y=0$, $y(0)=1$, $y'(0)=3$의 해를 구하여라.

풀이

$y''+\dfrac{3}{2}y'-y=0$로 놓고 보조방정식을 구하면 $\lambda^2+\dfrac{3}{2}\lambda-1=0$ 의 해나 $2\lambda^2+3\lambda-2=0$의 해 λ를 구하는 것이나 마찬가지이나 비제차일때는 다른 양상을 보일 것이다.
보조방정식이 $2\lambda^2+3\lambda-2=0$이므로

$$2\lambda^2+3\lambda-2=(\lambda+2)(2\lambda-1)=0$$

로 인수분해하여 두 근

$$\lambda_1=-2,\ \lambda_2=\frac{1}{2}$$

을 얻는다.
그러므로 $2y''+3y'-2y=0$의 두 해는

$$y_1=e^{-2x} \text{ 와 } y_2=e^{\frac{1}{2}x}$$

가 되고,
2계 제차선형미분방정식 $2y''+3y'-2y=0$의 일반해는

$$y=C_1e^{-2x}+C_2e^{\frac{1}{2}x}$$

이다.
다음 단계로 조건 $y(0)=1$, $y'(0)=3$을 만족하는 C_1, C_2를 찾으려 한다.
조건 $y(0)=1$, $y'(0)=3$에 의하면
$x=0$일 때 $y=1$이고,
$x=0$일 때 $y'=3$이다.

앞에서 구한 일반해

$$y = C_1 e^{-2x} + C_2 e^{\frac{1}{2}x}$$

에 $x = 0$일 때 $y = 1$을 대입하면

$$1 = C_1 + C_2$$

가 된다.
또한, 위의 식을 미분하여 얻은

$$y' = -2C_1 e^{-2x} + \frac{1}{2}C_2 e^{\frac{1}{2}x}$$

에 $x = 0$일 때 $y' = 3$ 을 대입하면

$$3 = -2C_1 + \frac{1}{2}C_2$$

가 된다.
이제 조건을 만족하는 C_1, C_2 를 찾기 위해 연립방정식

$$\begin{cases} 1 = C_1 + C_2 \\ 3 = -2C_1 + \frac{1}{2}C_2 \end{cases}$$

을 풀어

$$C_1 = -1, \quad C_2 = 2$$

를 구한 후, 일반해

$$y = C_1 e^{-2x} + C_2 e^{\frac{1}{2}x}$$

에 대입하여 특수해

$$y = -e^{-2x} + 2e^{\frac{1}{2}x}$$

를 구한다.

경우 2 $D = A^2 - 4B = 0$**일 때,**

보조방정식 $\lambda^2 + A\lambda + B = 0$의 해는 근의 공식에 의하여 중근

$$\lambda = -\frac{A}{2}$$

로 주어지며

$$y_1 = e^{\lambda x} = e^{-\frac{A}{2}x}$$

이다.

이제 y_1 과 일차독립인 해 y_2를 구해보자.

여기서는 $y_2 = uy_1 = ue^{\lambda x}$로 놓고 y_2가 해가 되는 u를 찾아보려 한다.

y_2가 해가 되는 u를 찾기 위해 양변을 미분하여

$$y_2{}' = u'e^{\lambda x} + u(e^{\lambda x})' = u'e^{\lambda x} + \lambda ue^{\lambda x}$$

를 얻는다.

이를 한 번 더 미분하면

$$y_2{}'' = u''e^{\lambda x} + 2\lambda u'e^{\lambda x} + \lambda^2 ue^{\lambda x}$$

가 된다.

이 $y_2, y_2{}'$, $y_2{}''$을 미분방정식 $y'' + Ay' + By = 0$에 대입하면

$$\{(u'' + 2\lambda u' + \lambda^2 u) + A(u' + \lambda u) + Bu\}e^{\lambda x} = 0$$

가 된다.

$e^{\lambda x} \neq 0$이므로 식은

$$(u'' + 2\lambda u' + \lambda^2 u) + A(u' + \lambda u) + Bu = 0$$

가 된다.

이를 정리하면

$$(\lambda^2 + A\lambda + B)u + u'' + 2\lambda u' + Au' = 0$$

이 된다.

여기에서 λ는 $\lambda^2 + A\lambda + B = 0$를 만족하므로

$$u'' + 2\lambda u' + Au' = 0$$

가 되는 u를 찾으면 또 다른 해

$$y_2 = ue^{\lambda x}$$

를 구할 수 있다.

$u'' + 2\lambda u' + Au' = 0$에 $\lambda = -\dfrac{A}{2}$를 대입하면 식은

$$u'' = 0$$

이 되고, 이를 만족하는

$$u' = c_1$$

이 되어

$$u = c_1 x + c_2$$

가 된다.

그런데 u는 하나만 구하면 되므로

$$c_1 = 1,\ \ c_2 = 0$$

으로 둔

$$u = x$$

를 선택한다. 이것을 대입하여

$$y_2 = xe^{\lambda x}$$

를 구한다.

결과적으로

$D = A^2 - 4B = 0$인 경우에는 주어진 미분방정식 $y'' + Ay' + By = 0$의 해는

$$y = C_1 e^{\lambda x} + C_2 x e^{\lambda x}$$

이다.

예제 3

$y'' - 2y' + y = 0$, $y(0) = 3, y'(0) = 1$**의 해를 구하여라.**

풀이

보조방정식이 $\lambda^2 - 2\lambda + 1 = 0$이므로

$$\lambda^2 - 2\lambda + 1 = (\lambda - 1)^2 = 0$$

로 인수분해하여 중근

$$\lambda = 1$$

을 얻는다.
그러므로 $y'' - 2y' + y = 0$의 두 해는

$$y_1 = e^x,\ y_2 = xe^x$$

가 되고
주어진 미분방정식의 일반해는

$$y = C_1e^x + C_2xe^x$$

이다.
다음 단계로 조건 $y(0) = 3,\ y'(0) = 1$을 만족하는 C_1, C_2를 찾으려 한다.
조건 $y(0) = 3$, $y'(0) = 1$에 의하면
$x = 0$일 때 $y = 3$이고,
$x = 0$일 때 $y' = 1$이다.
앞에서 구한 일반해 $y = C_1e^x + C_2xe^x$에 $x = 0$일 때 $y = 3$을 대입하면

$$3 = C_1$$

이 된다.
또한, 위의 식을 미분하여 얻은

$$y' = C_1e^x + C_2e^x + C_2xe^x$$

에 $x = 0$일 때 $y' = 1$ 을 대입하면

$$1 = C_1 + C_2$$

가 되어

$$C_2 = -2$$

를 얻는다.
이렇게 얻은C_1, C_2를 일반해 $y = C_1e^x + C_2xe^x$에 대입하여 특수해

$$y = 3e^x - 2xe^x$$

를 구한다.

참고

위의 문제가 1) $y''-2y'+y=0, y(1)=e, y'(1)=-e$의 해를 구하여라로 나오거나 2) $y''-2y'+y=0, y(0)=3, y(1)=e$로 나와도 조건을 만족하는 해를 구할 수 있다.

1)의 경우 $y=C_1e^x+C_2xe^x$에 $x=1$일 때 $y=e$를 대입하면

$$e=C_1e+C_2e \text{ 즉 } 1=C_1+C_2$$

이 된다.
또한, $x=1$일 때 $y'=-e$ 을 대입하면

$$-e=C_1e+2C_2e \text{ 즉 } -1=C_1+2C_2$$

가 되어 연립방정식 $\begin{cases} C_1+C_2=1 \\ C_1+2C_2=-1 \end{cases}$ 의 해 $C_1=3, C_2=-2$을 얻고

이렇게 얻은 C_1, C_2를 일반해 $y=C_1e^x+C_2xe^x$에 대입하여 특수해
$y=3e^x-2xe^x$를 구한다.

2)의 경우 $x=0$일 때 $y=3$을 대입하면 $3=C_1$이 되고
$x=1$일 때 $y=e$를 대입한 식 $e=C_1e+C_2e$ 즉 $1=C_1+C_2$에
$C_1=3$을 대입하여 $C_2=-2$를 얻고 조건을 만족하는 특수해 $y=3e^x-2xe^x$
를 구한다.

위의 예제 3이나 참고 1)과 같은 문제를 초기값문제라 하며 참고 2)와 같은 문제를 경계값문제라 한다.

예제 4

$4y''+4y'+y=0$**의 해를 구하여라.**

풀이 보조방정식이 $4\lambda^2+4\lambda+1=0$이므로

$$4\lambda^2+4\lambda+1=(2\lambda+1)^2=0$$

으로 인수분해하여 중근

$$\lambda=-\frac{1}{2}$$

을 얻는다.

그러므로 $4y'' + 4y' + y = 0$의 두 해는

$$y_1 = e^{-\frac{1}{2}x}, \quad y_2 = xe^{-\frac{1}{2}x}$$

가 되고, 주어진 미분방정식의 해는

$$y = C_1 e^{-\frac{1}{2}x} + C_2 x e^{-\frac{1}{2}x}$$

이다.

경우 3 $D = A^2 - 4B < 0$ **일 때,**

보조방정식 $\lambda^2 + A\lambda + B = 0$의 해는 근의 공식에 의하여

$$\lambda = \frac{-A \pm \sqrt{A^2 - 4B}}{2}$$

이다.

조건에 의하면 $A^2 - 4B < 0$이므로 $\sqrt{\ }$ 안이 음수가 되어서

$$\lambda = -\frac{A}{2} \pm \frac{\sqrt{4B - A^2}}{2} i$$

의 형태로 나타나므로 이를 두 켤레 복소수

$$\lambda_1 = \alpha + \beta i, \ \lambda_2 = \alpha - \beta i \quad (\text{단 } \alpha, \beta\text{는 실수})$$

로 표시할 수 있다.

[경우 1]에서와 같이 일반해를 구하면

$$y = C_1 e^{(\alpha + \beta i)x} + C_2 e^{(\alpha - \beta i)x}$$

이다.

여기서 오일러 공식 $e^{ix} = \cos x + i \sin x$을 사용하여 보자.

$$e^{(\alpha + \beta i)x} = e^{\alpha x + \beta i x} = e^{\alpha x} e^{(\beta x)i}$$

이고

$$e^{(\beta x)i} = \{\cos(\beta x) + i \sin(\beta x)\}$$

이므로

$$e^{(\alpha+i\beta)x} = e^{\alpha x}\{\cos(\beta x)+i\sin(\beta x)\}$$

로 쓸 수 있다.

비슷한 방법으로

$$e^{(\alpha-\beta i)x} = e^{\alpha x-\beta x i} = e^{\alpha x}e^{(-\beta x)i}$$

가 되며

$$e^{(-\beta x)i} = \cos(-\beta x)+i\sin(-\beta x)$$

이고,

삼각함수의 성질 $\sin(-x)=-\sin x$, $\cos(-x)=\cos x$에 의하여

$$e^{(\alpha-i\beta)x} = e^{\alpha x}\{\cos(\beta x)-i\sin(\beta x)\}$$

로 쓸 수 있다.

그러므로 일반해를 구하면

$$y = C_1e^{\alpha x}\{\cos(\beta x)+i\sin(\beta x)\}+C_2e^{\alpha x}\{\cos(\beta x)-i\sin(\beta x)\}$$

(단 C_1, C_2는 복소수)

이다.

그런데 이 함수는 복소수 함수이고 우리는 복소수함수의 도함수를 알지 못하기 때문에 구하고자 하는 해라고 할 수 없다.

이제 적절한 과정을 통하여 실함수 해를 구해보자.

앞에서 복소수 함수 형태로 구해진 일반해는

$$y = C_1e^{\alpha x}\{\cos(\beta x)+i\sin(\beta x)\}+C_2e^{\alpha x}\{\cos(\beta x)-i\sin(\beta x)\}$$
$$= e^{\alpha x}\{(C_1+C_2)\cos(\beta x)+i(C_1-C_2)\sin(\beta x)\}$$

으로 변환할 수 있다.

여기서 실수의 집합 C 에서와 같이 복소수에서도 C_1+C_2는 복소수 전체 집합 K_1 이고 $i(C_1-C_2)$도 복소수 전체 집합 K_2 라 할 수 있다.

따라서,

$$\{(C_1+C_2)\cos(\beta x)+i(C_1-C_2)\sin(\beta x)\}=K_1\cos(\beta x)+K_2\sin(\beta x)$$

이 된다.

실수는 복소수의 부분집합이 되는 성질을 사용하여
복소수를 포함한 일반해

$$y=e^{\alpha x}\{K_1\cos(\beta x)+K_2\sin(\beta x)\}$$

중에서

$$A(\text{실수집합}) \subset K_1(\text{복소수집합})$$

이고

$$B(\text{실수집합}) \subset K_2(\text{복소수집합})$$

임을 고려하여,

위의 일반해 집합 $e^{\alpha x}\{K_1\cos(\beta x)+K_2\sin(\beta x)\}$ 의 부분집합인

$$y=e^{\alpha x}\{A\cos(\beta x)+B\sin(\beta x)\}$$

를 일반해라 한다.

주의

[경우 3]의 해를 **[경우 1]**과 **[경우 2]**에서의 해의 형태 $y=C_1y_1+C_2y_2$와 비교해 보면

$$y=e^{\alpha x}\{C_1\cos(\beta x)+C_2\sin(\beta x)\}=C_1e^{\alpha x}\cos(\beta x)+C_2e^{\alpha x}\sin(\beta x)$$

가 되어 보조방정식이 복소수 근을 가질 때의 일차 독립인 두 해는

$$y_1=e^{\alpha x}\cos(\beta x),\ y_2=e^{\alpha x}\sin(\beta x)$$

라고 볼 수 있다.

예제 5

$y'' + 2y' + 5y = 0$, $y(0) = 2$, $y'(0) = 0$ **의 해를 구하여라.**

풀이

보조방정식이 $\lambda^2 + 2\lambda + 5 = 0$이므로
반근의 공식에 의하면

$$\lambda = -1 \pm \sqrt{1-5} = -1 \pm 2i$$

이다.
위의 과정에서 복소수 근을 나타낸 형태로 표현하면

$$\alpha = -1, \ \beta = 2$$

가 된다.
그러므로 주어진 미분방정식의 일반해는

$$y = Ae^{-x}\cos 2x + Be^{-x}\sin 2x$$

이다.
다음 단계로 조건 $y(0) = 2$, $y'(0) = 0$을 만족하는 A, B를 찾으려 한다.
조건 $y(0) = 2$, $y'(0) = 0$에 의하면
$x = 0$일 때 $y = 2$이고,
$x = 0$일 때 $y' = 0$이다.
앞에서 구한 일반해

$$y = Ae^{-x}\cos 2x + Be^{-x}\sin 2x$$

에 $x = 0$일 때 $y = 2$를 대입하면

$$2 = Ae^{0}\cos 0 + Be^{0}\sin 0 = A$$

이므로

$$A = 2$$

이다.
또한, 위의 식을 미분하여 얻은

$$y' = A \times \{(-e^{-x})\cos 2x + e^{-x} \times (-2\sin 2x)\} + B \times \{(-e^{-x})\sin 2x + e^{-x} \times (2\cos 2x)\}$$

에 $x = 0$일 때 $y' = 0$ 를 대입하면

$$0 = -A + 2B$$

가 되어

$$B = 1$$

을 얻는다.

이렇게 얻은 A, B를 일반해 $y = Ae^{-x}\cos 2x + Be^{-x}\sin 2x$ 에 대입하여 특수해

$$y = 2e^{-x}\cos 2x + e^{-x}\sin 2x$$

를 구한다.

주의

앞으로는 보조방정식의 근 λ가 복소수가 나올 때도 **[경우 1]**, **[경우 2]**와 같이 $y = e^{\alpha x}\{C_1\cos(\beta x) + C_2\sin(\beta x)\}$ 로 나타내겠다.

예제 6

$y'' + 4y = 0$의 해를 구하여라.

풀이 보조방정식이 $\lambda^2 + 4 = 0$이므로 근의 공식에 의해

$$\lambda = \frac{0 \pm \sqrt{0 - 4\times 4}}{2} = \frac{\pm\sqrt{16}\,i}{2} = \pm 2i$$

가 된다.
위의 과정에서 복소수 근을 나타낸 형태로 표현하면

$$\alpha = 0,\ \beta = 2$$

가 된다.
그러므로 주어진 미분방정식의 일반해는

$$\begin{aligned} y &= C_1 e^0 \cos 2x + C_2 e^0 \sin 2x \\ &= C_1 \cos 2x + C_2 \sin 2x \end{aligned}$$

이다.

연습문제

※ 다음 미분방정식의 해를 구하여라.

(1) $y'' - 9y = 0$

풀이 보조방정식이 $\lambda^2 - 9 = 0$이므로

$\lambda^2 - 9 = (\lambda + 3)(\lambda - 3) = 0$

으로 인수분해하여 두 근

$\lambda_1 = -3,\ \lambda_2 = 3$

을 얻는다.
그러므로 $y'' - 9y = 0$의 두 해는

$y_1 = e^{-3x}$ 와 $y_2 = e^{3x}$

가 되고,
2계 제차선형미분방정식 $y'' - 9y = 0$의 일반해는

$y = C_1 e^{-3x} + C_2 e^{3x}$

이다.

(2) $6y'' - y' - 12y = 0$

풀이 보조방정식이 $6\lambda^2 - \lambda - 12 = 0$이므로

$6\lambda^2 - \lambda - 12 = (3\lambda + 4)(2\lambda - 3) = 0$

으로 인수분해하여 두 근

$\lambda_1 = -\dfrac{4}{3},\ \lambda_2 = \dfrac{3}{2}$

을 얻는다.
그러므로 $6y'' - y' - 12y = 0$의 두 해는

$y_1 = e^{-\frac{4}{3}x}$ 와 $y_2 = e^{\frac{3}{2}x}$

가 되고,
2계 제차선형미분방정식 $6y'' - y' - 12y = 0$의 일반해는

$y = C_1 e^{-\frac{4}{3}x} + C_2 e^{\frac{3}{2}x}$

이다.

(3) $y'' - 2y' - 2y = 0$

풀이 보조방정식이 $\lambda^2 - 2\lambda - 2 = 0$이므로 반근의 공식에 의해

$\lambda_1 = 1 - \sqrt{3},\ \lambda_2 = 1 + \sqrt{3}$

을 얻는다.
그러므로 $y'' - 2y' - 2y = 0$의 두 해는

$y_1 = e^{(1-\sqrt{3})x}$ 와 $y_2 = e^{(1+\sqrt{3})x}$

가 되고,

2계 제차선형미분방정식 $y'' - 2y' - 2y = 0$ 의 일반해는

$$y = C_1 e^{(1-\sqrt{3})x} + C_2 e^{(1+\sqrt{3})x}$$

이다.

(4) $y'' + 2y = 0$

풀이 보조방정식이 $\lambda^2 + 2 = 0$이므로 근의 공식에 의해

$$\lambda = \frac{0 \pm \sqrt{0 - 4 \times 2}}{2} = \frac{\pm \sqrt{8}\,i}{2} = \pm \sqrt{2}\,i$$

가 된다.
위의 과정에서 복소수 근을 나타낸 형태로 표현하면

$$\alpha = 0, \ \beta = \sqrt{2}$$

가 된다.
그러므로 주어진 미분방정식의 일반해는

$$\begin{aligned} y &= C_1 e^0 \cos\sqrt{2}\,x + C_2 e^0 \sin\sqrt{2}\,x \\ &= C_1 \cos\sqrt{2}\,x + C_2 \sin\sqrt{2}\,x \end{aligned}$$

이다.

(5) $3y'' + 2y' + 3y = 0$

풀이 보조방정식이 $3\lambda^2 + 2\lambda + 3 = 0$이므로
반근의 공식에 의하면

$$\lambda = \frac{-1 \pm \sqrt{1-9}}{3} = \frac{-1 \pm 2\sqrt{2}\,i}{3}$$

이다.
위의 과정에서 복소수 근을 나타낸 형태로 표현하면

$$\alpha = -\frac{1}{3}, \ \beta = \frac{2\sqrt{2}}{3}$$

가 된다.
그러므로 주어진 미분방정식의 일반해는

$$y = C_1{}^{-\frac{1}{3}x} \cos\frac{2\sqrt{2}}{3}x + C_2{}^{-\frac{1}{3}x} \sin\frac{2\sqrt{2}}{3}x$$

이다.

(6) $9y'' + 6y' + y = 0$

풀이 보조방정식이 $9\lambda^2 + 6\lambda + 1 = 0$이므로

$$9\lambda^2 + 6\lambda + 1 = (3\lambda + 1)^2 = 0$$

으로 인수분해하여 중근

$$\lambda = -\frac{1}{3}$$

을 얻는다.
그러므로 $9y'' + 6y' + y = 0$ 의 두 해는

$$y_1 = e^{-\frac{1}{3}x}, \quad y_2 = xe^{-\frac{1}{3}x}$$

가 되고, 주어진 미분방정식의 해는

$$y = C_1 e^{-\frac{1}{3}x} + C_2 xe^{-\frac{1}{3}x}$$

이다.

(7) $y'' - 2\sqrt{5}\,y' + 5y = 0$

풀이 보조방정식이 $\lambda^2 - 2\sqrt{5}\,\lambda + 5 = 0$이므로

$$\lambda^2 - 2\sqrt{5}\,\lambda + 5 = (\lambda - \sqrt{5})^2 = 0$$

으로 인수분해하여 중근

$$\lambda = \sqrt{5}$$

을 얻는다.
그러므로 $y'' - 2\sqrt{5}\,y' + 5y = 0$ 의 두 해는

$$y_1 = e^{\sqrt{5}\,x}, \; y_2 = xe^{\sqrt{5}\,x}$$

가 되고, 주어진 미분방정식의 해는

$$y = C_1 e^{\sqrt{5}\,x} + C_2 xe^{\sqrt{5}\,x}$$

이다.

(8) $y'' + 2y' = 0, \;\; y(0) = 0, y'(0) = -3$

풀이 보조방정식이 $\lambda^2 + 2\lambda = 0$이므로

$$\lambda^2 + 2\lambda = \lambda(\lambda + 2) = 0$$

로 인수분해하여 두 근

$\lambda_1 = -2, \ \lambda_2 = 0$

을 얻는다.
그러므로 $y'' + 2y' = 0$ 의 두 해는

$y_1 = e^{-2x}$ 와 $y_2 = e^{0x} = 1$

가 되고,
2계 제차선형미분방정식 $y'' + 2y' = 0$ 의 일반해는

$y = C_1 e^{-2x} + C_2$

이다.
다음 단계로 조건 $y(0) = 0$, $y'(0) = -3$을 만족하는 C_1, C_2를 찾으려 한다.
조건 $y(0) = 0$, $y'(0) = -3$에 의하면
$x = 0$일 때 $y = 0$이고,
$x = 0$일 때 $y' = -3$이다.
앞에서 구한 일반해에 $x = 0$일 때 $y = 0$을 대입하면

$0 = C_1 + C_2$

가 된다.
또한, 위의 식을 미분하여 얻은

$y' = -2C_1 e^{-2x}$

에 $x = 0$일 때 $y' = -3$ 을 대입하면

$-3 = -2C_1$

가 된다.
이제 조건을 만족하는 C_1, C_2 를 찾기 위해 연립방정식

$$\begin{cases} 0 = C_1 + C_2 \\ -3 = -2C_1 \end{cases}$$

을 풀어

$C_1 = \dfrac{3}{2}, \ C_2 = -\dfrac{3}{2}$

를 구한 후, 일반해

$y = C_1 e^{-2x} + C_2$

에 대입하여 특수해

$y = \dfrac{3}{2} e^{-2x} - \dfrac{3}{2}$

를 구한다.

(9) $y''+2y'+6y=0$, $y(0)=1$, $y'(0)=-1$

풀이

보조방정식이 $\lambda^2+2\lambda+6=0$이므로
반근의 공식에 의하면

$$\lambda=-1\pm\sqrt{1-6}=-1\pm\sqrt{5}\,i$$

이다.
그러므로 주어진 미분방정식의 일반해는

$$y=e^{-x}(C_1\cos\sqrt{5}\,x+C_2\sin\sqrt{5}\,x)$$

이다.
다음 단계로 조건 $y(0)=1$, $y'(0)=-1$을 만족하는 A, B를 찾으려 한다.
조건 $y(0)=1$, $y'(0)=-1$에 의하면
$x=0$일 때 $y=1$이고,
$x=0$일 때 $y'=-1$이다.
앞에서 구한 일반해

$$y=e^{-x}(C_1\cos\sqrt{5}\,x+C_2e^{-x}\sin\sqrt{5}\,x)$$

에 $x=0$일 때 $y=1$을 대입하면

$$1=C_1\cos 0+C_2\sin 0=C_1$$

이므로

$$C_1=1$$

이다.
또한, 위의 식을 미분하여 얻은

$$y'=-e^{-x}(C_1\cos\sqrt{5}\,x+C_2e^{-x}\sin\sqrt{5}\,x)$$
$$\quad+e^{-x}(-\sqrt{5}\,C_1\sin\sqrt{5}\,x+\sqrt{5}\,C_2\cos\sqrt{5}\,x)$$

에 $x=0$일 때 $y'=-1$ 를 대입하면

$$-1=-C_1+\sqrt{5}\,C_2$$

가 되어

$$C_2=0$$

을 얻는다.
이렇게 얻은 C_1, C_2를 일반해

$$y=e^{-x}(C_1\cos\sqrt{5}\,x+C_2e^{-x}\sin\sqrt{5}\,x)$$

에 대입하여 특수해

$y = e^{-x}\cos\sqrt{5}\,x$

를 구한다.

(10) $y'' + 2y' + y = 0$, $y(1) = y'(1) = 0$

풀이 보조방정식이 $\lambda^2 + 2\lambda + 1 = 0$이므로

$\lambda^2 + 2\lambda + 1 = (\lambda + 1)^2 = 0$

로 인수분해하여 중근

$\lambda = -1$

을 얻는다.
그러므로 $y'' + 2y' + y = 0$의 두 해는

$y_1 = e^{-x}$, $y_2 = xe^{-x}$

가 되고
주어진 미분방정식의 일반해는

$y = C_1 e^{-x} + C_2 x e^{-x}$

이다.
다음 단계로 조건 $y'' + 2y' + y = 0$, $y(1) = y'(1) = 0$ 을 만족하는 C_1, C_2를 찾으려 한다.
조건 $y(1) = y'(1) = 0$에 의하면
$x = 1$일 때 $y = 0$이고,
$x = 1$일 때 $y' = 0$이다.
앞에서 구한 일반해

$y = C_1 e^{-x} + C_2 x e^{-x}$

에 $x = 1$일 때 $y = 0$을 대입하면

$0 = C_1 e^{-1} + C_2 e^{-1} = e^{-1}(C_1 + C_2)$

즉

$C_1 + C_2 = 0$

이 된다.
또한, 위의 식을 미분하여 얻은

$y' = -C_1 e^{-x} + C_2 e^{-x} - C_2 x e^{-x}$

에 $x = 1$일 때 $y' = 0$ 을 대입하면

$0 = e^{-1}(-C_1 + C_2 - C_2) = -C_1 e^{-1}$

가 되어

$C_1 = 0$

를 얻는다.
또한 $C_1 + C_2 = 0$에 의하여

$C_2 = 0$

이 된다.
이렇게 얻은 C_1, C_2를 일반해

$y = C_1 e^{-x} + C_2 x e^{-x}$

에 대입하여 특수해

$y = 0$

를 구한다.

6.2.2 코시-오일러 미분방정식

2계 제차선형미분방정식 $a_2(x)y'' + a_1(x)y' + a_0(x)y = 0$ 중에

$$a_2(x) = x^2,\ a_1(x) = Ax,\ a_0(x) = B$$

로 주어진 2계 제차선형미분방정식

$$x^2 y'' + Axy' + By = 0$$

를 **코시-오일러 미분방정식**이라고 정의한다.

코시-오일러 미분방정식 $x^2 y'' + Axy' + By = 0$의 해를 구해보자.

6.1절의 내용에 의하면 일차 독립인 두 해 y_1, y_2를 구하면 일반해

$$y = C_1 y_1 + C_2 y_2$$

를 구할 수 있다.

일차 독립인 두 해를 구하기 위하여 2계 제차선형미분방정식

$$x^2 y'' + Axy' + By = 0$$

를 변형하여

$$y = -\frac{1}{B}x^2y'' - \frac{A}{B}xy'$$

을 얻는다.

이 미분방정식에 의하면 상수$\times x \times y'$과 상수$\times x^2 \times y''$을 더하여 y를 얻을 수 있고 이와 같은 성질을 갖는 함수로는

$$y = x^m$$

을 생각할 수 있다.

우리는 어떻게 하든지 $x^2y'' + Axy' + By = 0$의 일차 독립인 두 해

$$y_1, \ y_2$$

만 구하면 되므로 $y = x^m$이 해가 되는 조건을 찾아보겠다.

$y = x^m$이 해가 되기 위해서는 주어진 미분방정식에

$$\begin{aligned} &y = x^m, \\ &y' = mx^{m-1}, \\ &y'' = m(m-1)x^{m-2} \end{aligned}$$

를 대입하여 등식을 만족하면 된다.

이를 대입하면

$$\begin{aligned} &x^2y'' + Axy' + By \\ &= x^2 \times m(m-1)x^{m-2} + Ax \times mx^{m-1} + Bx^m \\ &= \{m(m-1) + Am + B\}x^m \\ &= 0 \end{aligned}$$

이고, 이차방정식

$$m(m-1) + Am + B = 0$$

의 해 m을 찾으면

$$x^2y'' + Axy' + By = 0$$

의 해

$$y = x^m$$

을 찾게 된다.

이 이차방정식

$$m(m-1) + Am + B = 0$$

을 코시-오일러 미분방정식 $x^2y'' + Axy' + By = 0$의 특성방정식이라 정의한다.

그런데 이 특성방정식

$$m(m-1) + Am + B = 0$$

즉, $m^2 + (A-1)m + B = 0$의 해는 판별식

$$D = (A-1)^2 - 4B$$

의 값에 따라 달라지므로 세 가지 경우로 나누어 해를 찾아보겠다.

경우 1 $D = (A-1)^2 - 4B > 0$**일 때,**

특성방정식

$$m^2 + (A-1)m + B = 0$$

은 판별식에 따라 서로 다른 두 실근

$$m_1, m_2$$

를 갖게 되고

미분방정식

$$x^2y'' + Axy' + By = 0$$

은 두 해

$$y_1 = x^{m_1},\ y_2 = x^{m_2}$$

을 갖게 된다.

$$\frac{y_2}{y_1} = x^{m_2 - m_1} \neq \text{상수}$$

이므로 y_1, y_2는 일차독립이다.

따라서 코시-오일러 미분방정식

$$x^2y'' + Axy' + By = 0$$

의 일반해는

$$y = C_1x^{m_1} + C_2x^{m_2}$$

이다.

주의

2계 제차선형미분방정식이 $Ax^2y'' + Bxy' + Cy = 0$의 형태일 때도 동일한 과정을 거쳐서 특성방정식은

$$Am(m-1) + Bm + C = 0$$

이 된다.
이 방정식의 근

$$m$$

을 구하면 위와 같은 방법으로 $Ax^2y'' + Bxy' + Cy = 0$의 해를 구할 수 있다.

예제 7

$x^2y'' + 5xy' - 12y = 0$, $y(1) = 1$, $y'(1) = -2$**의 해를 구하여라.**

풀이 특성방정식이 $m(m-1) + 5m - 12 = 0$ 이므로

$$\begin{aligned} m(m-1) + 5m - 12 &= m^2 + 4m - 12 \\ &= (m+6)(m-2) = 0 \end{aligned}$$

으로 인수분해하여 두 근

$$m_1 = -6,\ m_2 = 2$$

를 얻는다.

그러므로 미분방정식 $x^2y'' + 5xy' - 12y = 0$의 두 해는

$$y_1 = x^{-6}, \quad y_2 = x^2$$

이 되고, 미분방정식의 일반해는

$$y = C_1x^{-6} + C_2x^2$$

이다.

다음 단계로 조건 $y(1) = 1$, $y'(1) = -2$을 만족하는 C_1, C_2를 찾으려 한다.

조건 $y(1) = 1$, $y'(1) = -2$에 의하면

$x = 1$일 때 $y = 1$이고,

$x = 1$일 때 $y' = -2$이다.

$y = C_1x^{-6} + C_2x^2$에 $x = 1$일 때 $y = 1$을 대입하면

$$1 = C_1 + C_2$$

가 된다.

또한, 위의 식을 미분하여 얻은

$$y' = -6C_1x^{-7} + 2C_2x$$

에 $x = 1$일 때 $y' = -2$ 을 대입하면

$$-2 = -6C_1 + 2C_2$$

가 된다.

이제 조건을 만족하는 C_1, C_2 를 찾기 위해 연립방정식

$$\begin{cases} 1 = C_1 + C_2 \\ -2 = -6C_1 + 2C_2 \end{cases}$$

을 풀어

$$C_1 = \frac{1}{2}, \quad C_2 = \frac{1}{2}$$

을 구한 후 일반해

$$y = C_1x^{-6} + C_2x^2$$

에 대입하여 특수해

$$y = \frac{1}{2}x^{-6} + \frac{1}{2}x^2$$

를 구한다.

예제 8

$4x^2y'' + 3xy' = 0$**의 해를 구하여라.**

풀이 특성방정식이 $4m(m-1)+3m=0$이므로

$$\begin{aligned}4m(m-1)+3m &= 4m^2-m \\ &= m(4m-1)=0\end{aligned}$$

으로 인수분해하여 두 근

$$m_1=0,\, m_2=\frac{1}{4}$$

을 얻는다.

그러므로 미분방정식 $4x^2y''+3xy'=0$의 두 해는

$$y_1=x^0=1,\ y_2=\sqrt[4]{x}$$

가 되고 미분방정식의 해는

$$y=C_1+C_2\sqrt[4]{x}$$

이다.

경우 2 $D=(A-1)^2-4B=0$**일 때,**

특성방정식 $m(m-1)+Am+B=0$의 해는 근의 공식에 의하여 중근

$$m=-\frac{A-1}{2}=\frac{-A+1}{2}$$

로 주어지며

$$y_1=x^{\frac{-A+1}{2}}$$

이다.

이제 y_1과 일차독립인 해 y_2를 구해보자.

여기서는

$$y_2=uy_1=ux^{\frac{-A+1}{2}}$$

로 놓고 y_2가 해가 되는 u를 찾아보려 한다.

y_2가 해가 되는 u를 찾기 위하여 양변을 미분하여

$$y_2' = u'x^{\frac{-A+1}{2}} + u\left(x^{\frac{-A+1}{2}}\right)' = u' \times x^{\frac{-A+1}{2}} + \left(\frac{-A+1}{2}\right) \times u \times x^{\frac{-A-1}{2}}$$

을 얻는다.

이를 한 번 더 미분하면

$$y_2'' = u''x^{\frac{-A+1}{2}} + (-A+1)u'x^{\frac{-A-1}{2}} + \frac{A^2-1}{4}ux^{\frac{-A-3}{2}}$$

이 된다.

이 y_2, y_2', y_2''을 미분방정식

$$x^2y'' + Axy' + By = 0$$

에 대입하면

$$\begin{aligned} &u''x^{\frac{-A+5}{2}} + (-A+1)u'x^{\frac{-A+3}{2}} + \frac{A^2-1}{4}ux^{\frac{-A+1}{2}} \\ &+ Au'x^{\frac{-A+3}{2}} + A\left(\frac{-A+1}{2}\right)ux^{\frac{-A+1}{2}} \\ &+ Bux^{\frac{-A+1}{2}} \\ &= 0 \end{aligned}$$

이 된다.

이를 정리하면

$$u\left(\frac{A^2-1}{4} + A \times \frac{-A+1}{2} + B\right)x^{\frac{-A+1}{2}} + u''x^{\frac{-A+5}{2}} + u'x^{\frac{-A+3}{2}} = 0$$

이다.

여기에 **[경우 2]**의 조건 $(A-1)^2 - 4B = 0$를 사용하여 $B = \frac{(A-1)^2}{4}$을 위의 식에 대입하면

$$\left(\frac{A^2-1}{4} + A \times \frac{-A+1}{2} + B\right) = 0$$

가 된다.

그러므로

$$u''x^{\frac{-A+5}{2}} + u'x^{\frac{-A+3}{2}} = 0$$

을 만족하는 u를 찾으면, 또 다른 해

$$y_2 = uy_1$$

을 찾을 수 있다.

$$u''x^{\frac{-A+5}{2}} + u'x^{\frac{-A+3}{2}} = (u''x + u')x^{\frac{-A+3}{2}} = 0$$

으로 변형되므로,

위의 식은

$$u''x + u' = 0$$

과 같다.

이것 또한 미분방정식이며,

이 방정식의 해를 구하기 위하여 $u' = v$로 치환하면

$$v'x + v = 0$$

가 되고,

변수분리형 미분방정식의 풀이 방법에 의하여

$$v = \frac{C_1}{x}$$

가 된다. $v = u' = \dfrac{C_1}{x}$에 의해

$$u = C_1 \ln x + C_2$$

를 구할 수 있다.

그런데 u는 하나만 구하면 되므로 $c_1 = 1$, $c_2 = 0$으로 둔

$$u = \ln x$$

를 선택한다.

이 과정들에 의하여

$$y_1 = x^{\frac{-A+1}{2}} \text{ 과}$$

$$y_2 = x^{\frac{-A+1}{2}} \ln x$$

를 구하여 미분방정식의

$$x^2 y'' + Axy' + By = 0$$

의 일반해는

$$y = C_1 x^{\frac{-A+1}{2}} + C_2 x^{\frac{-A+1}{2}} \ln x$$

이다.

[경우 2]를 간단하게 표현한다면

특성방정식

$$m(m-1) + Am + B = 0$$

이 중근 m을 가질 때 미분방정식의 해는

$$y = C_1 x^m + C_2 x^m \ln x$$

이다.

예제 9

$x^2 y'' - 5xy' + 9y = 0, y(1) = -1, y'(1) = 1$**의 해를 구하여라.**

풀이 특성방정식이 $m(m-1) - 5m + 9 = 0$이므로

$$\begin{aligned} m(m-1) - 5m + 9 &= m^2 - 6m + 9 \\ &= (m-3)^2 = 0 \end{aligned}$$

으로 인수분해하여 중근

$$3$$

을 얻는다.
그러므로 미분방정식

$$x^2y'' - 5xy' + 9y = 0$$

의 두 해는

$$y_1 = x^3,\ y_2 = x^3 \ln x$$

가 되고, 주어진 미분방정식의 일반해는

$$y = C_1x^3 + C_2x^3 \ln x$$

이다.
다음 단계로 조건 $y(1) = -1,\ y'(1) = 1$을 만족하는 $C_1,\ C_2$를 찾으려 한다.
조건 $y(1) = -1,\ y'(1) = 1$에 의하면
$x = 1$일 때 $y = -1$이고,
$x = 1$일 때 $y' = 1$이다.

$$y = C_1x^3 + C_2x^3 \ln x$$

에 $x = 1$일 때 $y = -1$을 대입하면

$$-1 = C_1 + C_2 \ln 1 = C_1$$

이 된다.
또한, 위의 식을 미분하여 얻은

$$\begin{aligned} y' &= 3C_1x^2 + 3C_2x^2 \ln x + C_2x^3 \times \frac{1}{x} \\ &= 3C_1x^2 + 3C_2x^2 \ln x + C_2x^2 \end{aligned}$$

에 $x = 1$일 때 $y' = 1$ 을 대입하면

$$1 = 3C_1 + C_2$$

가 된다.
이제 조건을 만족하는 $C_1,\ C_2$ 를 찾기 위해 연립방정식

$$\begin{cases} -1 = C_1 \\ \ \ 1 = 3C_1 + C_2 \end{cases}$$

을 풀어

$$C_1 = -1,\ C_2 = 4$$

를 구한 후
일반해

$$y = C_1x^3 + C_2x^3 \ln x$$

에 대입하여 특수해

$$y = -x^3 + 4x^3 \ln x$$

를 구한다.

예제 10

$4x^2y'' + y = 0$ **의 해를 구하여라.**

풀이 특성방정식이 $4m(m-1)+1=0$이므로

$$\begin{aligned} 4m(m-1)+1 &= 4m^2 - 4m + 1 \\ &= (2m-1)^2 = 0 \end{aligned}$$

로 인수분해하여 중근

$$m = \frac{1}{2}$$

을 얻는다.
그러므로 미분방정식

$$4x^2y'' + y = 0$$

의 두 해는

$$y_1 = x^{\frac{1}{2}} = \sqrt{x},$$

$$y_2 = x^{\frac{1}{2}} \ln x = \sqrt{x} \ln x$$

가 되고
주어진 미분방정식의 일반해는

$$y = C_1\sqrt{x} + C_2\sqrt{x}\ln x$$

가 된다.

경우 3 $D=(A-1)^2-4B<0$**일 때,**

특성방정식 $m(m-1)+Am+B=0$가 복소근

$$m_1 = \alpha + \beta i \ , \ m_2 = \alpha - \beta i$$

를 갖는다.

[경우 1]에서와 같이 일반해를 구하면

$$y = C_1 x^{\alpha+\beta i} + C_2 x^{\alpha-\beta i}$$

이다.

이 해는 복소수 함수이고 상수 계수 2계 제차선형미분방정식의 경우와 유사하게 변형해 보자.

$$x^{\alpha+\beta i} = x^{\alpha} x^{\beta i}$$

가 되며 역함수로서의 지수와 로그의 성질에 의하여

$$x^{\beta i} = e^{\ln x^{\beta i}}$$

이고 로그함수의 성질에 따라

$$x^{\beta i} = e^{\ln x^{\beta i}} = e^{\beta i \ln x} = e^{(\beta \ln x) i}$$

가 된다.

여기서 오일러 공식 $e^{ix} = \cos x + i \sin x$를 사용하면

$$\begin{aligned} x^{\beta i} &= e^{(\beta \ln x) i} = \cos(\beta \ln x) + i \sin(\beta \ln x) \\ x^{-\beta i} &= e^{(-\beta \ln x) i} = \cos(-\beta \ln x) + i \sin(-\beta \ln x) \\ &= \cos(\beta \ln x) - i \sin(\beta \ln x) \end{aligned}$$

가 된다. 그러므로

$$\begin{aligned} x^{\alpha+\beta i} &= x^{\alpha}\{\cos(\beta \ln x) + i \sin(\beta \ln x)\} \\ x^{\alpha-\beta i} &= x^{\alpha}\{\cos(\beta \ln x) - i \sin(\beta \ln x)\} \end{aligned}$$

로 쓸 수 있다.

따라서 일반해는

$$\begin{aligned} y = &\, C_1 x^{\alpha}\{\cos(\beta \ln x) + i \sin(\beta \ln x)\} \\ &+ C_2 x^{\alpha}\{\cos(\beta \ln x) - i \sin(\beta \ln x)\} \end{aligned}$$ (단 C_1, C_2는 복소수)

이다.

그런데 이 함수는 복소수 함수이고 우리는 복소수 함수의 도함수를 알지 못하기 때문에 구하고자 하는 해라고 할 수 없다.

이제 적절한 과정을 통하여 실함수 해를 구해보자.

$$\begin{aligned} y &= C_1 x^{\alpha}\{\cos(\beta \ln x) + i\sin(\beta \ln x)\} \\ &\quad + C_2 x^{\alpha}\{\cos(\beta \ln x) - i\sin(\beta \ln x)\} \\ &= x^{\alpha}\{(C_1 + C_2)\cos(\beta \ln x) + i(C_1 - C_2)\sin(\beta \ln x)\} \end{aligned}$$

로 변환할 수 있다.

여기서 실수의 집합 C 에서와 같이 복소수에서도 $C_1 + C_2$는 복소수 전체 집합 K_1이고 $i(C_1 - C_2)$도 복소수 전체 집합 K_2이라 할 수 있다.

따라서

$$\begin{aligned} &\{(C_1 + C_2)\cos(\beta \ln x) + i(C_1 - C_2)\sin(\ln \beta x)\} \\ &= K_1 \cos(\beta \ln x) + K_2 \sin(\beta \ln x) \end{aligned}$$

가 된다.

실수는 복소수의 부분집합이 되는 성질을 사용하여 복소수를 포함한 일반해

$$y = x^{\alpha}\{K_1 \cos(\beta \ln x) + K_2 \sin(\beta \ln x)\}$$

중에서

A(실수집합) $\subset$ K_1(복소수집합)이고
B(실수집합) $\subset$ K_2(복소수집합)임을

고려하여, 위의 일반해 집합

$$x^{\alpha}\{K_1 \cos(\beta \ln x) + K_2 \sin(\beta \ln x)\}$$

의 부분집합인

$$y = x^{\alpha}\{A\cos(\beta \ln x) + B\sin(\beta \ln x)\}$$

를 일반해라 한다.

[경우 1]과 **[경우 2]**의 해의 형태

$$y = C_1 y_1 + C_2 y_2$$

와 비교하여 보면

$$y = x^{\alpha}\{A\cos(\beta \ln x) + B\sin(\beta \ln x)\} = Ax^{\alpha}\cos(\beta \ln x) + Bx^{\alpha}\sin(\beta \ln x)$$

가 되어

보조방정식이 복소수 근을 가질 때의 일차독립인 두 해는

$$y_1 = x^{\alpha}\cos(\beta \ln x),$$
$$y_2 = x^{\alpha}\sin(\beta \ln x)$$

라고 볼 수 있다.

주의

앞으로는 보조방정식의 근 λ가 복소수가 나올 때도 **[경우 1]**, **[경우 2]**와 같이

$$y = x^{\alpha}\{C_1\cos(\beta \ln x) + C_2\sin(\beta \ln x)\}$$

로 나타내겠다.

주의

상수 계수 2계 제차선형미분방정식과 코시-오일러 미분방정식의 각각의 **[경우 1]**을 비교해 보자.

상수 계수 2계 제차선형미분방정식

$$y'' + Ay' + By = 0$$

의 보조방정식

$$\lambda^2 + A\lambda + B = 0$$

이 서로 다른 두 실근 λ_1, λ_2를 가지면

주어진 미분방정식의 일반해는

$$y = C_1 e^{\lambda_1 x} + C_2 e^{\lambda_2 x}$$

가 된다.

코시-오일러 미분방정식

$$x^2y'' + Axy' + By = 0$$

의 보조방정식

$$m(m-1) + Am + B = 0$$

이 서로 다른 두 실근 m_1, m_2를 가지면
주어진 미분방정식의 일반해는

$$y = C_1x^{m_1} + C_2x^{m_2}$$

가 된다.
두 해를 비교해 보자.
상수 계수 2계 제차선형미분방정식의 해

$$y = C_1e^{\lambda_1 x} + C_2e^{\lambda_2 x}$$

에서 x 대신 $\ln x$를 대입하면

$$\begin{aligned} y &= C_1e^{\lambda_1 \ln x} + C_2e^{\lambda_2 \ln x} \\ &= C_1e^{\ln x^{\lambda_1}} + C_2e^{\ln x^{\lambda_2}} \\ &= C_1x^{\lambda_1} + C_2x^{\lambda_2} \end{aligned}$$

가 된다.

주의

상수 계수 2계 제차선형미분방정식과 코시-오일러 미분방정식의 각각의 **[경우 2]**을 비교해 보자.
상수 계수 2계 재차선형미분방정식

$$y'' + Ay' + By = 0$$

의 보조방정식

$$\lambda^2 + A\lambda + B = 0$$

이 중근 λ를 가지면
주어진 미분방정식의 일반해는

$$y = C_1e^{\lambda x} + C_2xe^{\lambda x}$$

가 된다.
코시-오일러 미분방정식

$$x^2y'' + Axy' + By = 0$$

의 보조방정식

$$m(m-1)+Am+B=0$$

가 중근 m을 가지면
주어진 미분방정식의 일반해는

$$y=C_1x^m+C_2x^m\ln x$$

가 된다.
두 해를 비교해 보자.
상수 계수 2계 제차선형미분방정식의 해

$$y=C_1e^{\lambda x}+C_2xe^{\lambda x}$$

에서 x 대신 $\ln x$를 대입하면

$$\begin{aligned} y &= C_1e^{\lambda\ln x}+C_2(\ln x)\times e^{\lambda\ln x} \\ &= C_1e^{\ln x^{\lambda}}+C_2(\ln x)\times e^{\ln x^{\lambda}} \\ &= C_1x^{\lambda}+C_2x^{\lambda}\ln x \end{aligned}$$

가 된다.

[경우 3]도 비슷한 과정을 거쳐서 상수 계수 2계 제차선형미분방정식과 코시-오일러 미분방정식의 해 사이에는 연관성이 있다.

예제 11

$x^2y''-xy'+5y=0$**의 해를 구하여라.**

풀이 특성방정식이

$$m(m-1)-m+5=m^2-2m+5=0$$

으로 반근의 공식에 따라

$$m=1\pm\sqrt{1-5}=1\pm 2i$$

를 얻는다.
위의 과정에서 복소수를 나타낸 형태를 보면

$$\alpha=1,\ \beta=2$$

가 된다. 그러므로 주어진 미분방정식의 해는

$$y=x\{C_1\cos(2\ln x)+C_2\sin(2\ln x)\}$$

이다.

연습문제

※ 다음 미분방정식의 해를 구하여라.

(1) $2x^2y'' + 5xy' - 2y = 0,\ \ y(1) = 2,\ y'(1) = 1$

풀이 특성방정식이 $2m(m-1) + 5m - 2 = 0$ 이므로

$$\begin{aligned} 2m(m-1) + 5m - 2 &= 2m^2 + 3m - 2 \\ &= (m+2)(2m-1) = 0 \end{aligned}$$

으로 인수분해하여 두 근

$$m_1 = -2,\ m_2 = \frac{1}{2}$$

를 얻는다.
그러므로 미분방정식

$$2x^2y'' + 5xy' - 2y = 0$$

의 두 해는

$$y_1 = x^{-2},\ y_2 = x^{\frac{1}{2}} = \sqrt{x}$$

이 되고, 미분방정식의 일반해는

$$y = C_1x^{-2} + C_2\sqrt{x}$$

이다.
다음 단계로 조건 $y(1) = 2,\ y'(1) = 1$을 만족하는 C_1, C_2를 찾으려 한다.
조건 $y(1) = 2,\ y'(1) = 1$에 의하면
$x = 1$일 때 $y = 2$이고,
$x = 1$일 때 $y' = 1$이다.
앞에서 구한 일반해

$$y = C_1x^{-2} + C_2\sqrt{x}$$

에 $x = 1$일 때 $y = 2$을 대입하면

$$2 = C_1 + C_2$$

가 된다.
또한, 위의 식을 미분하여 얻은

$$y' = -2C_1x^{-3} + \frac{1}{2}C_2x^{-\frac{1}{2}}$$

에 $x = 1$일 때 $y' = 1$을 대입하면

$$1 = -2C_1 + \frac{1}{2}C_2$$

가 된다.
이제 조건을 만족하는 C_1, C_2 를 찾기 위해 연립방정식

$$\begin{cases} 2 = C_1 + C_2 \\ 2 = -4C_1 + C_2 \end{cases}$$

을 풀어

$$C_1 = 0,\ C_2 = 2$$

을 구한 후 일반해

$$y = C_1 x^{-2} + C_2 \sqrt{x}$$

에 대입하여 특수해

$$y = 2\sqrt{x}$$

를 구한다.

(2) $x^2y'' + xy' - y = 0$

풀이 특성방정식이 $m(m-1) + m - 1 = 0$ 이므로

$$m^2 - 1 = (m+1)(m-1) = 0$$

으로 인수분해하여 두 근

$$m_1 = -1,\ m_2 = 1$$

를 얻는다.
그러므로 미분방정식

$$x^2y'' + xy' - y = 0$$

의 두 해는

$$y_1 = x^{-1},\ y_2 = x$$

이 되고, 미분방정식의 일반해는

$$y = C_1 x^{-1} + C_2 x$$

이다.

(3) $x^2y'' - xy' - 2y = 0$

풀이 특성방정식이 $m(m-1) - m - 2 = 0$ 이므로
정리하면

$$m(m-1)-m-2=m^2-2m-2=0$$

이고, 반근의 공식에 의하여

$$m_1=1-\sqrt{3}\,,\ m_2=1+\sqrt{3}$$

를 얻는다.
그러므로 미분방정식

$$x^2y''-xy'-2y=0$$

의 두 해는

$$y_1=x^{1-\sqrt{3}},\quad y_2=x^{1+\sqrt{3}}$$

이 되고, 미분방정식의 일반해는

$$y=C_1x^{1-\sqrt{3}}+C_2x^{1+\sqrt{3}}$$

이다.

(4) $x^2y''+3xy'+10y=0$

풀이 특성방정식이 $m(m-1)+3m+10=0$ 이므로
정리하면

$$m(m-1)+3m+10=m^2+2m+10=0$$

이고, 반근의 공식에 의하여

$$m_1=-1-3i\,,\ m_2=-1+3i$$

를 얻는다.
위의 과정에서 복소수를 나타낸 형태를 보면

$$\alpha=-1,\ \beta=3$$

가 된다.
그러므로 주어진 미분방정식의 해는

$$y=x^{-1}\{C_1\cos(3\ln x)+C_2\sin(3\ln x)\}$$

이다.

(5) $x^2y''-3xy'+13y=0,\ y(1)=1,\ y'(1)=0$

풀이 특성방정식이 $m(m-1)-3m+13=0$ 이므로
정리하면

$$m(m-1)-3m+13=m^2-4m+13=0$$

이고, 반근의 공식에 의하여

$m_1 = 2 - 3i,\ m_2 = 2 + 3i$

를 얻는다.
위의 과정에서 복소수를 나타낸 형태를 보면

$\alpha = 2,\ \beta = 3$

가 된다.
그러므로 주어진 미분방정식의 일반해는

$y = x^2\{C_1\cos(3\ln x) + C_2\sin(3\ln x)\}$

이다.
다음 단계로 조건 $y(1) = 1,\ y'(1) = 0$을 만족하는 C_1, C_2를 찾으려 한다.
조건 $y(1) = 1,\ y'(1) = 0$에 의하면
$x = 1$일 때 $y = 1$이고,
$x = 1$일 때 $y' = 0$이다.
앞에서 구한 일반해

$y = x^2\{C_1\cos(3\ln x) + C_2\sin(3\ln x)\}$

에 $x = 1$일 때 $y = 1$을 대입하면

$C_1 = 1$

가 된다.
또한, 위의 식을 미분하여 얻은

$$y' = 2x\{C_1\cos(3\ln x) + C_2\sin(3\ln x)\} + x^2\left\{-\frac{3}{x}C_1\sin(3\ln x) + \frac{3}{x}C_2\cos(3\ln x)\right\}$$

에 $x = 1$일 때 $y' = 0$ 을 대입하면

$2C_1 + 3C_2 = 0$

가 된다.
이제 조건을 만족하는 C_1, C_2 를 찾기 위해 연립방정식

$$\begin{cases} C_1 = 1 \\ 2C_1 + 3C_2 = 0 \end{cases}$$

을 풀어

$C_1 = 1,\ C_2 = -\dfrac{2}{3}$

을 구한 후 일반해

$y = x^2\{C_1\cos(3\ln x) + C_2\sin(3\ln x)\}$

에 대입하여 특수해

$$y = x^2\left\{\cos(3\ln x) - \frac{2}{3}\sin(3\ln x)\right\}$$

를 구한다.

(6) $x^2y'' - 5xy' + 9y = 0$

풀이 특성방정식이 $m(m-1) - 5m + 9 = 0$이므로

$$\begin{aligned} m(m-1) - 5m + 9 &= m^2 - 6m + 9 \\ &= (m-3)^2 = 0 \end{aligned}$$

로 인수분해하여 중근

$$m = 3$$

을 얻는다.
그러므로 미분방정식

$$x^2y'' - 5xy' + 9y = 0$$

의 두 해는

$$y_1 = x^3,\ y_2 = x^3\ln x$$

가 되고 주어진 미분방정식의 일반해는

$$y = C_1x^3 + C_2x^3\ln x$$

(7) $16x^2y'' - 8xy' + 9y = 0$

풀이 특성방정식이 $16m(m-1) - 8m + 9 = 0$이므로

$$\begin{aligned} 16m(m-1) - 8m + 9 &= 16m^2 - 24m + 9 \\ &= (4m-3)^2 = 0 \end{aligned}$$

로 인수분해하여 중근

$$m = \frac{3}{4}$$

을 얻는다.
그러므로 미분방정식

$$16x^2y'' - 8xy' + 9y = 0$$

의 두 해는

$$y_1 = x^{\frac{3}{4}},\ y_2 = x^{\frac{3}{4}}\ln x$$

가 되고 주어진
미분방정식의 일반해는

$$y = C_1 x^{\frac{3}{4}} + C_2 x^{\frac{3}{4}} \ln x$$

를 얻는다.

6.3 고계 제차선형미분방정식

6.3.1 상수 계수를 갖는 고계 제차선형미분방정식의 해

6.1절에서 상수 계수를 갖는 2계 제차선형미분방정식 $y'' + Ay' + By = 0$의 해를 구하는 방법을 알아보았다.

일차독립인 두 해 y_1, y_2를 구하여 일반해

$$y = C_1 y_1 + C_2 y_2$$

를 구할 수 있었다.

마찬가지로 상수 계수를 갖는 n계 제차선형미분방정식

$$a_n y^{(n)} + \cdots + a_2 y'' + a_1 y' + a_0 y = 0$$

을 변형하여

$$y = -\frac{a_n}{a_0} y^{(n)} - \cdots - \frac{a_2}{a_0} y'' - \frac{a_1}{a_0} y'$$

을 얻는다.

이 미분방정식에 의하면 $y^{(n)}$, …, y'', y'에 상수 배를 하여 y를 얻을 수 있고 이와 같은 성질을 갖는 함수로는 자연 지수 함수

$$y = e^{\lambda x}$$

를 생각할 수 있다.

우리는 어떻게 하든지

$$a_n y^{(n)} + \ \cdots + a_2 y'' + a_1 y' + a_0 y = 0$$

의 일차독립인 두 해 $y_1, y_2, \ldots, y_n$ 만 구하면 되므로 $y = e^{\lambda x}$ 가 해가 되는 조건을 찾아보겠다.

$y = e^{\lambda x}$ 가 해가 되기 위해서는,
주어진 미분방정식에

$$y = e^{\lambda x},\ \ y' = \lambda e^{\lambda x},\ \ y'' = \lambda^2 e^{\lambda x},\ \ \ldots\ ,\ y^{(n)} = \lambda^n e^{\lambda x}$$

를 대입하여 등식을 만족하면 된다.
이를 대입하면

$$\begin{aligned} & a_n y^{(n)} + \ \cdots + a_2 y'' + a_1 y' + a_0 y \\ & = a_n \lambda^n e^{\lambda x} + \ \cdots + a_2 \lambda^2 e^{\lambda x} + a_1 \lambda e^{\lambda x} + a_0 e^{\lambda x} \\ & = e^{\lambda x} (a_n \lambda^n + \ \cdots + a_2 \lambda^2 + a_1 \lambda + a_0) \\ & = 0 \end{aligned}$$

이고, $e^{\lambda x} \neq 0$이므로
n차 방정식

$$a_n \lambda^n + \ \cdots + a_2 \lambda^2 + a_1 \lambda + a_0 = 0$$

에 의해 일차독립인 해 (여기서 일차독립이라는 것은 어떤 y_i도 나머지 해들의 일차결합으로 나타날 수 없다는 것을 뜻한다.) $y_1,\ y_2, \cdots\ y_n$를 구하면,
일반해

$$y = C_1 y_1 + C_2 y_2 + \ldots C_n y_n$$

을 구할 수 있다.

이제 n차 방정식 $a_n \lambda^n + \ \cdots + a_2 \lambda^2 + a_1 \lambda + a_0 = 0$에 의해 일차 독립인 해를 찾는 방법을 알아보자.

① n차 방정식 $a_n\lambda^n + \cdots + a_2\lambda^2 + a_1\lambda + a_0 = 0$이 서로 다른 실근

$\lambda_1,\ \lambda_2,\ \ldots\ \lambda_k$

를 가질 때,

$y_1 = e^{\lambda_1 x},\ y_2 = e^{\lambda_2 x}, \ldots\ y_k = e^{\lambda_k x}$

는 주어진 미분방정식의 해가 된다.

② n차 방정식 $a_n\lambda^n + \cdots + a_2\lambda^2 + a_1\lambda + a_0 = 0$이 켤레복소수

$\alpha \pm i\beta$

를 복소근으로 가질 때,

$y_l = e^{\alpha x}\cos\beta x\ ,\ \ y_{l+1} = e^{\alpha x}\sin\beta x$

는 주어진 미분방정식의 해이다.

③ n차 방정식 $a_n\lambda^n + \cdots + a_2\lambda^2 + a_1\lambda + a_0 = 0$이 m중근

λ_p

를 가질 때,

$y_p = e^{\lambda_p x}\ ,\ y_{p+1} = xe^{\lambda_p x}, \ldots\ y_{p+m-1} = x^{m-1}e^{\lambda_p x}$

는 주어진 미분방정식의 해이다.

④ n차 방정식 $a_n\lambda^n + \cdots + a_2\lambda^2 + a_1\lambda + a_0 = 0$이 켤레복소수

$\alpha \pm i\beta$

를 중근으로 가질 때,

$y_p = e^{\alpha x}\cos\beta x,\ \ y_{p+1} = e^{\alpha x}x\cos\beta x\ ,$

$y_{p+2} = e^{\alpha x}\sin\beta x,\ \ y_{p+3} = e^{\alpha x}x\sin\beta x$

는 주어진 미분방정식의 해이다.

예제 12

$y^{(5)} - y^{(4)} - 5y''' + 15y'' - 16y' + 6y = 0$**의 해를 구하여라.**

풀이 보조방정식이

$$\lambda^5 - \lambda^4 - 5\lambda^3 + 15\lambda^2 - 16\lambda + 6 = 0$$

이고, 이를 인수분해하면

$$(\lambda + 3)(\lambda - 1)^2(\lambda^2 - 2\lambda + 2) = 0$$

이 된다.

주어진 5계 제차선형미분방정식 $y^{(5)} - y^{(4)} - 5y''' + 15y'' - 16y' + 6y = 0$은 보조방정식의 실근

$$\lambda = -3$$

에 의해

$$y_1 = e^{-3x}$$

를 해로 가지고,

중근

$$\lambda = 1$$

에 의해

$$y_2 = e^x, \quad y_3 = xe^x$$

를 해로 가진다.

또한, 켤레 복소수

$$\lambda = 1 \pm i$$

가 보조방정식의 복소근이 되어

$$y_4 = e^x \cos x,\ y_5 = e^x \sin x$$

를 해로 가진다.

이 y_1, y_2, y_3, y_4, y_5는 일차독립이므로

주어진 미분방정식의 일반해는

$$y = C_1 e^{-3x} + C_2 e^x + C_3 x e^x + C_4 e^x \cos x + C_5 e^x \sin x$$

이다.

예제 13

$y^{(4)} + 2y'' + y = 0$**의 해를 구하여라.**

풀이 보조방정식이

$$\lambda^4 + 2\lambda^2 + 1 = 0$$

이고 이를 인수분해하면

$$(\lambda^2 + 1)^2 = 0$$

이 되므로

$$\lambda = \pm i$$

가 중근이 된다.
그러므로 4계 제차선형미분방정식 $y^{(4)} + 2y'' + y = 0$ 는

$$y_1 = \cos x, \quad y_2 = \sin x, \quad y_3 = x\cos x, \quad y_4 = x\sin x$$

를 1차 독립인 해로 갖고
일반해는

$$y = C_1 \cos x + C_2 \sin x + C_3 x \cos x + C_4 x \sin x$$

이다.

예제 14

$y = C_1 e^{-3x} + C_2 e^{-x} + C_3 e^{2x}$**를 해로 갖는 미분방정식을 구하여라.**

풀이 주어진 함수를 해로 갖기 위해서는

$$\lambda_1 = -3, \quad \lambda_2 = -1, \quad \lambda_3 = 2$$

를 근으로 갖는 보조방정식을 구해야 한다.
방정식은

$$(\lambda + 3)(\lambda + 1)(\lambda - 2) = 0$$

이며, 이를 전개하면

$$\lambda^3 + 2\lambda^2 - 5\lambda - 6 = 0$$

이 된다.
이 방정식을 보조방정식으로 갖는 미분방정식은

$$y''' + 2y'' - 5y' - 6y = 0$$

이 된다. 따라서

$$y = C_1 e^{-3x} + C_2 e^{-x} + C_3 e^{2x}$$

를 해로 갖는 미분방정식은

$$y''' + 2y'' - 5y' - 6y = 0$$

이다.

예제 15

$y = C_1 e^{x} + C_2 x e^{x} + C_3 e^{-2x} \cos 3x + C_4 e^{-2x} \sin 3x$**를 해로 갖는 미분방정식을 구하여라.**

풀이 주어진 함수를 해로 갖기 위해서는

$$\lambda = 1$$

을 중근으로, 켤레 복소수

$$-2 \pm 3i$$

를 근으로 갖는 보조방정식을 구해야 한다.
방정식은

$$(\lambda - 1)^2 (\lambda^2 + 4\lambda + 13) = 0$$

이며 이를 전개하면

$$\lambda^4 + 2\lambda^3 - 7\lambda^2 - 22\lambda + 13 = 0$$

이 된다. 따라서

$$y = C_1 e^{x} + C_2 x e^{x} + C_3 e^{-2x} \cos 3x + C_4 e^{-2x} \sin 3x$$

를 해로 갖는 미분방정식은

$$y^{(4)} + 2y''' - 7y'' - 22y' + 13y = 0$$

이다.

주의

$\lambda = \alpha \pm i\beta$를 근으로 갖는 2차 방정식은

$$\{\lambda - (\alpha + i\beta)\}\{\lambda - (\alpha - i\beta)\} = 0$$

으로

$$\begin{aligned}\{\lambda - (\alpha + i\beta)\}\{\lambda - (\alpha - i\beta)\} &= \lambda^2 - \{(\alpha - i\beta) + (\alpha + i\beta)\}\lambda + (\alpha - i\beta)(\alpha + i\beta) \\ &= \lambda^2 - 2\alpha\lambda + (\alpha^2 + \beta^2)\end{aligned}$$

이므로 보조방정식은

$$\lambda^2 - 2\alpha\lambda + (\alpha^2 + \beta^2) = 0$$

이 된다.

6.3.2 고계 코시-오일러 미분방정식의 해

n계 제차선형미분방정식

$$a_n(x)y^{(n)} + \cdots + a_2(x)y'' + a_1(x)y' + a_0(x)y = 0$$

중에

$$a_n(x) = a_n x^n, \ \ldots, \ a_2(x) = a_2 x^2, \ a_1(x) = a_1 x, \ a_0(x) = a_0$$

로 주어진 n계 제차선형미분방정식

$$a_n x^n y^{(n)} + \cdots + a_2 x^2 y'' + a_1 xy' + a_0 y = 0$$

을 n계 코시-오일러 미분방정식이라 한다.

6.1절의 내용에 의하면 일차독립인 n개의 해 y_1, y_2, $\cdots$, y_n을 구하면 일반해

$$y = C_1 y_1 + C_2 y_2 + \cdots + C_n y_n$$

을 구할 수 있다.

여기서 6.2.2절의 2계 코시-오일러 미분방정식의 경우와 마찬가지로 $y = x^m$가 해가 되는 조건을 찾아보겠다.

$y = x^m$가 해가 되기 위해서는 주어진 미분방정식에

$$y = x^m, \ y' = mx^{m-1}, \ y'' = m(m-1)x^{m-2}, \ \cdots$$
$$y^{(n)} = m(m-1), \ldots (m-n+1)x^{m-n}$$

을 대입하여 등식을 만족하면 된다.

이를 대입하면

$$a_n x^n \times m(m-1)...(m-n+1)x^{m-n} + ...$$
$$a_2 x^2 \times m(m-1)x^{m-2} + a_1 x \times m x^{m-1} + a_0 x^m = 0$$

이 되고, 정리하면

$$\{a_n \times m(m-1)...(m-n+1) + ...a_2 \times m(m-1) + a_1 m + a_0\}x^m = 0$$

이 된다.

그러므로

$$a_n \times m(m-1)...(m-n+1) + ...a_2 \times m(m-1) + a_1 m + a_0 = 0$$

의 해 m을 찾으면

$$a_n x^n y^{(n)} + \cdots + a_2 x^2 y'' + a_1 x y' + a_0 y = 0$$

의 해

$$y = x^m$$

를 찾게 된다.

이 n차 방정식

$$a_n \times m(m-1)...(m-n+1) + ...a_2 \times m(m-1) + a_1 m + a_0 = 0$$

을 n계 코시-오일러 미분방정식

$$a_n x^n y^{(n)} + \ \cdot\cdot\cdot + a_2 x^2 y'' + a_1 x y' + a_0 y = 0$$

의 **특성방정식**이라 부른다.

① n차 방정식

$$a_n \times m(m-1)...(m-n+1) + ...a_2 \times m(m-1) + a_1 m + a_0 = 0$$

이 서로 다른 실근

$$m_1,\ m_2,\ \ldots\ m_k$$

를 가질 때,

$$y_1 = x^{m_1}, y_2 = x^{m_2}, ..., y_k = x^{m_k}$$

는 주어진 미분방정식의 해가 된다.

② n차 방정식

$$a_n \times m(m-1)...(m-n+1) + ...a_2 \times m(m-1) + a_1 m + a_0 = 0$$

이 켤레복소수

$$\alpha \pm i\beta$$

를 복소근으로 가질 때,

$$y_l = x^{\alpha}\cos\beta\ln x\ ,\ y_{l+1} = x^{\alpha}\sin\beta\ln x$$

는 주어진 미분방정식의 해이다.

③ n차 방정식

$$a_n \times m(m-1)...(m-n+1) + ...a_2 \times m(m-1) + a_1 m + a_0 = 0$$

이 p중근

$$m_q$$

를 가질 때,

$$y_q = x^{m_q},\ \ y_{q+1} = x^{m_q}\ln x,\ \ ....,\ \ y_{q+p-1} = x^{m_q}(\ln x)^{p-1}$$

는 주어진 미분방정식의 해이다.

④ n차 방정식

$$a_n \times m(m-1)...(m-n+1) + ...a_2 \times m(m-1) + a_1 m + a_0 = 0$$

이 켤레복소수

$$\alpha \pm i\beta$$

를 중근으로 가질 때,

$$y_r = x^\alpha \cos(\beta \ln x), \ y_{r+1} = x^\alpha \ln x \cos(\beta \ln x),$$
$$y_{r+2} = x^\alpha \sin(\beta \ln x), \ y_{r+3} = x^\alpha \ln x \sin(\beta \ln x)$$

는 주어진 미분방정식의 해이다.

예제 16

$2x^3y''' + 7x^2y'' - 2xy' + 2y = 0$의 해를 구하여라.

풀이 특성방정식은

$$2m(m-1)(m-2) + 7m(m-1) - 2m + 2 = 0$$

이며 전개하여 정리하면

$$2m^3 + m^2 - 5m + 2 = 0$$

가 된다.
이를 인수분해하면

$$(m+2)(2m-1)(m-1) = 0$$

이 되고

$$m = -2, \frac{1}{2}, 1$$

을 얻게 되어,
미분방정식의 세 해는

$$y_1 = x^{-2}, y_2 = x^{\frac{1}{2}}, y_3 = x$$

이다.
그러므로 주어진 코시-오일러 미분방정식의 일반해는

$$y = C_1 x^{-2} + C_2 x^{\frac{1}{2}} + C_3 x$$

가 된다.

예제 17

$x^3y''' + 3x^2y'' + 2xy' = 0$의 해를 구하여라.

풀이 특성방정식이

$$m(m-1)(m-2) + 3m(m-1) + 2m = 0$$

으로, 전개하여 정리하면

$$m^3 + m = 0$$

가 된다.
이를 인수분해하면

$$m(m^2+1) = 0$$

이 되고

$$m = 0,\ \pm i$$

를 얻게 되어,
미분방정식의 세 해는

$$y_1 = x^0 = 1,\ y_2 = \cos(\ln x),\ y_3 = \sin(\ln x)$$

이다.
그러므로 주어진 코시-오일러 미분방정식의 일반해는

$$y = C_1 + C_2\cos(\ln x) + C_3\sin(\ln x)$$

이다.

예제 18

$y = C_1x^{-\frac{1}{2}}\cos(3\ln x) + C_2x^{-\frac{1}{2}}\sin(3\ln x)$를 해로 갖는 미분방정식을 구하여라.

풀이 주어진 함수를 해로 갖기 위해서는 켤레 복소수

$$m = -\frac{1}{2} \pm 3i$$

를 근으로 갖는 특성방정식을 구해야 한다.
$m = \alpha \pm \beta i$를 근으로 갖는 2차 방정식은

$$m^2 - 2\alpha m + (\alpha^2 + \beta^2) = 0$$

이므로

$$\alpha = -\frac{1}{2},\ \beta = 3$$

을 대입하여 특성방정식

$$m^2 + m + (\frac{1}{4} + 9) = 0$$

을 얻는다.
양변에 4를 곱하여

$$4m^2 + 4m + 37 = 0$$

이 되고,
이것을 코시-오일러 미분방정식의 특성방정식 형식에 맞추면

$$4m(m-1) + 8m + 37 = 0$$

이 된다.
이 방정식을 특성방정식으로 갖는 미분방정식은

$$4x^2y'' + 8xy' + 37y = 0$$

이다.

연습문제

1. 다음 미분방정식의 해를 구하여라.

(1) $y''' - 8y = 0$

풀이 보조방정식이

$$\lambda^3 - 8 = 0$$

이고 이를 인수분해하면

$$(\lambda - 2)(\lambda^2 + 2\lambda + 4) = 0$$

이 된다.
주어진 3계 제차선형미분방정식 $y''' - 8y = 0$은
보조방정식의 실근

$$\lambda = 2$$

에 의해

$$y_1 = e^{2x}$$

를 해로 가지고, 복소근

$$\lambda_2 = -1 - \sqrt{3}i, \ \lambda_3 = -1 + \sqrt{3}i$$

에 의해

$$y_2 = e^{-x}\cos\sqrt{3}x, \ y_3 = e^{-x}\sin\sqrt{3}x$$

를 해로 가진다.
그러므로 주어진 미분방정식의 일반해는

$$y = C_1 e^{2x} + e^{-x}(C_2\cos\sqrt{3}x + C_3\sin\sqrt{3}x)$$

이다.

(2) $y^{(4)} + 4y''' - 10y'' - 20y' + 25y = 0$

풀이 보조방정식이

$$\lambda^4 + 4\lambda^3 - 10\lambda^2 - 20\lambda + 25 = 0$$

이고
$\lambda = 1$를 위의 식에 대입하면

$$1 + 4 - 10 - 20 + 25 = 0$$

이 된다.
나머지 정리에 의하여 위의 식은 $\lambda - 1$을 인수로 갖고
다음과 같이 조립제법에 의하여

1	1	4	-10	-20	25
		1	5	-5	-25
-5	1	5	-5	-25	0
		-5	0	25	
	1	0	-5	0	

$$(\lambda - 1)(\lambda^3 + 5\lambda^2 - 5\lambda - 25) = (\lambda + 5)(\lambda - 1)(\lambda^2 - 5) = 0$$

으로 인수분해되어

$$\lambda = -5, \lambda = 1, \ \lambda = \pm\sqrt{5}$$

를 실근으로 갖고

$$y_1 = e^{-5x}, \ y_2 = e^{-\sqrt{5}x}, \ y_3 = e^{x}, \ y_4 = e^{\sqrt{5}x},$$

이 주어진 미분방정식의 해이다.
그러므로 주어진 미분방정식의 일반해는

$$y = C_1 e^{-5x} + C_2 e^{-\sqrt{5}x} + C_3 e^{x} + C_4 e^{\sqrt{5}x}$$

이다.

(3) $4y^{(4)} - 4y''' - 23y'' + 12y' + 36y = 0$

풀이 보조방정식이

$4\lambda^4 - 4\lambda^3 - 23\lambda^2 + 12\lambda + 36 = 0$

이고, $\lambda = 2$를 윗식에 대입하면

$64 - 32 - 92 + 24 + 36 = 0$

이 된다.
나머지 정리에 의하여 윗식은 $\lambda - 2$을 인수로 갖고
조립제법에 의하여

2	4	-4	-23	12	36
		8	8	-30	-36
2	4	4	-15	-18	0
		8	24	18	
	4	12	9	0	

$(\lambda - 2)^2(2\lambda + 3)^2 = 0$

보조방정식이 중근

$\lambda = 2,\ \lambda = -\dfrac{3}{2}$

을 해로 가지므로

$y_1 = e^{-\frac{3}{2}x},\ y_2 = xe^{-\frac{3}{2}x},\ y_3 = e^{2x},\ y_4 = xe^{2x}$

가 주어진 미분방정식의 해이다.
그러므로 주어진 미분방정식의 일반해는

$y = C_1 e^{-\frac{3}{2}x} + C_2 xe^{-\frac{3}{2}x} + C_3 e^{2x} + C_4 xe^{2x}$

이다.

(4) $y^{(4)} + 2y''' + 5y'' = 0$

풀이 보조방정식이

$\lambda^4 + 2\lambda^3 + 5\lambda^2 = \lambda^2(\lambda^2 + 2\lambda + 5) = 0$

이므로 $\lambda = 0$이 중근이고

$\lambda = -1 \pm \sqrt{1-5} = -1 \pm 2i$

를 해로 가지므로

$$y_1 = e^{0x} = 1,\ y_2 = x,\ y_3 = e^{-x}\cos 2x,\ \ y_4 = e^{-x}\sin 2x$$

가 주어진 미분방정식의 해이다.
그러므로 주어진 미분방정식의 일반해는

$$y = C_1 + C_2 x + e^{-x}(C_3\cos 2x + C_4\sin 2x)$$

이다.

(5) $x^3y''' + 3x^2y'' + xy' - 8y = 0$

풀이 특성방정식이

$$m(m-1)(m-2) + 3m(m-1) + m - 8 = 0$$

으로, 전개하여 정리하면

$$m^3 - 8 = 0$$

가 된다.
이를 인수분해하면

$$(m-2)(m^2 + 2m + 4) = 0$$

이 되고

$$m = 2, -1 \pm \sqrt{3}\,i$$

를 얻게 되어,
미분방정식의 세 해는

$$y_1 = x^2,\ y_2 = x^{-1}\cos(\sqrt{3}\ln x),\ y_3 = x^{-1}\sin(\sqrt{3}\ln x)$$

이다.
그러므로 주어진 코시-오일러 미분방정식의 일반해는

$$y = C_1x^2 + x^{-1}\left\{C_2\cos(\sqrt{3}\ln x) + C_3\sin\sqrt{3}(\ln x)\right\}$$

이다.

(6) $2x^3y''' + 3x^2y'' - 4xy' + 2y = 0$

풀이 특성방정식이

$$2m(m-1)(m-2) + 3m(m-1) - 4m + 2 = 0$$

으로, 전개하여 정리하면

$$2m^3 - 3m^2 - 3m + 2 = 0$$

가 된다.

이를 인수분해하면

$$(m+1)(2m-1)(m-2)=0$$

이 되고

$$m=-1, \frac{1}{2}, 2$$

를 얻게 되어,
미분방정식의 세 해는

$$y_1=\frac{1}{x},\ y_2=\sqrt{x},\ y_3=x^2$$

이다.
그러므로 주어진 코시-오일러 미분방정식의 일반해는

$$y=\frac{C_1}{x}+C_2\sqrt{x}+C_3x^2$$

이다.

(7) $x^3y'''+2x^2y''+xy'-y=0$

풀이 특성방정식이

$$m(m-1)(m-2)+2m(m-1)+m-1=0$$

으로, 전개하여 정리하면

$$m^3-m^2+m-1=0$$

이 된다.
이를 인수분해하면

$$(m-1)(m^2+1)=0$$

이 되고

$$m=1, \pm i$$

를 얻게 되어,
미분방정식의 세 해는

$$y_1=x,\ y_2=\cos(\ln x),\ y_3=\sin(\ln x)$$

이다.
그러므로 주어진 코시-오일러 미분방정식의 일반해는

$$y=C_1x+C_2\cos(\ln x)+C_3\sin(\ln x)$$

이다.

(8) $x^4y^{(4)}+x^3y'''-x^2y''=0$

풀이 특성방정식이

$$m(m-1)(m-2)(m-3)+m(m-1)(m-2)-m(m-1)=0$$

으로, 인수분해하면

$$m(m-1)^2(m-3)=0$$

이 되고

$m=0$, $m=1$ 중근 , $m=3$

를 얻게 되어,
미분방정식의 네 해는

$$y_1=1,\ y_2=x\ ,\ y_3=x\ln x\ ,\ \ y_4=x^3$$

이다.
그러므로 주어진 코시-오일러 미분방정식의 일반해는

$$y=C_1+C_2x+C_3x\ln x+C_4x^3$$

이다.

2. $y=C_1+C_2x+C_3e^{-0.5x}+C_4e^{0.25x}$ **를 해로 갖는 미분방정식을 구하여라.**

풀이 주어진 함수를 해로 갖기 위해서는
$\lambda=0$ 이 중근이고 $\lambda=-0.5$,$\lambda=0.25$
를 근으로 갖는 보조방정식을 구해야 한다.
방정식은

$$\lambda^2(\lambda+0.5)(\lambda-0.25)=0$$

이며 이를 전개하고 양변에 8을 곱하면

$$8\lambda^4+2\lambda^3-\lambda^2=0$$

이 된다. 따라서 $y=C_1+C_2x+C_3e^{-0.5x}+C_4e^{0.25x}$ 를 해로 갖는 미분방정식은

$$8y^{(4)}+2y'''-y''=0$$

이다.

3. $y=C_1x^{-1}+C_2x+C_3x\ln x$ **를 해로 갖는 미분방정식을 구하여라.**

풀이 주어진 함수를 해로 갖기 위해서는
$m=-1$ 을 근으로 갖고,

$m=1$을 중근으로 갖는
특성방정식을 구해야 한다.
그러므로 특성방정식을 인수분해한 식은

$$(m+1)(m-1)^2=0$$

이고, 인수분해 하기 전의 특성방정식으로

$$m^3-m^2-m+1=0$$

을 얻는다.
이것을 코시-오일러 미분방정식의 특성방정식 형식에 맞추면

$$m(m-1)(m-2)+2m(m-1)-m+1=0$$

이 된다.
이 방정식을 특성방정식으로 갖는 미분방정식은

$$x^3y'''+2x^2y''-xy'+y=0$$

이다.

제 7 장

비제차선형 미분방정식

제 7 장 비제차선형미분방정식

7.1 2계 비제차선형미분방정식의 예비 이론

5.5절의 **[예제 17]**에서 구한 1계 비제차선형미분방정식 $y' + y = x^2$의 해는

$$y = x^2 - 2x + 2 + Ce^{-x}$$

이다.

이 해를 임의 상수 C 를 포함한 부분을 y_h로 하여

$$y_h = Ce^{-x}$$

로, 나머지부분을 y_p로 하여

$$y_p = x^2 - 2x + 2$$

로 구분하면

$$y = y_h + y_p$$

로 쓸 수 있다.

이 때

$$y_h = Ce^{-x}$$

는 제차선형미분방정식 $y' + y = 0$의 해이다.

또한

$$\begin{aligned} y_p{}' + y_p &= (x^2 - 2x + 2)' + (x^2 - 2x + 2) \\ &= (2x - 2) + (x^2 - 2x + 2) \\ &= x^2 \end{aligned}$$

이므로

$$y_p$$

는 비제차선형미분방정식 $y' + y = x^2$의 특수해가 된다.

즉 비제차선형미분방정식 $y' + y = x^2$의 해는 제차선형미분방정식 $y' + y = 0$의 일반해

$$y_h = Ce^{-x}$$

와 $y' + y = x^2$의 특수해

$$y_p = x^2 - 2x + 2$$

의 합으로 이루어진다.

5.5절의 **[연습문제]** (2)에서

$$y' + y\tan x = \sin 2x$$

의 해는

$$y = C\cos x - 2\cos^2 x$$

이다.

이 해를 임의 상수C 를 포함한 부분을 y_h로 하여

$$y_h = C\cos x$$

로 나머지 부분을 y_p로 하여

$$y_p = -2\cos^2 x$$

로 구분하면

$$y = y_h + y_p$$

로 쓸 수 있다.

이 때

$$y_h' + y_h \tan x = (C\cos x)' + C\cos x \times \tan x$$
$$= -C\sin x + C\cos x \times \frac{\sin x}{\cos x} = 0$$

이므로

$$y_h = C\cos x$$

는 제차선형미분방정식

$$y' + y\tan x = 0$$

의 해이다.

또한

$$\begin{aligned} y_p' + y_p \tan x &= (-2\cos^2 x)' + (-2\cos^2 x) \times \tan x \\ &= 4\sin x \cos x + (-2\cos^2 x) \times \frac{\sin x}{\cos x} \\ &= 2\sin x \cos x \\ &= \sin 2x \end{aligned}$$

가 되어

$$y_p = -2\cos^2 x$$

는 미분방정식 $y' + y\tan x = \sin 2x$ 의 특수해가 된다.

즉, 비제차선형미분방정식 $y' + y\tan x = \sin 2x$ 의 해는 제차선형미분방정식 $y' + y\tan x = 0$ 의 일반해

$$y_h = C\cos x$$

와 $y' + y\tan x = \sin 2x$ 의 특수해

$$y_p = -2\cos^2 x$$

의 합으로 이루어진다.

2계 비제차선형미분방정식의 해를 구하는 방법

(1) $a_2(x)y'' + a_1(x)y' + a_0(x)y = 0$ 의 해를 구한다. 이를 y_h 라 두고 보조해라고 부른다.
(2) $a_2(x)y'' + a_1(x)y' + a_0(x)y = f(x)$ 의 특수해 y_p를 구한다.
(3) $y = y_h + y_p$ 이다.

증명

$$
\begin{aligned}
& a_2(x)y'' + a_1(x)y' + a_0(x)y \\
&= a_2(x)(y_h + y_p)'' + a_1(x)(y_h + y_p)' + a_0(x)(y_h + y_p) \\
&= a_2(x)(y_h'' + y_p'') + a_1(x)(y_h' + y_p') + a_0(x)(y_h + y_p) \\
&= \{a_2(x)y_h'' + a_1(x)y_h' + a_0(x)y_h\} \\
&\quad + \{a_2(x)y_p'' + a_1(x)y_p' + a_0(x)y_p\} \\
&= 0 + f(x) \\
&= f(x)
\end{aligned}
$$
이다.

6장에서 제차선형미분방정식의 해를 구하는 방법을 학습하였다, 그러므로 2계 비제차선형미분방정식의 해를 구하기 위해서는 비제차선형미분방정식의 특수해(y_p)를 구하는 방법을 알면 되겠다.

주의

고계 비제차 선형 미분방정식의 경우에도 위와 같은 방법으로 해를 구할 수 있다.

7.2 2계 비제차선형미분방정식

7.2.1 상수계수를 갖는 비제차선형미분방정식의 특수해(y_p)를 미정계수법 (method of undetermined coefficients)에 의해 구하는 경우

2계 비제차선형미분방정식 $y'' + 6y' + 8y = e^{2x}$ 의 특수해 y_p를 구하여 보자.

$y_p'' + 6y_p' + 8y_p = e^{2x}$ 를 만족하는 함수는

$$y_p = Ae^{2x}$$

의 형태이어야 할 것이다.

$$y_p = Ae^{2x}, y_p{}' = 2Ae^{2x}, y_p{}'' = 4Ae^{2x}$$

을 미분방정식에 대입하여

$$\begin{aligned} y_p{}'' + 6y_p{}' + 8y_p &= 4Ae^{2x} + 12Ae^{2x} + 8Ae^{2x} \\ &= 24Ae^{2x} \end{aligned}$$

를 얻는다.

여기에서 $y_p = Ae^{2x}$가 주어진 미분방정식의 해가 되기 위해서는

$$24Ae^{2x} = e^{2x}$$

를 만족해야 한다.

그러므로 $A = \dfrac{1}{24}$이 되어야 하고 특수해

$$y_p = \frac{1}{24}e^{2x}$$

를 얻는다.

이 방법은 특수해 y_p로 예상되는 형태의 함수를 미정계수를 포함하여 가정한 후, 조건을 만족하는 미정계수를 찾아내는 것이므로 미정계수법이라 부른다.

미정계수법

특수해 y_p로 예상되는 형태의 함수를 미정계수를 포함하여 가정한 후, 조건을 만족하는 미정계수를 찾아낸다.

예 2계 비제차선형미분방정식 $y'' - 2y' + y = x^2$의 특수해 y_p를 구해 보자.

$y_p = x^2$으로 가정하여 주어진 미분방정식에 대입하면

$$y_p{}'' - 2y_p{}' + y_p = 2 - 4x + x^2$$

이 된다.

우변을 x^2으로 만들기 위해 y_p에 $4x-2$를 더하여

$$y_p = x^2 + 4x - 2$$

로 가정한 후 주어진 미분방정식에 대입하면

$$\begin{aligned} y_p'' - 2y_p' + y_p &= (x^2+4x-2)'' - 2(x^2+4x-2)' + (x^2+4x-2) \\ &= x^2 - 8 \end{aligned}$$

이 된다.
이 y_p 또한 주어진 미분방정식의 특수해가 되지 않는다.
마지막으로 우변을 x^2으로 만들기 위하여

$$\begin{aligned} y_p &= x^2 + 4x - 2 + 8 \\ &= x^2 + 4x + 6 \end{aligned}$$

으로 가정하여 주어진 미분방정식에 대입하면

$$\begin{aligned} y_p'' - 2y_p' + y_p &= (x^2+4x+6)'' - 2(x^2+4x+6)' + (x^2+4x+6) \\ &= x^2 \end{aligned}$$

이 되어 주어진 비제차선형미분방정식의 특수해를 구할 수 있게 되었다.
즉,
$f(x) = x^2$으로 주어진 비제차선형미분방정식의 특수해가

$$y_p = x^2$$

가 아니라
y_p, y_p', y_p''의 일차결합인

$$y_p = Ax^2 + Bx + C$$

의 형태로 나타났다.
처음부터

$$y_p = Ax^2 + Bx + C$$

로 가정하였으면

$$\begin{aligned} y_p'' - 2y_p' + y_p &= (Ax^2+Bx+C)'' - 2(Ax^2+Bx+C)' + (Ax^2+Bx+C) \\ &= 2A - 2(2Ax+B) + (Ax^2+Bx+C) \\ &= Ax^2 + (-4A+B)x + (2A-2B+C) \\ &= x^2 \end{aligned}$$

이 된다.
이 식을 만족하는 A, B, C를
연립방정식

$$\begin{cases} A = 1 \\ -4A + B = 0 \\ 2A - 2B + C = 0 \end{cases}$$

에 의해 구하면

$$A = 1, B = 4, \ C = 6$$

이 된다.
이 값을 $y_p = Ax^2 + Bx + C$ 에 대입하여 $y_p = x^2 + 4x + 6$을 더 간단하게 구할 수 있다.

위의 예를 보면 y_p의 예측 함수는 $f'(x), f'(x), f''(x)$의 일차결합의 형태로 나타난다.

미정계수법을 사용하는 데에 가장 중요한 단계는 비제차선형미분방정식

$$a_2y'' + a_1y' + a_0y = f(x)$$

의 $f(x)$에 따라 적절한 y_p의 형태를 가정하는 것이다.
다음 표는 $f(x)$에 따른 적절한 y_p의 형태이다.

$f(x)$	y_p**의 형태**
n차 다항식($P_n(x)$)	$y_p = A_nx^n + A_{n-1}x^{n-1} + \cdots + A_2x^2 + A_1x + A_0$
αe^{ax}	$y_p = Ae^{ax}$
$\alpha\cos ax$, $\beta\sin ax$ 또는 $\alpha\cos ax + \beta\sin ax$	$y_p = A\cos ax + B\sin ax$
$P_n(x)e^{ax}$	$y_p = (A_nx^n + A_{n-1}x^{n-1} + \cdots + A_2x^2 + A_1x + A_0)e^{ax}$
$P_n(x)\cos ax$, $P_n(x)\sin ax$ 또는 $P_n(x)\cos ax + Q_n(x)\sin ax$	$y_p = (A_nx^n + A_{n-1}x^{n-1} + \cdots + A_2x^2 + A_1x + A_0)\cos ax$ $+ (B_nx^n + B_{n-1}x^{n-1} + \cdots + B_2x^2 + B_1x + B_0)\sin ax$

예제 1

$y'' + 5y' + 6y = 10\cos x$**의 해를 구하여라.**

풀이 (1) 먼저 $y'' + 5y' + 6y = 0$의 해를 구하자.

6장의 **[예제 1]**에서와 같이 $y'' + 5y' + 6y = 0$의 해는

$$y_h = C_1 e^{-3x} + C_2 e^{-2x}$$

이다.

(2) 다음으로 $f(x)$가 $\cos x$이므로 $y_p = A\cos x + B\sin x$ 로 가정하여 주어진 미분방정식에 대입하여 보자.

$$y_p{}' = -A\sin x + B\cos x$$
$$y_p{}'' = -A\cos x - B\sin x$$

이므로

$$\begin{aligned} & y_p{}'' + 5y_p{}' + 6y_p \\ &= (-A\cos x - B\sin x) + 5(-A\sin x + B\cos x) + 6(A\cos x + B\sin x) \\ &= (5A + 5B)\cos x + (-5A + 5B)\sin x \\ &= 10\cos x \end{aligned}$$

이 된다.

이 식을 만족하는 A, B를 연립방정식

$$\begin{cases} 5A + 5B = 10 \\ -5A + 5B = 0 \end{cases}$$

에 의해 구하면

$$A = 1,\ B = 1$$

이 되어

$$y_p = \cos x + \sin x$$

를 구할 수 있다.

(3) 그러므로 주어진 비제차선형미분방정식의 해는

$$y = y_h + y_p = C_1 e^{-3x} + C_2 e^{-2x} + \cos x + \sin x$$

이다.

예제 2

$y'' - 4y' + 4y = (9x-6)e^{-x}$, $y(0) = 2$, $y'(0) = 1$ **의 해를 구하여라.**

풀이 (1) 먼저 $y'' - 4y' + 4y = 0$의 해를 구하자.

보조방정식 $\lambda^2 - 4\lambda + 4 = (\lambda - 2)^2 = 0$의 해 $\lambda = 2$가 중근이므로

$$y_h = C_1 e^{2x} + C_2 x e^{2x}$$

이다.

(2) 다음으로 $f(x)$가 $(9x-6)e^{-x}$이므로 $y_p = (Ax+B)e^{-x}$로 가정하여 주어진 미분방정식에 대입하여 보자.

$$y_p{}' = Ae^{-x} - (Ax+B)e^{-x} = (-Ax + A - B)e^{-x}$$
$$y_p{}'' = -Ae^{-x} + (Ax - A + B)e^{-x} = (Ax - 2A + B)e^{-x}$$

이므로

$$\begin{aligned} & y_p{}'' - 4y_p{}' + 4y_p \\ &= (Ax - 2A + B)e^{-x} - 4(-Ax + A - B)e^{-x} + 4(Ax+B)e^{-x} \\ &= (9Ax - 6A + 9B)e^{-x} \\ &= (9x-6)e^{-x} \end{aligned}$$

이 된다.

이 식을 만족하는 A, B를 연립방정식

$$\begin{cases} 9A = 9 \\ -6A + 9B = -6 \end{cases}$$

에 의해 구하면

$$A = 1, \; B = 0$$

이 되어

$$y_p = xe^{-x}$$

를 구할 수 있다.

(3) 따라서 주어진 비제차선형미분방정식의 일반해는

$$y = y_h + y_p = C_1 e^{2x} + C_2 x e^{2x} + xe^{-x}$$

이다.

(4) 다음 단계로 조건 $y(0) = 2$, $y'(0) = 1$을 만족하는 C_1, C_2를 찾는다.

$$y(0) = C_1 = 2$$

이므로

$$C_1 = 2$$

이다.

$$y' = 2C_1e^{2x} + C_2e^{2x} + 2C_2xe^{2x} + e^{-x} - xe^{-x}$$

이므로

$$y'(0) = 2C_1 + C_2 + 1 = 1$$

이 되어

$$C_2 = -4$$

를 얻는다. 이렇게 얻은 C_1, C_2를 일반해에 대입하여,
특수해

$$y = 2e^{2x} - 4xe^{2x} + xe^{-x}$$

를 구한다.

예제 3

$y'' - 3y' + 2y = e^x$ **의 해를 구하여라.**

풀이 (1) 먼저 $y'' - 3y' + 2y = 0$의 해를 구하자,
보조방정식 $\lambda^2 - 3\lambda + 2 = (\lambda - 1)(\lambda - 2) = 0$의 두 근은 $\lambda_1 = 1$, $\lambda_2 = 2$
이므로 보조해는

$$y_h = C_1e^x + C_2e^{2x}$$

이다.

(2) $f(x) = e^x$이므로 $y_p = Ae^x$로 가정하여 주어진 미분방정식에 대입하여 보자.

$$y_p{}' = Ae^x, \; y_p{}'' = Ae^x$$

이므로

$$y_p{}'' - 3y_p{}' + 2y_p = Ae^x - 3Ae^x + 2Ae^x = 0$$

이 되어 $y_p = Ae^x$ 형태의 특수해는 구할 수 없다.

이것은 보조해 $y_h = C_1e^x + C_2e^{2x}$에서 $C_2 = 0$인 경우이므로 $y_p = Ae^x$ 형태의 특수해는 존재하지 않는다.

이런 경우에는 Ae^x에 x를 곱하여

$$y_p = Axe^x$$

로 가정한다.

$$y_p{}' = (Ax + A)e^x$$
$$y_p{}'' = (Ax + 2A)e^x$$

를 주어진 미분방정식에 대입하면

$$\begin{aligned} y_p{}'' - 3y_p{}' + 2y_p &= (Ax + 2A)e^x - 3(Ax + A)e^x + 2Axe^x \\ &= -Ae^x \\ &= e^x \end{aligned}$$

이 된다. $A = -1$을 대입하여

$$y_p = -xe^x$$

를 구할 수 있다

(3) 그러므로 주어진 미분방정식의 해는

$$y = C_1e^x + C_2e^{2x} - xe^x$$

이다.

예제 4

$y'' - 2y' + y = (6x - 4)e^x$ **의 해를 구하여라.**

풀이 (1) 먼저 $y'' - 2y' + y = 0$ 의 해를 구하자.

보조방정식 $\lambda^2 - 2\lambda + 1 = (\lambda - 1)^2 = 0$의 해 $\lambda = 1$가 중근이므로

$$y_h = C_1e^x + C_2xe^x$$

이다.

(2) 다음으로 $f(x) = (6x - 4)e^x$ 이므로 $y_p = (Ax + B)e^x$ 로 가정하여 미분방정식에 대입하여 보려한다. 그러나

$$y_h = C_1e^x + C_2xe^x = (C_1 + C_2x)e^x$$

임을 고려하면

$$y_p{}'' - 2y_p{}' + y_p = 0$$

이 될 것임을 알 수 있다.

이 경우에 y_p에 앞의 **[예제 3]**과 같이 x를 곱하면

$$y_p = (Ax + B)xe^x = Ax^2e^x + Bxe^x$$

가 되는데 Bxe^x 부분은 y_h에서 $C_1 = 0$로 둔 것과 같아 미분방정식에 대입하면 0이 되고 특수해를 구하는 과정에서 의미가 없다.

그러므로 위의 **[예제 3]**에서 $\lambda = 1$이 단근일 때 x를 곱하였던 것과 같이 $\lambda = 1$이 중근일 때는 $y_p = (Ax+B)e^x$에 x^2을 곱하여

$$y_p = (Ax+B)x^2e^x = (Ax^3+Bx^2)e^x$$

의 형태로 가정하여 주어진 미분방정식에 대입하여 보자.

$$\begin{aligned} y_p' &= (3Ax^2+2Bx)e^x + (Ax^3+Bx^2)e^x \\ &= (Ax^3+3Ax^2+Bx^2+2Bx)e^x \end{aligned}$$

$$\begin{aligned} y_p'' &= (3Ax^2+6Ax+2Bx+2B)e^x + (Ax^3+3Ax^2+Bx^2+2Bx)e^x \\ &= (Ax^3+6Ax^2+Bx^2+6Ax+4Bx+2B)e^x \end{aligned}$$

를 주어진 미분방정식에 대입하여

$$\begin{aligned} y_p'' - 2y_p' + y_p &= (Ax^3+6Ax^2+Bx^2+6Ax+4Bx+2B)e^x \\ &\quad -2(Ax^3+3Ax^2+Bx^2+2Bx)e^x + (Ax^3+Bx^2)e^x \\ &= (6Ax+2B)e^x \\ &= (6x-4)e^x \end{aligned}$$

이 된다.
$A=1, B=-2$를 대입하여

$$y_p = (x-2)x^2e^x$$

를 구할 수 있다.
(3) 그러므로 주어진 미분방정식의 해는

$$y = C_1e^x + C_2xe^x + (x-2)x^2e^x$$

이다.

예제 5

$y'' - 3y' + 2y = e^x + 7\cos x + \sin x$의 해를 구하여라.

풀이 (1) 먼저 **[예제 3]**에서와 같이 보조해를 구하면

$$y_h = C_1e^x + C_2e^{2x}$$

이다.
(2) 다음으로 $y_p = Axe^x + B\cos x + C\sin x$로 가정한다.

$$y_p' = (Ax+A)e^x - B\sin x + C\cos x$$
$$y_p'' = (Ax+2A)e^x - B\cos x - C\sin x$$

를 주어진 미분방정식에 대입하면

$$\begin{aligned} y_p'' - 3y_p' + 2y_p &= (Ax+2A)e^x - B\cos x - C\sin x \\ &\quad -3\{(Ax+A)e^x - B\sin x + C\cos x\} \\ &\quad +2(Axe^x + B\cos x + C\sin x) \\ &= -Ae^x + (B-3C)\cos x + (3B+C)\sin x \\ &= e^x + 7\cos x + \sin x \end{aligned}$$

이 된다.

이 식을 만족하는 A, B, C 를 연립방정식

$$\begin{cases} -A = 1 \\ B - 3C = 7 \\ 3B + C = 1 \end{cases}$$

에 의해 구하면

$$A = -1, B = 1, C = -2$$

가 되어 특수해

$$y_p = -xe^x + \cos x - 2\sin x$$

를 구할 수 있다.

(3) 그러므로 주어진 미분방정식의 해는

$$y = C_1 e^x + C_2 e^{2x} - xe^x + \cos x - 2\sin x$$

이다.

연습문제

1. 다음 미분방정식의 해를 구하라.

(1) $y'' + 2y' + 5y = 5x^3 + 6x^2 + 6x + 5$

풀이 ① 먼저 $y'' + 2y' + 5y = 0$의 해를 구하자,

보조방정식 $\lambda^2 + 2\lambda + 5 = 0$의 두 근은

$$\lambda_1 = -1 + \sqrt{1-5} = -1 + 2i,\ \lambda_2 = -1 - 2i$$

이므로 보조해는

$$y_h = e^{-x}(C_1\cos 2x + C_2\sin 2x)$$

이다.

② $f(x) = 5x^3 + 6x^2 + 6x + 5$이므로 $y_p = Ax^3 + Bx^2 + Cx + D$로 가정하여 주어진 미분방정식에 대입하여 보자.

$$y_p{}' = 3Ax^2 + 2Bx + C$$

이므로 $y_p{}'' = 6Ax + 2B$ 이다.
따라서

$$\begin{aligned} & y_p{}'' + 2y_p{}' + 5y_p \\ &= 6Ax + 2B + 2(3Ax^2 + 2Bx + C) + 5(Ax^3 + Bx^2 + Cx + D) \\ &= 5Ax^3 + (6A + 5B)x^2 + (6A + 4B + 5C)x + (2B + 2C + 5D) \\ &= 5x^3 + 6x^2 + 6x + 5 \end{aligned}$$

$$\begin{cases} 5A = 5 \\ 6A + 5B = 6 \\ 6A + 4B + 5C = 6 \\ 2B + 2C + 5D = 5 \end{cases}$$

인 A, B, C, D를 구하면 $A = 1, B = 0, C = 0, D = 1$이다.
따라서 주어진 미분방정식의 특수해는 $y_p = x^3 + 1$이다.

③ 그러므로 주어진 미분방정식의 해는

$$y = e^{-x}(C_1\cos 2x + C_2\sin 2x) + x^3 + 1$$

이다.

(2) $y'' - y' = e^x \cos x + e^x \sin x + 2x - 5$

풀이 ① 먼저 $y'' - y' = 0$의 해를 구하자,
보조방정식 $\lambda^2 - \lambda = \lambda(\lambda - 1) = 0$의 두 근은 $\lambda_1 = 0,\ \lambda_2 = 1$
이므로 보조해는

$$y_h = C_1 + C_2 e^x$$

이다.

② $f(x) = e^x \cos x + e^x \sin x + 2x - 5$이므로
$y_p = e^x(A\cos x + B\sin x) + Cx^2 + Dx$로 가정하여 주어진 미분방정식에 대입하여 보자.

$$\begin{aligned} y_p{}' &= e^x(A\cos x + B\sin x) + e^x(-A\sin x + B\cos x) + 2Cx + D \\ &= e^x\{(A + B)\cos x + (-A + B)\sin x\} + 2Cx + D \end{aligned}$$

이므로

$$y_p'' = e^x\{(A+B)\cos x + (-A+B)\sin x\}$$
$$+ e^x\{-(A+B)\sin x + (-A+B)\cos x\}$$

$+2C = e^x(2B\cos x - 2A\sin x) + 2C$이다.

따라서

$$y_p'' - y_p' = e^x\{(-A+B)\cos x - (A+B)\sin x\} - 2Cx + 2C - D$$
$$= e^x\cos x + e^x\sin x + 2x - 5$$

$$\begin{cases} -A+B=1 \\ A+B=-1 \\ -2C=2 \\ 2C-D=-5 \end{cases}$$

인 A, B, C, D를 구하면 $A=-1, B=0, C=-1, D=3$이다.

따라서 주어진 미분방정식의 특수해는 $y_p = -e^x\cos x - x^2 + 3x$이다.

③ 그러므로 주어진 미분방정식의 해는

$$y = C_1 + C_2e^x - e^x\cos x - x^2 + 3x$$

이다.

(3) $y'' + 2y' + y = 3$

풀이 ① 먼저 $y'' + 2y' + y = 0$의 해를 구하자,

보조방정식 $\lambda^2 + 2\lambda + 1 = (\lambda+1)^2 = 0$의 근은 중근 $\lambda = -1$

이므로 보조해는

$$y_h = C_1e^{-x} + C_2xe^{-x}$$

이다.

② $f(x) = 3$이므로 $y_p = A$로 가정하여 주어진 미분방정식에 대입하여 보자.

$$y_p' = 0, y_p'' = 0$$
$$y_p'' + 2y_p' + y_p = A = 3$$

이므로 $y_p = 3$이다.

③ 그러므로 주어진 미분방정식의 해는

$$y = C_1e^{-x} + C_2xe^{-x} + 3$$

이다.

(4) $y''' - 3y'' + 3y' - y = 6e^x, y(0) = 1, y'(0) = 0, y''(0) = 0$

풀이 ① 먼저 $y''' - 3y'' + 3y' - y = 0$의 해를 구하자,
보조방정식 $\lambda^3 - 3\lambda^2 + 3\lambda - 1 = (\lambda - 1)^3 = 0$의 근은 삼중근 $\lambda = 1$ 이므로 보조해는

$$y_h = C_1e^x + C_2xe^x + C_3x^2e^x$$

이다.

② $f(x) = 6e^x$ 이므로 $y_p = Ax^3e^x$로 가정하여 주어진 미분방정식에 대입하기 위하여 미분하여 보자.

$$y_p' = 3Ax^2e^x + Ax^3e^x = Ae^x(x^3 + 3x^2)$$
$$y_p'' = Ae^x(x^3 + 6x^2 + 6x)$$
$$y_p''' = Ae^x(x^3 + 9x^2 + 18x + 6)$$

$$y_p''' - 3y_p'' + 3y_p' - y_p$$
$$= Ae^x\{(x^3 + 9x^2 + 18x + 6) - 3(x^3 + 6x^2 + 6x) + 3(x^3 + 3x^2) - x^3\}$$
$$= 6Ae^x = 6e^x$$

인 $A = 1$ 즉 주어진 미분방정식의 특수해는 $y_p = x^3e^x$이다.

③ 그러므로 주어진 미분방정식의 해는
$y = C_1e^x + C_2xe^x + C_3x^2e^x + x^3e^x$ 이다.

④ 여기에 $y(0) = 1, y'(0) = 0, y''(0) = 0$인 조건을 대입하면
$C_1 = 1, C_2 = -1, C_3 = \dfrac{1}{2}$이되고 주어진 조건을 만족하는 특수해는

$y = e^x - xe^x + \dfrac{1}{2}x^2e^x + x^3e^x$이다.

(5) $y^{(4)} - y = -4\cos x + 4\sin x$
$y(0) = 0, y'(0) = 0, y''(0) = 0, y'''(0) = 0$

풀이 ① 먼저 $y^{(4)} - y = 0$의 해를 구하자,
보조방정식 $\lambda^4 - 1 = (\lambda + 1)(\lambda - 1)(\lambda^2 + 1) = 0$의 근은 삼중근

$$\lambda_1 = -1, \lambda_2 = 1, \lambda_3 = -i, \lambda_4 = i$$

이므로 보조해는

$$y_h = C_1e^{-x} + C_2e^x + C_3\cos x + C_4\sin x$$

이다.

② $f(x) = -4\cos x + 4\sin x$ 이므로 $y_p = Ax\cos x + Bx\sin x$ 로 가정하여 주어진 미분방정식에 대입하기 위하여 미분하여 보자.

$$\begin{aligned} y_p' &= A\cos x - Ax\sin x + B\sin x + Bx\cos x \\ &= (A + Bx)\cos x + (-Ax + B)\sin x \end{aligned}$$

$$\begin{aligned} y_p'' &= B\cos x - (A + Bx)\sin x - A\sin x + (-Ax + B)\cos x \\ &= (-Ax + 2B)\cos x - (2A + Bx)\sin x \end{aligned}$$

$$\begin{aligned} y_p''' &= -A\cos x - (-Ax + 2B)\sin x - B\sin x - (2A + Bx)\cos x \\ &= -(3A + Bx)\cos x + (Ax - 3B)\sin x \end{aligned}$$

$$\begin{aligned} y^{(4)} &= -B\cos x + (3A + Bx)\sin x + A\sin x + (Ax - 3B)\cos x \\ &= (Ax - 4B)\cos x + (4A + Bx)\sin x \end{aligned}$$

$$y_p^{(4)} - y_p = -4B\cos x + 4A\sin x = -4\cos x + 4\sin x$$

$A = 1,\ B = 1$

즉 주어진 미분방정식의 특수해는

$y_p = x\cos x + x\sin x$ 이다.

③ 그러므로 주어진 미분방정식의 해는

$$y = C_1e^{-x} + C_2e^{x} + C_3\cos x + C_4\sin x + x\cos x + x\sin x$$

이다.

④ 여기에 $y(0) = 0, y'(0) = 0, y''(0) = 0, y'''(0) = 0$ 인 조건을 대입하면

$$\begin{cases} y(0) = C_1 + C_2 + C_3 \\ y'(x) = -C_1e^{-x} + C_2e^{x} - C_3\sin x + C_4\cos x + \cos x - x\sin x + \sin x + x\cos x \\ y''(x) = C_1e^{-x} + C_2e^{x} - C_3\cos x - C_4\sin x - 2\sin x - x\cos x + 2\cos x - x\sin x \\ y'''(x) = -C_1e^{-x} + C_2e^{x} + C_3\sin x - C_4\cos x - 3\cos x + x\sin x - 3\sin x - x\cos x \end{cases}$$

그러므로

$$\begin{cases} y(0) = C_1 + C_2 + C_3 = 0 \\ y'(0) = -C_1 + C_2 + C_4 + 1 = 0 \\ y''(0) = C_1 + C_2 - C_3 + 2 = 0 \\ y'''(x) = -C_1 + C_2 - C_4 - 3 = 0 \end{cases}$$

이고

$$\begin{cases} C_1 = -1 \\ C_2 = 0 \\ C_3 = 1 \\ C_4 = -2 \end{cases}$$

초기조건을 만족하는 특수해는

$y = -e^{-x} + \cos x - 2\sin x + x\cos x + x\sin x$

이다.

2. $y = C_1 e^{-x} + C_2 e^{x} + x^2 + e^{2x}$ **를 해로 갖는 미분방정식을 구하여라.**

풀이 $y_h = C_1 e^{-x} + C_2 e^{x}$ 이고 $y_p = x^2 + e^{2x}$ 이므로 보조방정식은
$(\lambda+1)(\lambda-1) = \lambda^2 - 1 = 0$ 이었을 것이며 주어진 미분방정식은
$y'' - y = f(x)$ 의 형태로 주어졌을 것이다. 여기서 $y_p'' - y_p = f(x)$ 를 만족했을 것이고
$y_p' = 2x + 2e^{2x}$, $y_p'' = 2 + 4e^{2x}$ 이므로 $f(x) = y_p'' - y_p = 2 + 4e^{2x} - (x^2 + e^{x})$
$= -x^2 + 2 + 3e^{2x}$ 가 되어야할 것이다.
따라서 $y = C_1 e^{-x} + C_2 e^{x} + x^2 + e^{2x}$ 를 해로 갖는 미분방정식은
$y'' - y = -x^2 + 2 + 3e^{2x}$ 이다.

3. $y = C_1 e^{-3x} + C_2 e^{-x} + C_3 e^{2x} + 2\cos x$ **를 해로 갖는 미분방정식을 구하여라.**

풀이 $y_h = C_1 e^{-3x} + Ce^{-x} + C_3 e^{2x}$ 이고 $y_p = 2\cos x$ 이므로 보조방정식은
$(\lambda+3)(\lambda+1)(\lambda-2) = \lambda^3 + 2\lambda^2 - 5\lambda - 6 = 0$ 이었을 것이며 주어진 미분방정식은
$y''' + 2y'' - 5y' - 6y = f(x)$ 의 형태로 주어졌을 것이다.
여기서 $y_p''' + 2y_p'' - 5y_p' - 6y_p = f(x)$ 를 만족했을 것이고
$y_p' = -2\sin x$, $y_p'' = -2\cos x$, $y_p''' = 2\sin x$ 이므로 가 되어야할 것이다.
따라서 $f(x) = 2\sin x - 4\cos x + 10\sin x - 12\cos x = -16\cos x + 12\sin x$ 가 되어
$y = C_1 e^{-3x} + C_2 e^{-x} + C_3 e^{2x} + 2\cos x$ 를 해로 갖는 미분방정식은
$y''' + 2y'' - 5y' - 6y = -16\cos x + 12\sin x$ 이다.

7.2.2 비제차선형미분방정식의 특수해(y_p)를 매개변수변화법(method of variation of parameters)에 의해 구하는 경우

2계 비제차선형미분방정식 $y'' + p(x)y' + q(x)y = f(x)$ 의 보조해를

$$y_h = C_1 y_1 + C_2 y_2$$

라 할 때 y_h 의 상수(parameter) C_1, C_2 를 x 의 함수 $u(x), v(x)$ 로 변환하여

$$y_p = uy_1 + vy_2$$

로 놓은 후 y_p 가 해가 되는 $u(x), v(x)$ 를 찾아내서 특수해 y_p 를 구하는 방법을 매개변수변환법이라 한다.

이제 $u(x), v(x)$를 찾아내서 특수해 y_p를 구해보자.

먼저

$$y_p{}' = u'y_1 + uy_1{}' + v'y_2 + vy_2{}'$$

이 된다.

여기에서 항을 줄이기 위하여

$$u'y_1 + v'y_2 = 0 \quad \cdots\cdots\cdots\cdots \text{(조건 1)}$$

을 만족하는 해를 구하려 한다.

(조건 1)을 만족하면

$$y_p{}' = uy_1{}' + vy_2{}'$$

이 되고

$$y_p{}'' = u'y_1{}' + uy_1{}'' + v'y_2{}' + vy_2{}''$$

이 된다.

그리고 $y_p, y_p{}', y_p{}''$을

$$y_p{}'' + p(x)y_p{}' + q(x)y_p = f(x)$$

에 대입하면

$$\begin{aligned}
&y_p{}'' + p(x)y_p{}' + q(x)y_p \\
&= u'y_1{}' + uy_1{}'' + v'y_2{}' + vy_2{}'' + p(x)(uy_1{}' + vy_2{}') + q(x)(uy_1 + vy_2) \\
&= u(y_1{}'' + p(x)y_1{}' + q(x)y_1) + v(y_2{}'' + p(x)y_2{}' + q(x)y_2) + u'y_1{}' + v'y_2{}' \\
&= f(x)
\end{aligned}$$

이다. 한편,

y_1, y_2가 $y'' + p(x)y' + q(x)y = 0$의 해이므로

$$\begin{aligned}
&y_1{}'' + p(x)y_1{}' + q(x)y_1 = 0 \\
&y_2{}'' + p(x)y_2{}' + q(x)y_2 = 0
\end{aligned}$$

이 되고, 이들을 위의 식에 대입하면

y_p가 특수해가 되기 위한 두 번째 조건

$$u'y_1' + v'y_2' = f(x) \quad \cdots\cdots\cdots\cdots (\text{조건 } 2)$$

를 얻게 된다.

(조건 1)과 (조건 2)를 만족하는 u, v를 얻기 위해서는 연립방정식

$$\begin{cases} u'y_1 + v'y_2 = 0 \\ u'y_1' + v'y_2' = f(x) \end{cases}$$

를 풀어야 한다.

이 연립방정식의 해를 구하기 위해서는 연립방정식의 해를 구하는 크래머의 공식을 적용하면 된다.

크래머의 공식

연립방정식 $\begin{cases} ax+by=g \\ cx+dy=h \end{cases}$ 의 해는 $x = \dfrac{\begin{vmatrix} g & b \\ h & d \end{vmatrix}}{\begin{vmatrix} a & b \\ c & d \end{vmatrix}}, y = \dfrac{\begin{vmatrix} a & g \\ c & h \end{vmatrix}}{\begin{vmatrix} a & b \\ c & d \end{vmatrix}}$ 이다.

크래머의 공식을 위의 연립미분방정식에 적용하면

$$u' = \frac{\begin{vmatrix} 0 & y_2 \\ f(x) & y_2' \end{vmatrix}}{\begin{vmatrix} y_1 & y_2 \\ y_1' & y_2' \end{vmatrix}} = -\frac{y_2 f(x)}{y_1 y_2' - y_2 y_1'}$$

$$v' = \frac{\begin{vmatrix} y_1 & 0 \\ y_1' & f(x) \end{vmatrix}}{\begin{vmatrix} y_1 & y_2 \\ y_1' & y_2' \end{vmatrix}} = \frac{y_1 f(x)}{y_1 y_2' - y_2 y_1'}$$

이 된다.

이제 (조건 1)과 (조건 2)를 만족하는 u, v를 위의 미분방정식을 적분하여 얻은 후 이를

$$y_p = uy_1 + vy_2$$

에 대입하여 y_p를 구한다.

어떻게 보면 매개변수변화법은 미정계수법에 비해서 매우 복잡하게 보이나 미정계수법이 미분방정식

$$y'' + p(x)y' + q(x)y = f(x)$$

의 형태 중 $p(x), q(x)$가 상수이고 $f(x)$도 n차 다항식($P_n(x)$), αe^{ax}, $\alpha \cos ax$, $\beta \sin ax$, $\alpha \cos ax + \beta \sin ax$. $P_n(x)e^{ax}$, $P_n(x)\cos ax$, $P_n(x)\sin ax$ 에 한정된다는 점을 고려하면 미정계수법보다 장점이 많다고 할 수 있다.

예제 6

$y'' + 4y = \csc 2x$**의 해를 구하여라.**

풀이 (1) 먼저 $y'' + 4y = 0$의 해를 구하자.

보조방정식 $\lambda^2 + 4 = 0$의 해가 $\lambda = \pm 2i$이므로

$$y_h = C_1 \cos 2x + C_2 \sin 2x$$

이다.

(2) 다음으로 매개변수변화법을 사용하여 y_p를 구해보겠다.

$y_1 = \cos 2x$, $y_2 = \sin 2x$이므로 특수해를 $y_p = u\cos 2x + v\sin 2x$라 두자.

이 y_p가 해가 되기 위해서는 연립미분방정식

$$\begin{cases} u'\cos 2x + v'\sin 2x = 0 \\ u'(-2\sin 2x) + v'(2\cos 2x) = \csc 2x \end{cases}$$

를 만족하는 u, v를 찾아야 한다.

크래머의 공식에 의하면

$$u' = \frac{\begin{vmatrix} 0 & \sin 2x \\ \csc 2x & 2\cos 2x \end{vmatrix}}{\begin{vmatrix} \cos 2x & \sin 2x \\ -2\sin 2x & 2\cos 2x \end{vmatrix}} = -\frac{\sin 2x \csc 2x}{2\cos^2 2x + 2\sin^2 2x} = -\frac{1}{2}$$

$$v' = \frac{\begin{vmatrix} \cos 2x & 0 \\ -2\sin 2x & \csc 2x \end{vmatrix}}{\begin{vmatrix} \cos 2x & \sin 2x \\ -2\sin 2x & 2\cos 2x \end{vmatrix}} = \frac{\cos 2x \csc 2x}{2\cos^2 2x + 2\sin^2 2x} = \frac{1}{2}\cot 2x$$

가 된다.

위의 두 식을 적분하여

$$u = -\frac{1}{2}x, \quad v = \frac{1}{4}\ln|\sin 2x|$$

를 얻고, 이를 $y_p = u\cos 2x + v\sin 2x$에 대입하여

$$y_p = -\frac{1}{2}x\cos 2x + \frac{1}{4}\sin 2x \ln|\sin 2x|$$

를 구한다.

(3) 그러므로 주어진 미분방정식의 해는

$$\begin{aligned} y &= y_h + y_p \\ &= C_1\cos 2x + C_2\sin 2x - \frac{1}{2}x\cos 2x + \frac{1}{4}\sin 2x \ln|\sin 2x| \end{aligned}$$

이다.

예제 7

$y'' + 2y' + y = xe^{-x}\ln x$**의 해를 구하여라.**

풀이 (1) 먼저 $y'' + 2y' + y = 0$의 해를 구하자.

보조방정식 $\lambda^2 + 2\lambda + 1 = (\lambda + 1)^2 = 0$의 해 $\lambda = -1$이 중근이므로

$$y_h = C_1 e^{-x} + C_2 xe^{-x}$$

이다.

(2) 다음으로 매개변수변화법을 사용하여 y_p를 구하여보겠다.

$$y_1 = e^{-x},\ y_2 = xe^{-x}$$

이므로 특수해를

$$y_p = ue^{-x} + vxe^{-x}$$

라 두자.

이 y_p가 해가 되기 위해서는 연립미분방정식

$$\begin{cases} u'e^{-x} + v'xe^{-x} = 0 \\ u'(-e^{-x}) + v'(e^{-x} - xe^{-x}) = xe^{-x}\ln x \end{cases}$$

를 만족하는 u, v를 찾아야 한다.

크래머의 공식에 의하면

$$u' = \frac{\begin{vmatrix} 0 & xe^{-x} \\ xe^{-x}\ln x & e^{-x} - xe^{-x} \end{vmatrix}}{\begin{vmatrix} e^{-x} & xe^{-x} \\ -e^{-x} & e^{-x} - xe^{-x} \end{vmatrix}} = -\frac{x^2e^{-2x}\ln x}{e^{-2x} - xe^{-2x} + xe^{-2x}} = -x^2\ln x$$

$$v' = \frac{\begin{vmatrix} e^{-x} & 0 \\ -e^{-x} & xe^{-x}\ln x \end{vmatrix}}{\begin{vmatrix} e^{-x} & xe^{-x} \\ -e^{-x} & e^{-x} - xe^{-x} \end{vmatrix}} = \frac{xe^{-2x}\ln x}{e^{-2x} - xe^{-2x} + xe^{-2x}} = x\ln x$$

가 된다.
위의 두 식을 적분하여

$$u = -\int x^2 \ln x dx = -\frac{1}{3}x^3 \ln x + \frac{1}{9}x^3$$

$$v = \int x \ln x dx = \frac{1}{2}x^2 \ln x - \frac{1}{4}x^2$$

를 얻고, 이를 $y_p = ue^{-x} + vxe^{-x}$에 대입하여

$$y_p = (-\frac{1}{3}x^3 \ln x + \frac{1}{9}x^3)e^{-x} + (\frac{1}{2}x^3 \ln x - \frac{1}{4}x^3)e^{-x}$$

$$= (\frac{1}{6}x^3 \ln x - \frac{5}{36}x^3)e^{-x}$$

를 구한다.

(3) 그러므로 주어진 미분방정식의 해는

$$y = y_h + y_p$$

$$= C_1 e^{-x} + C_2 xe^{-x} + (\frac{1}{6}x^3 \ln x - \frac{5}{36}x^3)e^{-x}$$

이다.

예제 8

$x^2 y'' - 2xy' + 2y = x^3$의 해를 구하여라.

풀이 미정계수법은 선형미분방정식의 표준형에 따르는 공식이므로 미분방정식의 양변을 x^2으로 나누어

$$y'' - \frac{2}{x}y' + \frac{2}{x^2}y = x$$

로 둔다.

(1) 먼저 $y'' - \frac{2}{x}y' + \frac{2}{x^2}y = 0$의 해를 구하자.

이는 $x^2 y'' - 2xy' + 2y = 0$와 같으므로 코시오일러 미분방정식이다. 특성방정식이

$$m(m-1) - 2m + 2 = m^2 - 3m + 2 = (m-1)(m-2) = 0$$

이 되어 $y_h = C_1 x + C_2 x^2$이다.

(2) 다음으로 매개변수변화법을 사용하여 y_p를 구해보겠다.

$y_1 = x, y_2 = x^2$이므로 특수해를 $y_p = ux + vx^2$라 두자.

이 y_p가 해가 되기 위해서는 연립미분방정식

$$\begin{cases} u'x + v'x^2 = 0 \\ u' \times 1 + v' \times 2x = x \end{cases}$$

를 만족하는 u, v를 찾아야 한다.

크래머의 공식에 의하면

$$u' = \frac{\begin{vmatrix} 0 & x^2 \\ x & 2x \end{vmatrix}}{\begin{vmatrix} x & x^2 \\ 1 & 2x \end{vmatrix}} = -\frac{x^3}{x^2} = -x$$

$$v' = \frac{\begin{vmatrix} x & 0 \\ 1 & x \end{vmatrix}}{\begin{vmatrix} x & x^2 \\ 1 & 2x \end{vmatrix}} = \frac{x^2}{x^2} = 1$$

가 된다.

위의 두 식을 적분하여

$$u = -\frac{1}{2}x^2, \quad v = x$$

를 얻고, 이를 $y_p = ux + vx^2$에 대입하여

$$y_p = -\frac{1}{2}x^3 + x^3 = \frac{1}{2}x^3$$

를 구한다.

(3) 그러므로 주어진 미분방정식의 해는

$$\begin{aligned} y &= y_h + y_p \\ &= C_1x + C_2x^2 + \frac{1}{2}x^3 \end{aligned}$$

이다.

3계 이상의 비제차선형미분방정식에서도 비슷한 방법으로 y_p를 구할 수 있다. 3계 비제차선형미분방정식 $y''' + p(x)y'' + q(x)y' + r(x)y = f(x)$의 보조해를 $y_h = C_1y_1 + C_2y_2 + C_3y_3$라 할 때 y_h의 상수(parameter) C_1, C_2, C_3를 x의 함수 $u(x), v(x), w(x)$로 변환하여 $y_p = uy_1 + vy_2 + wy_3$로 놓은 후 y_p가 해가되는 $u(x), v(x), w(x)$를 찾아내서 특수해 y_p를 구하면 된다.

2계의 경우와 유사한 과정을 통해 $y_p = uy_1 + vy_2 + wy_3$가 해가 되려면

$$\begin{cases} u'y_1 + v'y_2 + w'y_3 = 0 \\ u'y_1' + v'y_2' + w'y_3' = 0 \\ u'y_1'' + v'y_2'' + w'y_3'' = f(x) \end{cases}$$

를 만족해야 한다.
이 연립방정식의 해를 구하기 위해서는 연립방정식의 해를 구하는 크래머의 공식을 적용하면 구할 수 있다.
크래머 공식에 의하면

$$u' = \frac{\begin{vmatrix} 0 & y_2 & y_3 \\ 0 & y_2' & y_3' \\ f(x) & y_2'' & y_3'' \end{vmatrix}}{\begin{vmatrix} y_1 & y_2 & y_3 \\ y_1' & y_2' & y_3' \\ y_1'' & y_2'' & y_3'' \end{vmatrix}}$$

$$v' = \frac{\begin{vmatrix} y_1 & 0 & y_3 \\ y_1' & 0 & y_3' \\ y_1'' & f(x) & y_3'' \end{vmatrix}}{\begin{vmatrix} y_1 & y_2 & y_3 \\ y_1' & y_2' & y_3' \\ y_1'' & y_2'' & y_3'' \end{vmatrix}}$$

$$w' = \frac{\begin{vmatrix} y_1 & y_2 & 0 \\ y_1' & y_2' & 0 \\ y_1'' & y_2'' & f(x) \end{vmatrix}}{\begin{vmatrix} y_1 & y_2 & y_3 \\ y_1' & y_2' & y_3' \\ y_1'' & y_2'' & y_3'' \end{vmatrix}}$$

이 되고, 2계와 같이 각각을 적분하여 u, v, w를 구하고 이를 $y_p = uy_1 + vy_2 + wy_3$에 대입하여 특수해를 구한다.

연습문제

※ 다음 미분방정식의 해를 구하라.

(1) $x^2y'' - xy' + y = \sqrt{x}$

풀이 ① 먼저 $x^2y'' - xy' + y = 0$의 해를 구하자.
특성 방정식 $m(m-1) - m + 1 = 0$의 해가 $m = 1$ 중근이므로

$$y_h = C_1 x + C_2 x \ln x$$

이다.

② 다음으로 매개변수변화법을 사용하여 y_p를 구해보겠다. $y_1 = x$, $y_2 = x\ln x$이므로 특수해를 $y_p = ux + vx\ln x$라 두자.
이 y_p가 해가 되기 위해서는 연립미분방정식

$$\begin{cases} u'x + v'x\ln x = 0 \\ u' + v'(\ln x + 1) = x^{-\frac{3}{2}} \end{cases}$$

를 만족하는 u, v를 찾아야 한다.
크래머의 공식에 의하면

$$u' = \frac{\begin{vmatrix} 0 & x\ln x \\ x^{-\frac{3}{2}} & \ln x + 1 \end{vmatrix}}{\begin{vmatrix} x & x\ln x \\ 1 & \ln x + 1 \end{vmatrix}} = -\frac{x^{-\frac{1}{2}}\ln x}{x} = -x^{-\frac{3}{2}}\ln x$$

$$v' = \frac{\begin{vmatrix} x & 0 \\ 1 & x^{-\frac{3}{2}} \end{vmatrix}}{\begin{vmatrix} x & x\ln x \\ 1 & \ln x + 1 \end{vmatrix}} = \frac{x^{-\frac{1}{2}}}{x} = x^{-\frac{3}{2}}$$

가 된다.
위의 두 식을 적분하여

$$u = -\int x^{-\frac{3}{2}}\ln x\,dx = 2x^{-\frac{1}{2}}\ln x + \int -2x^{-\frac{1}{2}} \times \frac{1}{x}dx = 2x^{-\frac{1}{2}}\ln x + 4x^{-\frac{1}{2}}$$

$$v = \int x^{-\frac{3}{2}}dx = -2x^{-\frac{1}{2}}$$

를 얻고, 이를 $y_p = ux + vx\ln x$에 대입하여

$$y_p = 2\sqrt{x}\ln x + 4\sqrt{x} - 2\sqrt{x}\ln x = 4\sqrt{x}$$

를 구한다.

③ 그러므로 주어진 미분방정식의 해는

$$y = y_h + y_p$$
$$= C_1 x + C_2 x \ln x + 4\sqrt{x}$$

(2) $y'' + y = \cot x$

풀이 ① 먼저 $y'' + y = 0$의 해를 구하자.

보조 $\lambda^2 + 1 = 0$의 해가 $\lambda = \pm\, i$이므로

$$y_h = C_1 \cos x + C_2 \sin x$$

이다.

② 다음으로 매개변수변화법을 사용하여 y_p를 구해보겠다. $y_1 = \cos x\,,\, y_2 = \sin x$이므로 특수해를 $y_p = u\cos x + v\sin x$라 두자.

이 y_p가 해가 되기 위해서는 연립미분방정식

$$\begin{cases} u'\cos x + v'\sin x = 0 \\ u'(-\sin x) + v'\cos x = \cot x \end{cases}$$

를 만족하는 u, v를 찾아야 한다.

크래머의 공식에 의하면

$$u' = \frac{\begin{vmatrix} 0 & \sin x \\ \cot x & \cos x \end{vmatrix}}{\begin{vmatrix} \cos x & \sin x \\ -\sin x & \cos x \end{vmatrix}} = \frac{-\sin x \cot x}{1} = -\sin x \times \frac{\cos x}{\sin x} = -\cos x$$

$$v' = \frac{\begin{vmatrix} \cos x & 0 \\ -\sin x & \cot x \end{vmatrix}}{\begin{vmatrix} \cos x & \sin x \\ -\sin x & \cos x \end{vmatrix}} = \frac{\cos x \cot x}{1} = \cos x \times \frac{\cos x}{\sin x}$$

가 된다.

$$= \frac{\cos^2 x}{\sin x} = \frac{1-\sin^2 x}{\sin x} = \csc x - \sin x$$

위의 두 식을 적분하여

$$u = \int -\cos x\, dx = -\sin x$$

$$v = \int (\csc x - \sin x)dx = -\ln|\csc x + \cot x| + \cos x$$

를 얻고, 이를 $y_p = u\cos x + v\sin x$에 대입하여

$$y_p = -\sin x\cos x + (-\ln|\csc x + \cot x| + \cos x)\sin x = -\sin x \ln|\csc x + \cot x|$$

를 구한다.

③ 그러므로 주어진 미분방정식의 해는

$$y = y_h + y_p$$
$$= C_1\cos x + C_2\sin x - \sin x\ln|\csc x + \cot x|$$ 이다.

(3) $x^2y'' - 2y = x^2\ln x$

풀이 ① 먼저 $x^2y'' - 2y = 0$의 해를 구하자.
특성방정식 $m(m-1) - 2 = m^2 - m - 2 = (m+1)(m-2) = 0$의 해가 $m = -1, 2$이므로

$$y_h = C_1x^{-1} + C_2x^2$$

이다.

② 다음으로 매개변수변화법을 사용하여 y_p를 구해보겠다. $y_1 = x^{-1}, y_2 = x^2$이므로 특수해를 $y_p = ux^{-1} + vx^2$라 두자.
이 y_p가 해가 되기 위해서는 연립미분방정식

$$\begin{cases} u'x^{-1} + v'x^2 = 0 \\ u'(-x^{-2}) + v' \times 2x = \ln x \end{cases}$$

를 만족하는 u, v를 찾아야 한다.
크래머의 공식에 의하면

$$u' = \frac{\begin{vmatrix} 0 & x^2 \\ \ln x & 2x \end{vmatrix}}{\begin{vmatrix} x^{-1} & x^2 \\ -x^{-2} & 2x \end{vmatrix}} = \frac{-x^2\ln x}{3}$$

$$v' = \frac{\begin{vmatrix} x^{-1} & 0 \\ -x^{-2} & \ln x \end{vmatrix}}{\begin{vmatrix} x^{-1} & x^2 \\ -x^{-2} & 2x \end{vmatrix}} = \frac{x^{-1}\ln x}{3}$$

가 된다.
위의 두 식을 적분하여

$$u = \int \frac{-x^2\ln x}{3}dx = \frac{1}{3}\left(-\frac{1}{3}x^3\ln x + \frac{1}{3}\int x^2 dx\right) = -\frac{1}{9}x^3\ln x + \frac{1}{27}x^3$$

$$v = \frac{1}{3}\int \frac{\ln x}{x}dx = \frac{1}{6}(\ln x)^2$$

를 얻고, 이를 $y_p = ux^{-1} + vx^2$에 대입하여

$$y_p = -\frac{1}{9}x^2\ln x + \frac{1}{27}x^2 + \frac{1}{6}(x\ln x)^2$$

를 구한다.

③ 그러므로 주어진 미분방정식의 해는

$$y = y_h + y_p$$
$$= C_1x^{-1} + C_2x^2 - \frac{1}{9}x^2\ln x + \frac{1}{27}x^2 + \frac{1}{6}(x\ln x)^2 \text{이다.}$$

(4) $x^2y'' - 4xy' + 6y = x^4\sin x$

풀이 ① 먼저 $x^2y'' - 4xy' + 6y = 0$의 해를 구하자.
특성 방정식 $m(m-1) - 4m + 6 = m^2 - 5m + 6 = (m-2)(m-3) = 0$의 해가 $m = 2,3$ 이므로

$$y_h = C_1x^2 + C_2x^3$$

이다.

② 다음으로 매개변수변화법을 사용하여 y_p를 구해보겠다. $y_1 = x^2, y_2 = x^3$이므로 특수해를 $y_p = ux^2 + vx^3$이라 두자.
이 y_p가 해가 되기 위해서는 연립미분방정식

$$\begin{cases} u'x^2 + v'x^3 = 0 \\ u'(2x) + v'(3x^2) = x^2\sin x \end{cases}$$

를 만족하는 u, v를 찾아야 한다.
크래머의 공식에 의하면

$$u' = \frac{\begin{vmatrix} 0 & x^3 \\ x^2\sin x & 3x^2 \end{vmatrix}}{\begin{vmatrix} x^2 & x^3 \\ 2x & 3x^2 \end{vmatrix}} = -\frac{x^5\sin x}{x^4} = -x\sin x$$

$$v' = \frac{\begin{vmatrix} x^2 & 0 \\ 2x & x^2\sin x \end{vmatrix}}{\begin{vmatrix} x^2 & x^3 \\ 2x & 3x^2 \end{vmatrix}} = \frac{x^4\sin x}{x^4} = \sin x$$

가 된다.
위의 두 식을 적분하여

$$u = -\int x\sin x\,dx = -(-x\cos x + \sin x) = x\cos x - \sin x$$

$$v = \int \sin x\,dx = -\cos x$$

를 얻고, 이를 $y_p = ux^2 + vx^3$에 대입하여

$$y_p = x^3\cos x - x^2\sin x - x^3\cos x = -x^2\sin x$$

를 구한다.

③ 그러므로 주어진 미분방정식의 해는

$$\begin{aligned} y &= y_h + y_p \\ &= C_1x^2 + C_2x^3 - x^2\sin x \end{aligned}$$

제8장

라플라스 변환

제 8 장 라플라스 변환

8.1 라플라스 변환

라플라스 변환은 비제차 상계수 미분방정식의 초기값 문제인

$$a_n y^{(n)} + \cdots + a_2 y'' + a_1 y' + a_0 y = f(x),$$

$$y(0) = b_0,\ \ y'(0) = b_1,\ \ y''(0) = b_2,\ \cdots\ y^{(n-1)}(0) = b_{n-1}$$

를 ① 대수적 방법으로 해결하거나, ② $f(x)$가 불연속인 경우의 해를 구하기 위하여 사용된다.

이제 라플라스 변환과 역변환을 정의하고 여러 가지 함수의 라플라스 변환과 역변환을 구하여보겠다.

라플라스 변환

$t \in [0\ \ \infty]$에서 정의된 함수 $f(t)$에 대하여 $\int_0^\infty e^{-st} f(t)dt$가 존재한다면 이를 $f(t)$의 라플라스 변환이라 하며, $\mathcal{L}\{f(t)\} = F(s)$로 나타내고 $\mathcal{L}\{f(t)\}$을 $f(t)$의 Laplace 변환이라고 읽는다.
마찬가지로 $y(t)$의 라플라스 변환은 $Y(s)$즉 $\mathcal{L}\{y(t)\} = Y(s)$로 표시하거나, 또는 독립변수를 생략하여 $\mathcal{L}(y) = Y$로 표시한다.
또한, 역으로 표현하면 $\mathcal{L}^{-1}\{F(s)\} = f(t)$가 되며 $\mathcal{L}^{-1}\{F(s)\}$을 $F(s)$의 Laplace 역변환이라고 읽는다.

주의

함수의 적분은 전제조건이 '$g(x)$가 $[a\ \ b]$에서 연속일 때'에서부터 시작한다. 그에 의하면 $[0\ \ \infty)$는 폐구간이 아니기 때문에 $\int_0^\infty g(x)dx$는 정의되지 않는다. 그런데 $[0\ T]$는 폐구간이므로 $\int_0^T g(x)dx$는 정의할 수 있으며 T의 함수로 나타난다. 그러므로 이 함수의 극한 $\lim_{T\to\infty}\int_0^T g(x)dx$은 정의할 수 있고 이 극한이 존재할 때 이를 $\int_0^\infty g(x)dx$로 정의한다. 따라서 $\int_0^\infty e^{-st}f(t)dt = \lim_{T\to\infty}\int_0^T e^{-st}f(t)dt$로 정의할 수 있다. 이 적분은 이상적분(異常積分, improper integral)이라고 부른다.

예제 1

다음을 구하여라.

(1) $\mathcal{L}(1)$　　　　(2) $\mathcal{L}(t)$

(3) $\mathcal{L}(e^{at})$　　　　(4) $\mathcal{L}(\sin\omega t)$

풀이

(1)
$$\begin{aligned}\mathcal{L}(1) &= \lim_{T\to\infty}\int_0^T e^{-st}\times 1\,dt = \lim_{T\to\infty}[-\frac{1}{s}e^{-st}]_0^T \\ &= \lim_{T\to\infty}[-\frac{1}{s}(e^{-sT}-1)] \\ &= -\frac{1}{s}\lim_{T\to\infty}[\frac{1}{e^{sT}}-1] \\ &= \frac{1}{s}\end{aligned}$$

여기에서 주의할 점은 마지막 등호가 성립하기 위해서는 $s>0$인 조건을 만족해야 한다. 그러므로 $F(s)=\frac{1}{s}$의 정의역은 $s\in(0\ \ \infty)$가 된다.

(2)
$$\begin{aligned}\mathcal{L}(t) &= \lim_{T\to\infty}\int_0^T e^{-st}\times t\,dt \\ &= \lim_{T\to\infty}\left\{[-\frac{te^{-st}}{s}]_0^T-\int_0^T(-\frac{1}{s}e^{-st})dt\right\} \\ &= \lim_{T\to\infty}\left\{(-\frac{Te^{-sT}}{s}+0)-[\frac{e^{-st}}{s^2}]_0^T\right\} \\ &= \lim_{T\to\infty}\left\{-\frac{T}{se^{sT}}-(\frac{e^{-sT}}{s^2}-\frac{1}{s^2})\right\} \\ &= \frac{1}{s^2}\end{aligned}$$

(3)
$$\begin{aligned}\mathcal{L}(e^{at}) &= \lim_{T\to\infty}\int_0^T e^{-st}\times e^{at}\,dt \\ &= \lim_{T\to\infty}[\frac{1}{a-s}e^{(a-s)t}]_0^T \\ &= \lim_{T\to\infty}(\frac{1}{a-s}e^{(a-s)T}-\frac{1}{a-s}) \\ &= \frac{1}{s-a}\end{aligned}$$

여기에서 주의할 점은 마지막 등호가 성립하기 위해서는 $s>a$인 조건을 만족해야 한다. 그러므로 $F(s)=\frac{1}{s-a}$의 정의역은 $s\in(a\ \ \infty)$가 된다.

(4) $\mathcal{L}(\sin\omega t) = \lim_{T\to\infty}\int_0^T e^{-st}\times \sin\omega t\, dt$

$$= \lim_{T\to\infty}\left[\frac{e^{-st}(-s\sin\omega t - \omega\cos\omega t)}{(-s)^2+\omega^2}\right]_0^T$$

$$= \lim_{T\to\infty}\left\{\frac{e^{-sT}(-s\sin\omega T - \omega\cos\omega T)}{(-s)^2+\omega^2} + \frac{\omega}{s^2+\omega^2}\right\}$$

$$= \frac{\omega}{s^2+\omega^2}$$

이다. 이 증명에서는 적분공식 중

$$\int e^{ax}\sin bx\, dx = \frac{e^{ax}(a\sin bx - b\cos bx)}{a^2+b^2} + C$$

를 사용하였다.

[예제 1]을 역으로 표현하면 각각,

$$\mathcal{L}^{-1}\left(\frac{1}{s}\right) = 1,\ \mathcal{L}^{-1}\left(\frac{1}{s^2}\right) = t,\ \mathcal{L}^{-1}\left(\frac{1}{s-a}\right) = e^{at},\ \mathcal{L}^{-1}\left(\frac{\omega}{s^2+\omega^2}\right) = \sin\omega t$$

이 된다.

라플라스 변환의 존재정리

$t\in[0\ \infty)$에서 정의된 함수 $f(t)$에 관하여,

(1) $f(t)$는 임의의 구간 $[0\ T)$에서 연속이고

(2) $[T\ \infty)$에서 $e^{-kt}|f(t)| \le M$을 만족하는 실수 k, M이 존재하면 $\mathcal{L}\{f(t)\}$가 존재한다. 이 k를 함수 $f(x)$의 지수위수라고 부른다.

위 존재정리의 증명은 생략한다.

주의

앞으로는 $\lim_{T\to\infty}\int_0^T g(t)dt$로 정의된 $\int_0^\infty g(t)dt$를 $g(t)$의 부정적분 $G(t)+C$를 사용하여 $\int_0^\infty g(t)dt = [G(t)]_{t=0}^{t=\infty}$로 표현하여 계산하겠다.

예제 2

$\mathcal{L}(\sinh\omega t)$**를 구하라. 여기서** $\sinh\omega t = \frac{1}{2}(e^{\omega t} - e^{-\omega t})$**이다.**

풀이

$$\mathcal{L}(\sinh\omega t) = \int_0^\infty e^{-st}\sinh\omega t\,dt$$
$$= \int_0^\infty e^{-st} \times \frac{e^{\omega t} - e^{-\omega t}}{2}dt$$
$$= \int_0^\infty \frac{1}{2} \times \left\{e^{-(s-\omega)t} - e^{-(s+\omega)t}\right\}dt$$
$$= \frac{1}{2}\left[-\frac{1}{s-\omega}e^{-(s-\omega)t} - \left\{-\frac{1}{s+\omega}e^{-(s+\omega)t}\right\}\right]_{t=0}^{t=\infty}$$
$$= \frac{1}{2}\left(\frac{1}{s-\omega} - \frac{1}{s+\omega}\right) = \frac{1}{2} \times \frac{2\omega}{s^2-\omega^2} = \frac{\omega}{s^2-\omega^2}$$

가 됨을 알 수 있다. 단, 이 값이 존재하기 위한 조건은 $s > \omega$이다.

주의

$\sinh\omega t = \frac{1}{2}(e^{\omega t} - e^{-\omega t})$인 것을 감안하면

$$\mathcal{L}\left\{\frac{1}{2}(e^{\omega t} - e^{-\omega t})\right\} = \frac{1}{2}\{\mathcal{L}(e^{\omega t}) - \mathcal{L}(e^{-\omega t})\}$$

가 된다. 이를 일반적으로 표현하면

$$\mathcal{L}\{af(t) + bg(t)\} = a\mathcal{L}\{f(t)\} + b\mathcal{L}\{g(t)\}$$

가 됨을 알 수 있다. 이를 라플라스 변환의 선형성이라고 부르며 이 성질은 적분의 선형성으로부터 나온다.

라플라스 변환의 선형성

$t \in [0\ \infty)$에서 정의된 두 함수 $f(t)$, $g(t)$의 라플라스 변환이 존재하면
임의의 상수 a, b에 대하여 $af(t) + bg(t)$의 라플라스 변환이 존재하며
그 값은

$$\mathcal{L}\{af(t) + bg(t)\} = a\mathcal{L}\{f(t)\} + b\mathcal{L}\{g(t)\}$$

에 의해 구할 수 있다.
이를 역변환에 관한 식으로 표현하면

$$\mathcal{L}^{-1}\{aF(s) + bG(s)\} = a\mathcal{L}^{-1}\{F(s)\} + b\mathcal{L}^{-1}\{G(s)\}$$

이다.

예 라플라스 변환의 선형성에 의하면

$$\begin{aligned}\mathcal{L}(\cosh\omega t) &= \mathcal{L}\left\{\frac{1}{2}(e^{\omega t}+e^{-\omega t})\right\} \\ &= \frac{1}{2}\{\mathcal{L}(e^{\omega t})+\mathcal{L}(e^{-\omega t})\} \\ &= \frac{1}{2}(\frac{1}{s-\omega}+\frac{1}{s+\omega}) \\ &= \frac{s}{s^2-\omega^2}\end{aligned}$$

이다. 마찬가지로

$$\begin{aligned}\mathcal{L}(\sinh\omega t) &= \frac{1}{2}(\frac{1}{s-\omega}-\frac{1}{s+\omega}) \\ &= \frac{\omega}{s^2-\omega^2}\end{aligned}$$

이다.

라플라스 역변환은

$$\mathcal{L}^{-1}(\frac{\omega}{s^2-\omega^2}) = \sinh t,$$

$$\mathcal{L}^{-1}(\frac{s}{s^2-\omega^2}) = \cosh t$$

가 된다.

도함수의 라플라스 변환

$t \in [0 \;\; \infty)$에서 정의된 함수 $f(t)$의 라플라스 변환이 존재하고 $f'(t)$가 연속(또는 조각적 연속)이라면, $f'(t)$의 라플라스 변환이 존재하며

$$\mathcal{L}\{f'(t)\} = s\,\mathcal{L}\{f(t)\} - f(0)$$

이다. 단 $s > k$의 범위에서 정의된다(k는 지수위수).

증명

라플라스 변환의 정의에 따라

$$\mathcal{L}\{f'(t)\} = \int_0^\infty e^{-st} f'(t)dt$$

이다.

오른쪽 이상적분을 하기 위하여 부분적분법을 사용한다.

참고 **부분적분법**

$$\int_0^\infty f'(t)g(t)dt = [f(t)g(t)]_{t=0}^{t=\infty} - \int_0^\infty f(t)g'(t)dt$$

$g(t) = e^{-st}$ 로 놓으면 $g'(t) = -se^{-st}$ 이므로

$$\int_0^\infty e^{-st}f'(t)dt = [f(t)e^{-st}]_{t=0}^{t=\infty} - \int_0^\infty (-se^{-st})f(t)dt$$

이다.

라플라스 변환의 존재 조건에 의하여

$$|f(t)e^{-st}| \le Me^{kt}e^{-st} = Me^{-(s-k)t}$$

이고, $s > k$ 범위에서 $\lim_{t\to\infty} e^{-(s-k)t} = 0$ 이므로,

위의 식은

$$\begin{aligned}\int_0^\infty e^{-st}f'(t)dt &= -f(0) + s\int_0^\infty (e^{-st})f(t)dt \\ &= -f(0) + s\,\mathcal{L}\{f(t)\}\end{aligned}$$

가 된다.

예제 3

$\mathcal{L}(\cos\omega t)$**을 구하여라.**

풀이

$$\begin{aligned}\mathcal{L}(\cos\omega t) &= \mathcal{L}\left\{\left(\frac{1}{\omega}\sin\omega t\right)'\right\} \\ &= \frac{1}{\omega}\mathcal{L}\{(\sin\omega t)'\} \\ &= \frac{1}{\omega}\{s\,\mathcal{L}(\sin\omega t) - \sin 0\} \\ &= \frac{1}{\omega}\times s\times\frac{\omega}{s^2+\omega^2} \\ &= \frac{s}{s^2+\omega^2}\end{aligned}$$

n계 도함수의 라플라스 변환

$t \in [0\ \ \infty)$에서 정의된 함수 $f(t)$의 라플라스 변환이 존재하고 자연수 n과 $s > k$에 대하여 $f', f'', \cdots f^{(n)}$가 존재하며 연속(또는 조각적 연속)이라면, $f^{(n)}$의 라플라스 변환이 존재하며

$$\mathcal{L}\left\{f^{(n)}(t)\right\} = s^n \mathcal{L}\{f(t)\} - s^{n-1}f(0) - s^{n-2}f'(0) - \ldots - f^{(n-1)}(0)$$

이다.

증명

$n=1$일 경우는 도함수의 라플라스 변환에서 정의되었고,

이제 $n=2$인 경우를 증명해 보자.

$$\begin{aligned}\mathcal{L}\{f''(t)\} &= \mathcal{L}\{(f')'(t)\} \\ &= s\,\mathcal{L}\{f'(t)\} - f'(0)\end{aligned}$$

이고, 여기에 도함수의 라플라스 변환 $\mathcal{L}\{f'(t)\} = s\,\mathcal{L}\{f(t)\} - f(0)$을 대입하면

$$\begin{aligned}\mathcal{L}\{f''(t)\} &= s\,[s\,\mathcal{L}\{f(t)\} - f(0)] - f'(0) \\ &= s^2 \mathcal{L}\{f(t)\} - sf(0) - f'(0)\end{aligned}$$

이다.

이제 $n=k-1$인 경우에 윗식이 성립한다고 가정하면

$$\mathcal{L}\left\{f^{(k-1)}(t)\right\} = s^{k-1} \mathcal{L}\{f(t)\} - s^{k-2}f(0) - s^{k-3}f'(0) - \ldots - f^{(k-2)}(0)$$

가 된다.

$\mathcal{L}\left\{f^{(k)}(t)\right\} = \mathcal{L}\left[\left\{f^{(k-1)}\right\}'\right]$이므로

$\mathcal{L}\{f'(t)\} = s\,\mathcal{L}\{f(t)\} - f(0)$의 경우에 f대신 $f^{(k-1)}$을 대입하면

$$\begin{aligned}\mathcal{L}\left\{f^{(k)}(t)\right\} &= \mathcal{L}\left[\left\{f^{(k-1)}\right\}'\right] = s\,\mathcal{L}\left\{f^{(k-1)}(t)\right\} - f^{(k-1)}(0) \\ &= s\left[s^{k-1}\mathcal{L}\{f(t)\} - s^{k-2}f(0) - s^{k-3}f'(0) - \ldots - f^{(k-2)}(0)\right] - f^{(k-1)}(0) \\ &= s^k \mathcal{L}\{f(t)\} - s^{k-1}f(0) - s^{k-2}f'(0) - \ldots - sf^{(k-2)}(0) - f^{(k-1)}(0)\end{aligned}$$

이다.

따라서 수학적 귀납법에 의해 모든 자연수 n에 대하여

$$\mathcal{L}\left\{f^{(n)}(t)\right\} = s^n \mathcal{L}\{f(t)\} - s^{n-1}f(0) - s^{n-2}f'(0) - \ldots - f^{(n-1)}(0)$$

이 성립한다.

예제 4

$n=0,1,2,3,\cdots$ **일 때** $\mathcal{L}(t^n)=\dfrac{n!}{s^{n+1}}$ **임을 증명하라.**

풀이 $n=0,1$에 대해서는 **[예제 1]**에서 증명되었다.

이제 $f(t)=t^n, n=2,3,\ldots$인 경우를 증명하겠다.

$$f'(t)=nt^{n-1},\ f''(t)=n(n-1)t^{n-2},\ \cdots,\ f^{(n)}(t)=n!$$

이다. 또한 n계 도함수의 라플라스 변환에 대한 정리에 의해

$$\mathcal{L}\{f^{(n)}(t)\}=s^n\mathcal{L}\{f(t)\}-s^{n-1}f(0)-s^{n-2}f'(0)-\ldots-f^{(n-1)}(0)$$

이고

$$f(0)=f'(0)=\ldots.f^{(n-1)}(0)=0$$

이므로

$$\begin{aligned}\mathcal{L}\{n!\}&=s^n\mathcal{L}\{t^n\}-s^{n-1}f(0)-s^{n-2}f'(0)-\ldots-f^{(n-1)}(0)\\&=s^n\mathcal{L}\{t^n\}\end{aligned}$$

이다. 또,

$$\mathcal{L}\{n!\}=\frac{n!}{s}$$

이므로

$$\mathcal{L}\{t^n\}=\frac{n!}{s^{n+1}}$$

이다.

예제 5

2계 도함수의 라플라스 변환 정리를 사용하여 $\mathcal{L}(\cos\omega t)$**를 구하여라.**

풀이 $f(t)=\cos\omega t$로 놓으면

$$f'(t)=-\omega\sin\omega t,$$
$$f''(t)=-\omega^2\cos\omega t$$

이고

2계 도함수의 라플라스 변환에 대한 정리에 의하면

$$\mathcal{L}(f'')=s^2\mathcal{L}(f)-sf(0)-s^2f'(0)$$

이므로

$$\mathcal{L}(-\omega^2 \cos\omega t) = s^2 \mathcal{L}(\cos\omega t) - s$$

이고

$$(s^2 + \omega)\mathcal{L}(\cos\omega t) = s$$

이 되어

$$\mathcal{L}(\cos\omega t) = \frac{s}{s^2 + \omega^2}$$

를 구할 수 있다.

s축으로 평행이동한 함수의 라플라스 역변환(제1 이동정리)

$f(t)$의 라플라스 변환이 존재하면

$$\mathcal{L}\{e^{at} f(t)\} = F(s-a)$$

이고, 역으로

$$\mathcal{L}^{-1}\{F(s-a)\} = e^{at} f(t)$$

가 된다.

증명

우변에서부터 식의 증명을 시작하겠다.

라플라스 변환의 정의 $F(s) = \int_0^\infty e^{-st} f(t)dt$에서

s 대신에 $s-a$를 대입하면

$$F(s-a) = \int_0^\infty e^{-(s-a)t} f(t)dt$$

가 되며

$$\int_0^\infty e^{-(s-a)t} f(t)dt = \int_0^\infty e^{-st}\{e^{at} f(t)\}dt$$
$$= \mathcal{L}\{e^{at} f(t)\}$$

가 되어 증명이 완성된다.

예제 6

$y(0)=2,\ y'(0)=1$로 주어졌을 때 $y''-4y'+4y$ 의 라플라스 변환을 도함수의 변환을 사용하여 구하여라.

풀이 라플라스 변환의 선형성에 의하여

$$\mathcal{L}(y''-4y'+4y)=\mathcal{L}(y'')-4\mathcal{L}(y')+4\mathcal{L}(y)$$

이다.
또한 도함수의 라플라스 변환 정리에 의하여

$$\mathcal{L}(y'')=s^2\mathcal{L}(y)-sy(0)-y'(0)$$

이므로

$$\mathcal{L}(y'')=s^2\mathcal{L}(y)-2s-1$$

이고

$$\mathcal{L}(y')=s\mathcal{L}(y)-y(0)=s\mathcal{L}(y)-2$$

이다.
이때 $\mathcal{L}(y)=Y$로 두면

$$\begin{aligned}\mathcal{L}(y''-4y'+4y)&=(s^2Y-2s-1)-4(sY-2)+4Y\\&=(s^2-4s+4)Y-2s+7\end{aligned}$$

이 된다.

예제 7

다음을 구하여라.

(1) $\mathcal{L}(e^t\cos 2t)$ (2) $\mathcal{L}(te^{-\frac{1}{2}t})$ (3) $\mathcal{L}(e^{2t}\sinh\frac{t}{3})$

풀이

(1) $\mathcal{L}(\cos 2t)=\dfrac{s}{s^2+4}$의 s 대신에 $s-1$을 대입하여

$$\mathcal{L}(e^t\cos 2t)=\frac{s-1}{(s-1)^2+4}$$

를 얻을 수 있다.

주의

위의 식을 역변환의 식으로 바꾸면

$$\mathcal{L}^{-1}\left\{\frac{s-1}{(s-1)^2+4}\right\}=e^t\cos 2t$$

가 되는데,

이 좌변을 전개하여 $\mathcal{L}^{-1}(\frac{s-1}{s^2-2s+5})$의 형태로 문제가 출제될 때도

$$\mathcal{L}^{-1}(\frac{s-1}{s^2-2s+5})=\mathcal{L}^{-1}\left\{\frac{s-1}{(s-1)^2+2^2}\right\}$$

의 형태로 바꾸어서 역변환을 구할 수 있다.

(2) $\mathcal{L}(t)=\frac{1}{s^2}$ 이므로

$$\mathcal{L}(te^{-\frac{1}{2}t})=\frac{1}{(s+\frac{1}{2})^2}=\frac{1}{s^2+s+\frac{1}{4}}$$

이다.

주의

위의 식을 역변환의 식으로 바꾸면

$$\mathcal{L}^{-1}(\frac{1}{s^2+s+\frac{1}{4}})=te^{-\frac{1}{2}t}$$

가 되는데,

이 좌변의 분모, 분자에 4를 곱하여 $\mathcal{L}^{-1}(\frac{4}{4s^2+4s+1})$를 구하는 문제로 출제될 경우도

$$\mathcal{L}^{-1}(\frac{4}{4s^2+4s+1})=\mathcal{L}^{-1}(\frac{1}{s^2+s+\frac{1}{4}})=\mathcal{L}^{-1}\left\{\frac{1}{(s+\frac{1}{2})^2}\right\}=te^{-\frac{1}{2}t}$$

의 과정을 통하여 답을 구할 수 있다.

(3) $\mathcal{L}(\sinh\frac{1}{3}t) = \dfrac{\frac{1}{3}}{s^2-(\frac{1}{3})^2} = \dfrac{3}{9s^2-1}$

이므로

$$\mathcal{L}(e^{2t}\sinh\frac{1}{3}t) = \frac{\frac{1}{3}}{(s-2)^2-(\frac{1}{3})^2} = \frac{\frac{1}{3}}{s^2-4s+4-\frac{1}{9}}$$
$$= \frac{3}{9s^2-36s+36-1} = \frac{3}{9(s-2)^2-1}$$

이다.

예제 8

다음을 구하여라.

(1) $\mathcal{L}(3t-\sin t)$　　**(2)** $\mathcal{L}(2e^{-t}+e^{t})$　　**(3)** $\mathcal{L}(2\sin t-\cos t)$

풀이

(1) $\mathcal{L}(3t-\sin t) = 3\mathcal{L}(t) - \mathcal{L}(\sin t) = \dfrac{3}{s^2} - \dfrac{1}{s^2+1}$

(2) $\mathcal{L}(2e^{-t}+e^{t}) = 2\mathcal{L}(e^{-t}) + \mathcal{L}(e^{t}) = \dfrac{2}{s+1} + \dfrac{1}{s-1}$

(3) $\mathcal{L}(2\sin t-\cos t) = 2\mathcal{L}(\sin t) - \mathcal{L}(\cos t) = \dfrac{2}{s^2+1} - \dfrac{s}{s^2+1}$

예제 9

다음을 구하여라.

(1) $\mathcal{L}^{-1}(\dfrac{2s^2+3}{s^4+s^2})$　　**(2)** $\mathcal{L}^{-1}(\dfrac{3s-1}{s^2-1})$

(3) $\mathcal{L}^{-1}(\dfrac{-s+2}{s^2+1})$　　**(4)** $\mathcal{L}^{-1}(\dfrac{2s-12}{s^2-6s+13})$

풀이 라플라스 역변환의 선형성에 의하여 분수함수꼴로 나타나는 함수의 역변환을 구할 때 분수함수의 적분을 할 때와 같이 부분분수로 분해하여 역변환을 구할 수 있다.

(1) 부분분수로 분해하기 위하여 먼저

$$\frac{2s^2+3}{s^4+s^2} = \frac{2s^2+3}{s^2(s^2+1)} = \frac{A}{s} + \frac{B}{s^2} + \frac{Cs+D}{s^2+1}$$

로 놓고 양변에 $s^2(s^2+1)$을 곱하면

$$2s^2+3=As(s^2+1)+B(s^2+1)+s^2(Cs+D)$$

이다.
계수를 비교하면

$$\begin{cases} 3\text{차의 계수 } 0=A+C \\ 2\text{차의 계수 } 2=B+D \\ 1\text{차의 계수 } 0=A \\ 0\text{차의 계수 } 3=B \end{cases}$$

가 되고 이 연립방정식의 해를 구하면

$$A=0,\ B=3,\ C=0,\ D=-1$$

이 되어

$$\frac{2s^2+3}{s^4+s^2}=\frac{3}{s^2}-\frac{1}{s^2+1}$$

로 분해된다. 따라서

$$\begin{aligned} \mathcal{L}^{-1}\left(\frac{2s^2+3}{s^4+s^2}\right) &= \mathcal{L}^{-1}\left(\frac{3}{s^2}-\frac{1}{s^2+1}\right) \\ &= 3\mathcal{L}^{-1}\left(\frac{1}{s^2}\right)-\mathcal{L}^{-1}\left(\frac{1}{s^2+1}\right) \\ &= 3t-\sin t \end{aligned}$$

이다.

(2) 부분분수로 분해하기 위하여 먼저

$$\frac{3s-1}{s^2-1}=\frac{3s-1}{(s+1)(s-1)}=\frac{A}{s+1}+\frac{B}{s-1}$$

로 놓고 양변에 $(s+1)(s-1)$을 곱하면

$$3s-1=A(s-1)+B(s+1)$$

이 된다.
양변에 $s=-1$을 대입하여

$$-4=-2A,\ \text{즉 } A=2$$

를 얻고
$s=1$을 대입하여
$2=2B$, 즉 $B=1$
이 되어

$$\frac{3s-1}{s^2-1}=\frac{2}{s+1}+\frac{1}{s-1}$$

로 분해된다. 따라서

$$\mathcal{L}^{-1}\left(\frac{3s-1}{s^2-1}\right)=\mathcal{L}^{-1}\left(\frac{2}{s+1}+\frac{1}{s-1}\right)$$
$$=2e^{-t}+e^{t}$$

이다.

(2)번의 풀이를

$$\mathcal{L}^{-1}\left(\frac{3s-1}{s^2-1}\right)=3\mathcal{L}^{-1}\left(\frac{s}{s^2-1}\right)-\mathcal{L}^{-1}\left(\frac{1}{s^2-1}\right)$$
$$=3\cosh t-\sinh t$$

라고 두어도 된다.

$$3\cosh t-\sinh t=3\times\frac{e^{t}+e^{-t}}{2}-\frac{e^{t}-e^{-t}}{2}=e^{t}+2e^{-t}$$

이므로 이 두 가지 답은 다른 형태의 같은 답이라고 할 수 있다.

(3) $\mathcal{L}^{-1}\left(\frac{-s+2}{s^2+1}\right)=-\mathcal{L}^{-1}\left(\frac{s}{s^2+1}\right)+\mathcal{L}^{-1}\left(\frac{2}{s^2+1}\right)$

$$=-\cos t+2\sin t$$

이다.

(4) $\mathcal{L}^{-1}\left(\frac{2s-12}{s^2-6s+13}\right)=\mathcal{L}^{-1}\left\{\frac{2(s-3)-6}{(s-3)^2+2^2}\right\}$

$$=2\mathcal{L}^{-1}\left\{\frac{(s-3)}{(s-3)^2+2^2}\right\}-3\left\{\frac{2}{(s-3)^2+2^2}\right\}$$
$$=2e^{3t}\cos 2t-3e^{3t}\sin 2t$$

이다.

적분의 라플라스 변환 정리

$t\in[0\ \ \infty)$에서 정의된 함수 $f(t)$의 라플라스 변환이 존재하고 연속(또는 조각적 연속)이라면 $\int_0^t f(\tau)d\tau$의 라플라스 변환이 존재하며

$$\mathcal{L}\left\{\int_0^t f(\tau)d\tau\right\}=\frac{1}{s}F(s)$$

이다. 또 역으로

$$\mathcal{L}^{-1}\left\{\frac{1}{s}F(s)\right\}=\int_0^t f(\tau)d\tau$$

이다. 단 $s>0, t>0$이다.

증명

$\int_0^t f(\tau)d\tau = g(t)$라 놓으면 $g'(t) = f(t)$이고 여기에 도함수의 라플라스 변환 정리를 사용하면

$$\mathcal{L}\{g'(t)\} = s\{g(t)\} - g(0)$$

이며

$$g(0) = \int_0^0 f(\tau)d\tau = 0$$

이므로

$$\mathcal{L}\{f(t)\} = s\,\mathcal{L}\left\{\int_0^t f(\tau)d\tau\right\}$$

이고 양변을 s로 나눈 후 우변과 좌변을 바꾸면

$$\mathcal{L}\left\{\int_0^t f(\tau)d\tau\right\} = \frac{1}{s}F(s)$$

을 얻는다.

주의

위의 정리는 라플라스 변환보다는 역변환을 구하는 문제에서 많이 사용된다.

예제 10

(1) $\mathcal{L}^{-1}\left\{\frac{1}{s(s^2+1)}\right\}$ (2) $\mathcal{L}^{-1}\left\{\frac{1}{s^3-2s^2+s}\right\}$

풀이

(1) $\mathcal{L}^{-1}(\frac{1}{s^2+1}) = \sin t$이므로

$$\begin{aligned}\mathcal{L}^{-1}\left\{\frac{1}{s(s^2+1)}\right\} &= \int_0^t \sin\tau d\tau = [-\cos\tau]_{\tau=0}^{\tau=t} \\ &= -\cos t - (-\cos 0) \\ &= -\cos t + 1\end{aligned}$$

이고, 여기서

$$\frac{1}{s(s^2+1)}=\frac{A}{s}+\frac{Bs+C}{s^2+1}$$

로 분할하여 A, B, C 를 찾아보면 $A=1, B=-1, C=0$가 되어

$$\frac{1}{s(s^2+1)}=\frac{1}{s}-\frac{s}{s^2+1}$$

이며

$$\begin{aligned}\mathcal{L}^{-1}\left\{\frac{1}{s(s^2+1)}\right\}&=\mathcal{L}^{-1}\left(\frac{1}{s}-\frac{s}{s^2+1}\right)\\&=1-\cos t\end{aligned}$$

가 되는 것과도 일치한다.

(2) $\dfrac{1}{s^3-2s^2+s}=\dfrac{1}{s(s-1)^2}$ 이고 $\mathcal{L}^{-1}\left\{\dfrac{1}{(s-1)^2}\right\}=te^t$ 이므로

$$\begin{aligned}\mathcal{L}^{-1}\left\{\frac{1}{s(s-1)^2}\right\}&=\int_0^t \tau e^{\tau}d\tau\\&=[\tau e^{\tau}-e^{\tau}]_{\tau=0}^{\tau=t}\\&=te^t-e^t+1\end{aligned}$$

이다.

이 문제를 다른 방법으로 풀어보자. 부분분수로 분해하기 위하여 먼저 $\dfrac{1}{s(s-1)^2}=\dfrac{A}{s}+\dfrac{B}{s-1}+\dfrac{C}{(s-1)^2}$ 로 놓으면

$A=1,\ B=-1,\ C=1$이며

$$\frac{1}{s(s-1)^2}=\frac{1}{s}-\frac{1}{s-1}+\frac{1}{(s-1)^2}$$

로 분해되어

$$\begin{aligned}\mathcal{L}^{-1}\left\{\frac{1}{s(s-1)^2}\right\}&=\mathcal{L}^{-1}\left\{\frac{1}{s}-\frac{1}{s-1}+\frac{1}{(s-1)^2}\right\}\\&=1-e^t+te^t\end{aligned}$$

이 되고 이는 첫 번째의 답과 같아진다.

연습문제

1. 다음 함수의 라플라스 변환을 구하여라.

(1) $f(t) = \cos 3t$

풀이

[예제 3]의 $\mathcal{L}(\cos\omega t) = \dfrac{s}{s^2+\omega^2}$ 에 의해

$$\mathcal{L}(\cos 3t) = \frac{s}{s^2+3^2}$$

이다.

(2) $f(t) = t^3 e^{-2t}$

풀이

$\mathcal{L}(t^3) = \dfrac{3!}{s^4}$ 와 제1 이동정리 $\mathcal{L}\{e^{at}f(t)\} = F(s-a)$에 의해

$$\mathcal{L}\{t^3 e^{-2t}\} = \frac{3!}{(s+2)^4}$$

이다.

(3) $f(t) = e^{2t}\cosh\dfrac{1}{2}t$

풀이

$\mathcal{L}(\cosh\dfrac{1}{2}t) = \dfrac{s}{s^2-(\frac{1}{2})^2} = \dfrac{4s}{4s^2-1}$ 이므로 제 1 이동정리에 의해

$$\mathcal{L}(e^{2t}\cosh\frac{1}{2}t) = \frac{4(s-2)}{4(s-2)^2-1} = \frac{4s-8}{4s^2-16s+15}$$

이다.

(4) $f(t) = \displaystyle\int_0^t (\sin 2\tau + \cosh\tau - 0.5\tau^3 + e^{-\frac{1}{3}\tau})d\tau$

풀이

$\mathcal{L}\left\{\displaystyle\int_0^t f(\tau)d\tau\right\} = \dfrac{1}{s}F(s)$이므로 먼저

$$\mathcal{L}(\sin 2t + \cosh t - 0.5t^3 + e^{-\frac{1}{3}t}) = \frac{2}{s^2+4} + \frac{s}{s^2-1} - \frac{1}{2}\times\frac{3!}{s^4} + \frac{1}{s+\frac{1}{3}}$$

$$= \frac{2}{s^2+4} + \frac{s}{s^2-1} - \frac{3}{s^4} + \frac{3}{3s+1}$$

을 구하여

$$\mathcal{L}\left\{\int_0^t (\sin 2\tau + \cosh\tau - 0.5\tau^3 + e^{-\frac{1}{3}\tau})d\tau\right\}$$
$$= \frac{1}{s}\left(\frac{2}{s^2+4} + \frac{s}{s^2-1} - \frac{3}{s^4} + \frac{3}{3s+1}\right)$$

을 구한다.

2. 다음 함수의 라플라스 역변환을 구하여라.

(1) $F(s) = \dfrac{s^2}{(s-1)^4}$

풀이 부분분수로 분해하기 위하여 먼저

$\dfrac{s^2}{(s-1)^4} = \dfrac{A}{s-1} + \dfrac{B}{(s-1)^2} + \dfrac{C}{(s-1)^3} + \dfrac{D}{(s-1)^4}$ 으로 놓는다.

양변에 $(s-1)^4$을 곱하면

$$s^2 = A(s-1)^3 + B(s-1)^2 + C(s-1) + D$$

가 되고

$s=1$ 을 대입하면 $D=1$

3차항의 계수를 비교하여 $A=0$

2차항의 계수를 비교하여 $B=1$

1차항의 계수를 비교하여 $-2B+C=0$ 즉 $C=2$를 얻는다.

따라서

$$\frac{s^2}{(s-1)^4} = \frac{1}{(s-1)^2} + \frac{2}{(s-1)^3} + \frac{1}{(s-1)^4}$$

로 분해되고

$$\mathcal{L}^{-1}\left\{\frac{s^2}{(s-1)^4}\right\} = (t + t^2 + \frac{1}{3!}t^3)e^t$$

이다.

(2) $F(s) = \dfrac{4s}{4s^2+4s+10}$

풀이

$$F(s) = \frac{s}{s^2+s+\frac{10}{4}} = \frac{s+\frac{1}{2}-\frac{1}{2}}{(s+\frac{1}{2})^2+(\frac{3}{2})^2}$$

$$= \frac{s+\frac{1}{2}}{(s+\frac{1}{2})^2+(\frac{3}{2})^2} - \frac{1}{3} \times \frac{\frac{3}{2}}{(s+\frac{1}{2})^2+(\frac{3}{2})^2}$$

$$\mathcal{L}^{-1}\left\{\frac{s}{s^2+(\frac{3}{2})^2}\right\} = \cos\frac{3}{2}t$$

이므로

$$\mathcal{L}^{-1}\left\{\frac{s+\frac{1}{2}}{(s+\frac{1}{2})^2+(\frac{3}{2})^2}\right\} = e^{-\frac{1}{2}t}\cos\frac{3}{2}t$$

이고

$$\mathcal{L}^{-1}\left\{\frac{\frac{3}{2}}{s^2+(\frac{3}{2})^2}\right\} = \sin\frac{3}{2}t$$

이므로

$$\mathcal{L}^{-1}\left\{\frac{\frac{3}{2}}{(s+\frac{1}{2})^2+(\frac{3}{2})^2}\right\} = e^{-\frac{1}{2}t}\sin\frac{3}{2}t$$

이다. 그러므로

$$\mathcal{L}^{-1}\left(\frac{4s}{4s^2+4s+10}\right) = e^{-\frac{1}{2}t}\cos\frac{3}{2}t - \frac{1}{3}e^{-\frac{1}{2}t}\sin\frac{3}{2}t$$

이다.

(3) $F(s) = \dfrac{s^2-3}{s^4+s^3-3s^2-17s-30}$

풀이 부분분수로 분해하기 위하여 분모를 인수분해 한다.
$F(s)$의 s에 -2를 대입하면 0이 되고 나머지 정리에 의하여 $(s+2)$로 나누어진다.
또 s에 3을 대입하여도 0이 되고 나머지 정리에 의하여 $(s-3)$도 인수가 된다.
조립제법을 두 번 사용하여

$$s^4+s^3-3s^2-17x-30 = (s+2)(s-3)(s^2+2s+5)$$

로 인수분해 된다.
$F(s)$를 부분분수로 분해하기 위하여

$$\frac{s^2-3}{(s+2)(s-3)(s^2+2s+5)}=\frac{A}{s+2}+\frac{B}{s-3}+\frac{Cs+D}{s^2+2s+5}$$

로 놓는다.

양변에 $(s+2)(s-3)(s^2+2s+5)$를 곱하면

$$\begin{aligned}s^2-3 &= A(s-3)(s^2+2s+5)+B(s+2)(s^2+2s+5)\\&\quad+(Cs+D)(s+2)(s-3)\end{aligned}$$

이다.

A, B, C, D를 구하기 위하여

양변에 $s=-2$를 대입하면 $A=-\dfrac{1}{25}$이고,

양변에 $s=3$을 대입하면 $B=\dfrac{3}{50}$,

양변의 3차항의 계수를 비교하면 $A+B+C=0$이므로 $C=-\dfrac{1}{50}$,

상수항을 비교하면 $-15A+10B-6D=-3$이므로 $D=\dfrac{7}{10}$이다.

A, B, C, D를 대입하면

$$F(s)=\frac{1}{50}\left(\frac{-2}{s+2}+\frac{3}{s-3}+\frac{-s+35}{s^2+2s+5}\right)$$

로 분해된다. 라플라스 역변환을 구하기 위하여

$$\frac{-s+35}{s^2+2s+5}=\frac{-(s+1)+36}{(s+1)^2+2^2}=-\frac{(s+1)}{(s+1)^2+2^2}+18\times\frac{2}{(s+1)^2+2^2}$$

로 변형하면

$$\begin{aligned}F(s)&=\frac{1}{50}\left\{\frac{-2}{s+2}+\frac{3}{s-3}+\frac{-(s+1)+36}{(s+1)^2+2^2}\right\}\\&=\frac{1}{50}\left\{\frac{-2}{s+2}+\frac{3}{s-3}-\frac{(s+1)}{(s+1)^2+2^2}+18\times\frac{2}{(s+1)^2+2^2}\right\}\end{aligned}$$

이므로

$$\mathcal{L}^{-1}\{F(s)\}=\frac{1}{50}(-2e^{-2t}+3e^{3t}-e^{-t}\cos 2t+18e^{-t}\sin 2t)$$

이다.

(4) $F(s)=\dfrac{s}{s^2-2s-3}$

풀이 부분분수로 분해하기 위하여 분모를 인수분해하면

$$s^2-2s-3=(s+1)(s-3)$$

이므로

$$\frac{s}{s^2-2s-3}=\frac{A}{s+1}+\frac{B}{s-3}$$

로 놓는다.
양변에 $(s+1)(s-3)$을 곱하면

$$s=A(s-3)+B(s+1)$$

이 되고, $s=-1$을 대입하여 $A=\frac{1}{4}$,

$s=3$을 대입하여 $B=\frac{1}{4}$를 얻는다.
그러므로

$\frac{s}{s^2-2s-3}=\frac{1}{4}(\frac{1}{s+1}+\frac{1}{s-3})$로 분해되어

$$\mathcal{L}^{-1}\{F(s)\}=\frac{1}{4}(e^{-t}+e^{3t})$$

이다.

8.2 라플라스 변환을 사용한 상수계수 선형미분방정식의 초깃값 문제 풀이

7장의 **[예제 2]**에서 다룬 초기값 문제를 살펴보자. 8장에서 라플라스 변환의 독립변수는 t로 하므로 $y(t)$로 생각하겠다.

7장의 **[예제 2]**의 독립변수 x를 t로 바꾸어

$y''-4y'+4y=(9t-6)e^{-t}$, $y(0)=2$, $y'(0)=1$의 해를 단계별로 구해보자.

① 먼저 $y''-4y'+4y=0$의 해를 구하자.
보조방정식 $\lambda^2-4\lambda+4=(\lambda-2)^2=0$의 해 $\lambda=2$가 중근이므로

$$y_h=C_1e^{2t}+C_2te^{2t}$$

이다.

② 다음으로 $f(t)$가 $(9t-6)e^{-t}$이므로 $y_p=(At+B)e^{-t}$로 가정하여 주어진 미분방정식에 대입하여 보자.

$$y_p'=Ae^{-t}-(At+B)e^{-t}=(-At+A-B)e^{-t}$$

$$y_p'' = -Ae^{-t} + (At - A + B)e^{-t} = (At - 2A + B)e^{-t}$$

이므로

$$\begin{aligned} y_p'' - 4y_p' + 4y_p &= (At - 2A + B)e^{-t} - 4(-At + A - B)e^{-t} + 4(At + B)e^{-t} \\ &= (9At - 6A + 9B)e^{-t} \\ &= (9t - 6)e^{-t} \end{aligned}$$

이 된다.
이 식을 만족하는 A, B 를 연립방정식

$$\begin{cases} 9A = 9 \\ -6A + 9B = -6 \end{cases}$$

에 의해 구하면

$$A = 1, B = 0$$

이 되어

$$y_p = te^{-t}$$

를 구할 수 있다.

③ 따라서 주어진 비제차선형미분방정식의 일반해는

$$y = y_h + y_p = C_1e^{2t} + C_2te^{2t} + te^{-t}$$

이다.

④ 다음 단계로 조건 $y(0) = 2$, $y'(0) = 1$을 만족하는 C_1, C_2를 찾는다.

$$y(0) = C_1 = 2$$

이므로

$$C_1 = 2$$

이다.

$$y' = 2C_1e^{2t} + C_2e^{2t} + 2C_2te^{2t} + e^{-t} - te^{-t}$$

이므로

$$y'(0) = 2C_1 + C_2 + 1 = 1$$

이 되어

$$C_2 = -4$$

를 얻는다. 이렇게 얻은 C_1, C_2를 일반해에 대입하여,
특수해

$$y = 2e^{2t} - 4te^{2t} + te^{-t}$$

를 구했다.

이상은 7장의 **[예제 2]**에 대한 독립변수 x를 t로 바꾼 비제차선형미분방정식의 풀이 과정이고, 이제는 라플라스 변환에 의해 구해보자.

먼저 위 예제의 독립변수를 라플라스 변환에 맞추어 t로 바꾸고, 좌변을 n계 도함수의 라플라스 변환에 관한 정리를 사용하여 변환하면

$$\mathcal{L}(y'' - 4y' + 4y) = (s^2 - 4s + 4)Y - 2s + 7$$

이 된다.

우변도 라플라스 변환을 하면

$$\mathcal{L}\{(9t-6)e^{-t}\} = \frac{9}{(s+1)^2} - \frac{6}{s+1}$$

이 되어 양변을 라플라스 변환한 결과 $(s^2 - 4s + 4)Y - 2s + 7 = \frac{9}{(s+1)^2} - \frac{6}{s+1}$

이 된다. 이 등식에 의하여

$$(s^2 - 4s + 4)Y = 2s - 7 + \frac{9}{(s+1)^2} - \frac{6}{s+1}$$

임을 알 수 있고, 우리는

$$Y = \frac{1}{s^2 - 4s + 4}\left\{2s - 7 + \frac{9}{(s+1)^2} - \frac{6}{s+1}\right\}$$

을 얻는다.

이것을 역변환하면 주어진 상수계수선형미분방정식 초깃값 문제의 해를 구할 수 있다.

Y를 역변환하기 위하여 중괄호 안을 통분하고 분모를 인수분해하면

$$\begin{aligned} Y &= \frac{(2s-7)(s+1)^2+9-6(s+1)}{(s+1)^2(s-2)^2} \\ &= \frac{2s^3-3s^2-18s-22}{(s+1)^2(s-2)^2} \end{aligned}$$

이다.

이 역변환 y를 구하면 미분방정식의 해를 구하게 된다. y를 구하기 위하여 우변을

$$\frac{2s^3-3s^2-18s-4}{(s+1)^2(s-2)^2} = \frac{A}{s+1} + \frac{B}{(s+1)^2} + \frac{C}{s-2} + \frac{D}{(s-2)^2}$$

로 놓는다. 양변에 $(s+1)^2(s-2)^2$를 곱하면

$$2s^3-3s^2-18s-4 = A(s+1)(s-2)^2 + B(s-2)^2 + C(s+1)^2(s-2) + D(s+1)^2$$

이 되고

등식의 양변에 $s=-1$을 대입하여

$9=9B$가 되어 $B=1$을 얻고

등식의 양변에 $s=2$를 대입하면

$-36=9D$가 되어 $D=-4$을 구한다.

2차식의 계수를 비교하여

$-3=-3A+B+D$ 즉 $A=0$

3차식의 계수를 비교하여

$2=A+C$ 이 되어 $C=2$을 구한다.

그러므로

$$Y = \frac{1}{(s+1)^2} + \frac{2}{s-2} - \frac{4}{(s-2)^2}$$

으로 분해되고

양변을 역변환하여 미분방정식의 해는

$$y = te^{-t} + 2e^{2t} - 4te^{2t}$$

이다.

즉, 독립변수 x를 t로 바꾼 비제차선형미분방정식의 풀이와 라플라스 변환에 의해 구한 해는 같다.

라플라스 변환은 위의 문제와 같이 상수계수 선형미분방정식의 초깃값 문제를 해결하는 때 쓰이기도 하지만 우변이 불연속이어서 지금까지의 방법으로는 해를 구할 수 없는 문제에서 유용하게 사용될 수 있다. 이와 같은 경우는 다음 절에서 다루도록 하겠다.

이제 3계비제차선형미분방정식의 예로 7장의 **[연습문제]** 중

(4) $y''' - 3y'' + 3y' - y = 6e^x$, $y(0) = 1$, $y'(0) = 0$, $y''(0) = 0$의 해를 위와 같이 두 가지 방법으로 구해보자.

먼저 7장에서의 풀이 과정을 따르면

① $y''' - 3y'' + 3y' - y = 0$의 해를 구해야 한다.

보조방정식 $\lambda^3 - 3\lambda^2 + 3\lambda - \lambda = (\lambda - 1)^3 = 0$의 해 $\lambda = 1$이 삼중근이므로

$$y_h = C_1 e^x + C_2 x e^x + C_3 x^2 e^x$$

이다.

② $f(x) = 6e^x$이므로 $y_p = Ax^3 e^x$로 가정하여 미분방정식에 대입한다.

$$y_p' = (Ax^3 + 3Ax^2)e^x,$$
$$y_p'' = (Ax^3 + 6Ax^2 + 6Ax)e^x$$
$$y_p''' = (Ax^3 + 9Ax^2 + 18Ax + 6A)e^x$$

을 주어진 미분방정식에 대입한다.

$$\begin{aligned} & y_p''' - 3y_p'' + 3y_p' - y_p \\ &= Ae^x\{(x^3 + 9x^2 + 18x + 6) - 3(x^3 + 6x^2 + 6x) + 3(x^3 + 3x^2) - x^3\} \\ &= 6Ae^x \end{aligned}$$

가 되며, 주어진 미분방정식을 만족하는 $A = 1$이므로

$$y_p = x^3 e^x$$

를 구할 수 있다.

③ 그러므로 주어진 미분방정식의 일반해는

$$y = C_1 e^x + C_2 x e^x + C_3 x^2 e^x + x^3 e^x$$

이다.

④ $y(0)=1,\ y'(0)=0,\ y''(0)=0$를 만족하는 $C_1,\ C_2,\ C_3$를 구하기 위해

$$y' = (C_1 + C_2 + C_2 x + 2C_3 x + 3x^2 + C_3 x^2 + x^3)e^x$$
$$y'' = (C_1 + 2C_2 + 2C_3 + 6x + C_2 x + 4C_3 x + 6x^2 + C_3 x^2 + x^3)e^x$$

를 구한다.

$$y(0) = C_1 = 1$$
$$y'(0) = C_1 + C_2 = 0$$
$$y''(0) = C_1 + 2C_2 + 2C_3 = 0$$

를 연립하면

$$C_1 = 1,\ \ C_2 = -1,\ C_3 = \frac{1}{2}$$

를 구할 수 있다.

따라서 주어진 미분방정식의 특수해는

$$y = e^x - xe^x + \frac{1}{2}x^2 e^x + x^3 e^x$$

이다.

이제 이 문제를 라플라스 변환을 이용하여 구해보자.

독립변수 x를 t로 바꾸어

$$y''' - 3y'' + 3y' - y = 6e^t,\ y(0) = 1,\ \ y'(0) = 0,\ \ y''(0) = 0$$

으로 놓는다.

① 좌변을 n계 도함수의 라플라스 변환에 관한 정리를 사용하여 변환하면

$$\mathcal{L}(y''') = s^3\mathcal{L}(y) - s^2y(0) - sy'(0) - y''(0) = s^3Y - s^2$$
$$\mathcal{L}(y'') = s^2\mathcal{L}(y) - sy(0) - y'(0) = s^2Y - s$$
$$\mathcal{L}(y') = s\mathcal{L}(y) - y(0) = sY - 1$$

이 되어

$$\begin{aligned}\mathcal{L}(y''' - 3y'' + 3y' - y) &= s^3Y - s^2 - 3(s^2Y - s) + 3(sY - 1) - Y \\ &= (s^3 - 3s^2 + 3s - 1)Y - s^2 + 3s - 3 \\ &= (s-1)^3Y - s^2 + 3s - 3\end{aligned}$$

이 된다.

② 우변을 라플라스 변환하면

$$\mathcal{L}(6e^t) = \frac{6}{s-1}$$

이 된다.

③ 따라서 양변을 라플라스 변환한 결과로

$$(s-1)^3Y - s^2 + 3s - 3 = \frac{6}{s-1}$$
$$(s-1)^3Y = s^2 - 3s + 3 + \frac{6}{s-1}$$

이 되고

$$\begin{aligned}Y &= \frac{1}{(s-1)^3}\times\left(s^2 - 3s + 3 + \frac{6}{s-1}\right) \\ &= \frac{1}{(s-1)^3}\times\left(\frac{s^3 - 4s^2 + 6s + 3}{s-1}\right) \\ &= \frac{s^3 - 4s^2 + 6s + 3}{(s-1)^4}\end{aligned}$$

이다. 즉,

$$Y = \frac{s^3 - 4s^2 + 6s + 3}{(s-1)^4}$$

이다.

이 식의 우변을 부분분수로 분해하기 위하여

$$\frac{s^3-4s^2+6s+3}{(s-1)^4}=\frac{A}{s-1}+\frac{B}{(s-1)^2}+\frac{C}{(s-1)^3}+\frac{D}{(s-1)^4}$$

로 놓는다. 양변에 $(s-1)^4$을 곱하면

$$s^3-4s^2+6s+3=A(s-1)^3+B(s-1)^2+C(s-1)+D$$

이 되고
양변에 $s=1$을 대입하여 $D=6$을 구하고, 3차 계수를 비교하여 $A=1$, 2차 계수를 비교하여 $B=-1$, 1차 계수를 비교하여 $C=1$을 구한다. 따라서

$$Y=\frac{s^3-4s^2+6s+3}{(s-1)^4}=\frac{1}{s-1}-\frac{1}{(s-1)^2}+\frac{1}{(s-1)^3}+\frac{6}{(s-1)^4}$$

로 분해되고 양변을 역변환하여 특수해

$$y=e^t-te^t+\frac{1}{2}t^2e^t+t^3e^t$$

을 구한다.
위의 예와 같이 라플라스 변환을 사용하면 미분을 하지 않고 초기값 문제의 해를 대수적 연산, 덧셈, 뺄셈, 곱셈, 나눗셈만을 이용하여 구할 수 있다.

예제 11

$y''-y=t^2+2$, $y(0)=5$, $y'(0)=5$의 해를 구하여라.

풀이 도함수의 라플라스 변환 정리에 의하여

$$\mathcal{L}(y'')=s^2Y-5s-5$$

이고, 라플라스 변환 공식에 의하여

$$\mathcal{L}(t^2+2)=\frac{2}{s^3}+\frac{2}{s}$$

이므로, 양변을 라플라스 변환하면

$$s^2Y-5s-5-Y=\frac{2}{s^3}+\frac{2}{s}$$

이다.

이를 정리하면

$$Y=\frac{5s^3(s+1)+2(s^2+1)}{s^3(s^2-1)}$$

이 된다. 우변을 부분분수로 분해하기 위하여

$$\frac{5s^3(s+1)+2(s^2+1)}{s^3(s+1)(s-1)}=\frac{A}{s}+\frac{B}{s^2}+\frac{C}{s^3}+\frac{D}{s+1}+\frac{E}{s-1}$$

로 놓는다.

양변에 $s^3(s+1)(s-1)$을 곱하면

$$\begin{aligned}5s^4+5s^3+2s^2+2 &= As^2(s+1)(s-1)+Bs(s+1)(s-1)\\ &\quad +C(s+1)(s-1)+Ds^3(s-1)+Es^3(s+1)\end{aligned}$$

가 되고

양변에 $s=-1$을 대입하여 $4=2D,\ D=2$

$s=1$을 대입하여 $14=2E,\ E=7$

$s=0$를 대입하여 $2=-C,\ C=-2$를 얻고

4차 계수를 비교하여 $5=A+D+E$이므로 $A=-4$

3차 계수를 비교하여 $5=B-D+E$ 이므로 $B=0$

2차 계수를 비교하여 $2=-A+C,\ C=-2$를 얻는다. 따라서

$$Y=-\frac{4}{s}-\frac{2}{s^3}+\frac{2}{s+1}+\frac{7}{s-1}$$

로 분해되고 양변을 역변환하여 주어진 미분방정식의 해

$$y=-4-t^2+2e^{-t}+7e^t$$

를 구한다.

예제 12

다음 적분방정식의 해를 구하여라.

$$y=2e^{-3t}-\sin t-\int_0^t y(\tau)d\tau$$

풀이 양변을 라플라스 변환하면 적분의 라플라스 변환 정리

$$\mathcal{L}\left\{\int_0^t y(\tau)d\tau\right\}=\frac{1}{s}Y(s)$$

에 의하여

$$Y=\frac{2}{s+3}-\frac{1}{s^2+1}-\frac{1}{s}Y$$

이고, 정리하면

$$\left(1+\frac{1}{s}\right)Y=\frac{2}{s+3}-\frac{1}{s^2+1}=\frac{2s^2-s-1}{(s+3)(s^2+1)}$$

$$Y=\frac{2s^3-s^2-s}{(s+3)(s+1)(s^2+1)}$$

이 된다.

우변을 부분분수로 분해하기 위하여

$$Y=\frac{2s^3-s^2-s}{(s+3)(s+1)(s^2+1)}=\frac{A}{s+3}+\frac{B}{s+1}+\frac{Cs+D}{s^2+1}$$

로 놓는다.

양변에 $(s+3)(s+1)(s^2+1)$을 곱하여 등식

$$2s^3-s^2-s=A(s+1)(s^2+1)+B(s+3)(s^2+1)$$
$$+(Cs+D)(s+3)(s+1)$$

을 얻고

양변에 $s=-3$을 대입하여 $-60=-20A$이므로 $A=3$

양변에 $s=-1$을 대입하여 $-2-1+1=4B$ 이므로 $B=-\frac{1}{2}$

3차의 계수를 비교하여 $2=A+B+C$이므로 $C=-\frac{1}{2}$

상수를 비교하여 $0=A+3B+3D$이므로 $D=-\frac{1}{2}$을 얻는다.

따라서

$$Y=\frac{3}{s+3}-\frac{1}{2}\times\frac{1}{s+1}-\frac{1}{2}\times\frac{s+1}{s^2+1}$$

로 분해되고 양변을 역변환하면

$$y=3e^{-3t}-\frac{1}{2}e^{-t}-\frac{1}{2}\cos t-\frac{1}{2}\sin t$$

이다.

예제 13

미적분방정식 $y'-4y+4\int_0^t y(\tau)d\tau=1,\ y(0)=0$의 해를 구하여라.

풀이

도함수의 라플라스 변환과 적분의 라플라스 변환정리 $\mathcal{L}\left\{\int_0^t y(\tau)d\tau\right\}=\frac{1}{s}Y(s)$에 의하여

$$\mathcal{L}(y') = sY, \quad \mathcal{L}\left\{4\int_0^t y(\tau)d\tau\right\} = \frac{4Y}{s}$$

이고
이므로, 주어진 미적분방정식의 양변을 라플라스 변환하면

$$sY - 4Y + \frac{4Y}{s} = \frac{1}{s}$$

이다. 정리하면

$$Y = \frac{1}{s^2 - 4s + 4} = \frac{1}{(s-2)^2}$$

이므로, 양변을 역변환하여 미적분방정식의 해

$$y = te^{2t}$$

를 얻는다.

연습문제

1. 라플라스 변환을 사용하여 $y'' + 2y' + 5y = 0$, $y(0) = 2$, $y'(0) = 0$의 해를 구하여라.

풀이 도함수의 라플라스 변환 정리에 의하여

$$\mathcal{L}(y'') = s^2 Y - 2s, \quad \mathcal{L}(y') = sY - 2, \quad \mathcal{L}(y) = Y$$

이고 라플라스 변환의 정의에 의하여 $\mathcal{L}(0) = 0$이므로 양변을 라플라스 변환하면

$$s^2 Y - 2s + 2(sY - 2) + 5Y = 0$$

이다.
이를 정리하면

$$Y = \frac{2s+4}{s^2+2s+5} = \frac{2(s+1)}{(s+1)^2+2^2} + \frac{2}{(s+1)^2+2^2}$$

이 된다. 양변을 역변환하여 주어진 미분방정식의 초깃값 문제의 해

$$y = 2e^{-t}\cos 2t + e^{-t}\sin 2t$$

를 구한다.

2. 라플라스 변환을 사용하여 $y'' + 2y' = 0, y(0) = 0, y'(0) = -3$의 해를 구하여라.

풀이 도함수의 라플라스 변환 정리에 의하여

$$\mathcal{L}(y'') = s^2 Y + 3, \quad \mathcal{L}(y') = sY$$

이고 라플라스 변환의 정의에 의하여 $\mathcal{L}(0)=0$이므로 양변을 라플라스 변환하면

$$s^2 Y+3+2sY=0$$

이고, 이를 정리하면

$$Y=-\frac{3}{s^2+2s}=-\frac{3}{s(s+2)}$$

이 된다.
이것을

적분의 라플라스 변환의 공식 $\mathcal{L}^{-1}\left\{\frac{1}{s}F(s)\right\}=\int_0^t f(\tau)d\tau$를 사용하면 해

$$y=\mathcal{L}^{-1}\left\{\frac{1}{s}\left(-\frac{3}{s+2}\right)\right\}$$

$$=\int_0^t -3e^{-2\tau}d\tau$$

$$=\left[\frac{3}{2}e^{-2\tau}\right]_{\tau=0}^{\tau=t}$$

$$=\frac{3}{2}(e^{-2t}-1)$$

이다.

3. 라플라스 변환을 사용하여 $2y''+3y'-2y=0$, $y(0)=1, y'(0)=3$**의 해를 구하여라. (7장의 [예제 2])**

풀이 도함수의 라플라스 변환 정리에 의하여

$$\mathcal{L}(y'')=s^2Y-s-3$$

이고

$$\mathcal{L}(y')=sY-1$$

이므로 양변을 라플라스 변환하면

$$2(s^2Y-s-3)+3(sY-1)-2Y=0$$

이를 정리하면

$$Y=\frac{2s+9}{2s^2+3s-2}$$

이 된다. 우변을 라플라스 역변환 하기 위하여 분모를 미분하면

$2s^2+3s-2=(2s-1)(s+2)$이고 이를 부분분수로 분해하기 위하여

$$Y=\frac{2s+9}{(2s-1)(s+2)}=\frac{A}{2s-1}+\frac{B}{s+2}$$

로 놓는다. 양변에 $(2s-1)(s+2)$을 곱하면

$$2s+9=A(s+2)+B(2s-1)$$

이 되고 양변에 $s=\frac{1}{2}$을 대입하여 $10=\frac{5}{2}A$, $A=4$

$s=-2$을 대입하여 $5=-5B$, $B=-1$를 얻는다.
이값을 대입하면

$$Y=\frac{4}{2s-1}-\frac{1}{s+2}=\frac{2}{s-\frac{1}{2}}-\frac{1}{s+2}$$

로 분해되고 이를 역변환하면 주어진 미분방정식의 해는

$$y=2e^{\frac{1}{2}t}-e^{-2t}$$

이다.

4. 라플라스 변환을 사용하여 $y''-3y'+2y=e^t+7\cos t+\sin t$, $y(0)=1$, $y'(0)=1$의 해를 구하여라.

풀이 도함수의 라플라스 변환 정리에 의하여

$$\mathcal{L}(y'')=s^2Y-s-1,$$
$$\mathcal{L}(y')=sY-1,$$
$$\mathcal{L}(y)=Y$$

이므로 주어진 미분방정식의 양변을 라플라스 변환하면 좌변은

$$(s^2Y-s-1)-3(sY-1)+2Y=(s^2-3s+2)Y-s+2$$

이고 우변은

$$\begin{aligned}\mathcal{L}(e^t+7\cos t+\sin t)&=\frac{1}{s-1}+\frac{7s}{s^2+1}+\frac{1}{s^2+1}\\&=\frac{(s^2+1)+7s(s-1)+(s-1)}{(s-1)(s^2+1)}\\&=\frac{8s^2-6s}{(s-1)(s^2+1)}\end{aligned}$$

이 된다.
따라서 주어진 미분방정식의 라플라스 변환은

$$(s^2-3s+2)Y-s+2=\frac{8s^2-6s}{(s-1)(s^2+1)}$$

이고, 정리하면

$$(s^2-3s+2)Y=\frac{8s^2-6s}{(s-1)(s^2+1)}+s-2$$
$$=\frac{8s^2-6s+s^4-2s^3-s^3+2s^2+s^2-2s-s+2}{(s-1)(s^2+1)}$$
$$=\frac{s^4-3s^3+11s^2-9s+2}{(s-1)(s^2+1)}$$

가 된다. 따라서

$$Y=\frac{s^4-3s^3+11s^2-9s+2}{(s-1)^2(s-2)(s^2+1)}$$

이다. 우변을 부분분수로 분해하기 위하여

$$\frac{s^4-3s^3+11s^2-9s+2}{(s-1)^2(s-2)(s^2+1)}=\frac{A}{(s-1)}+\frac{B}{(s-1)^2}+\frac{C}{s-2}+\frac{Ds+E}{s^2+1}$$

로 놓는다.
양변에 $(s-1)^2(s-2)(s^2+1)$을 곱하면 등식

$$s^4-3s^3+11s^2-9s+2=A(s-1)(s-2)(s^2+1)+B(s-2)(s^2+1)$$
$$+C(s-1)^2(s^2+1)+(Ds+E)(s-1)^2(s-2)$$

를 얻는다.
양변에 $s=1$을 대입하여 $2=-2B$, $B=-1$
$s=2$를 대입하여 $20=5C$, $C=4$
을 얻고, 우변을 내림차순으로 정리한 후
4차 계수를 비교하여 $1=A+C+D$이고 $C=4$이므로, $A+D=-3$
3차 계수를 비교하고 $-3=-3A+B-2C-4D+E$이고
$B=-1$, $C=4$, $D=-A-3$를 대입하여 $-6=A+E$이고
2차 계수를 비교하여 $11=3A-2B+2C+5D-4E$이고
$B=-1$, $C=4$, $D=-A-3$를 대입하여 $-8=A+2E$를 얻는다.
따라서 $A=-4$, $B=-1$, $C=4$, $D=1$, $E=-2$가 되어

$$Y=-\frac{4}{(s-1)}-\frac{1}{(s-1)^2}+\frac{4}{s-2}+\frac{s-2}{s^2+1}$$

로 분해된다.
이렇게 하여 얻은 Y를 역변환하면 주어진 미분방정식의 해는

$$y=-4e^t-te^t+4e^{2t}+\cos t-2\sin t$$

이다.

5. 라플라스 변환을 사용하여 $y''' + 2y'' - 5y' - 6y = -16\cos t + 12\sin t$, $y(0) = 2$, $y'(0) = -3$, $y''(0) = -5$의 해를 구하여라.

풀이 도함수의 라플라스 변환 정리에 의하여

$$\mathcal{L}(y''') = (s^3 Y - 2s^2 + 3s + 5)$$
$$\mathcal{L}(y'') = (s^2 Y - 2s + 3)$$
$$\mathcal{L}(y') = (sY - 2)$$

이므로, 라플라스 변환 공식에 의하여 좌변은

$$(s^3 Y - 2s^2 + 3s + 5) + 2(s^2 Y - 2s + 3) - 5(sY - 2) - 6Y$$

이 된다.
우변의 라플라스 변환은

$$\mathcal{L}(-16\cos t + 12\sin t) = -\frac{16s}{s^2+1} + \frac{12}{s^2+1}$$

이므로 양변을 라플라스 변환하면

$$(s^3 Y - 2s^2 + 3s + 5) + 2(s^2 Y - 2s + 3) - 5(sY - 2) - 6Y$$
$$= -\frac{16s}{s^2+1} + \frac{12}{s^2+1}$$

이고, 정리하면

$$(s^3 + 2s^2 - 5s - 6)Y = 2s^2 + s - 21 - \frac{16s}{s^2+1} + \frac{12}{s^2+1}$$
$$= \frac{2s^4 + s^3 - 19s^2 - 15s - 9}{s^2+1}$$

이고, 미분방정식의 해의 라플라스 변환은

$$Y = \frac{2s^4 + s^3 - 19s^2 - 15s - 9}{(s^2+1)(s^3+2s^2-5s-6)}$$

이 된다.
라플라스 역변환을 구하기 위하여 분모를 인수분해하면
$(s^2+1)(s^3+2s^2-5s-6) = (s+3)(s+1)(s-2)(s^2+1)$이 된다.
그런데 이번 문제에서는 그동안 다루었던 문제들과는 달리 분자에 분모와 같은 인수 $(s+3)$이 있어서 분자도 인수분해 한다. 분자를 인수분해하면

$$2s^4 + s^3 - 19s^2 - 15s - 9 = (s+3)(2s^3 - 5s^2 - 4s - 3)$$

이고 따라서

$$Y = \frac{(s+3)(2s^3 - 5s^2 - 4s - 3)}{(s+3)(s+1)(s-2)(s^2+1)} = \frac{2s^3 - 5s^2 - 4s - 3}{(s+1)(s-2)(s^2+1)}$$

이다. 부분분수로 분해하기 위하여

$$Y=\frac{2s^3-5s^2-4s-3}{(s+1)(s-2)(s^2+1)}=\frac{A}{s+1}+\frac{B}{s-2}+\frac{Cs+D}{s^2+1}$$

로 놓는다.
양변에 $(s+1)(s-2)(s^2+1)$을 곱하여 등식

$$2s^3-5s^2-4s-3$$
$$=A(s-2)(s^2+1)+B(s+1)(s^2+1)+(Cs+D)(s+1)(s-2)$$

를 얻고 양변에 $s=-1$을 대입하여 $-6=-6A$, $A=1$
$s=2$를 대입하여 $-15=15B$, $B=-1$
을 얻고 내림차순으로 정리한 식의
3차 계수를 비교하여 $2=A+B+C$이므로 $C=2$를 얻는다.
또한, 상수를 비교하여 $-3=-2A+B-2D=-2-1-2D$, $D=0$을 얻는다
따라서 $A=1$, $B=-1$, $C=2$, $D=0$이 되어

$$Y=\frac{2s^3-5s^2-4s-3}{(s+1)(s-2)(s^2+1)}=\frac{1}{s+1}-\frac{1}{s-2}+\frac{2s}{s^2+1}$$

로 분해된다.
이를 역변환하면 주어진 미분방정식의 해는

$$y=e^{-t}-e^{2t}+2\cos t$$

이다.

6. 라플라스 변환을 사용하여 $y(t)+\cos\frac{1}{2}t-\int_0^t y(\tau)d\tau=e^t$의 해를 구하여라.

풀이 적분의 라플라스 변환 정리에 의하여

$$\mathcal{L}\left\{\int_0^t y(\tau)d\tau\right\}=\frac{1}{s}F(s)$$

이므로 위 미분방정식의 양변을 라플라스 변환하면

$$Y+\frac{s}{s^2+\frac{1}{4}}-\frac{Y}{s}=\frac{1}{s-1}$$

이고 정리하면

$$\left(1-\frac{1}{s}\right)Y+\frac{4s}{4s^2+1}=\frac{1}{s-1}$$

이므로

$$Y=\frac{s}{(s-1)}\times\frac{4s^2+1-4s(s-1)}{(s-1)(4s^2+1)}$$

이다. 역변환하기 위하여 우변을

$$Y=\frac{4s^2+s}{(s-1)^2(4s^2+1)}=\frac{A}{s-1}+\frac{B}{(s-1)^2}+\frac{Cs+D}{4s^2+1}$$

로 놓는다.
양변에 $(s-1)^2(4s^2+1)$을 곱하면 등식

$$4s^2+s=A(s-1)(4s^2+1)+B(4s^2+1)+(Cs+D)(s-1)^2$$

를 얻고
양변에 $s=1$을 대입하여 $5=5B, B=1$
3차항의 계수를 비교하여 $0=4A+C,\ C=-4A$
2차항의 계수를 비교하여

$$4=-4A+4B-2C+D,\ 0=4A+D,\ D=-4A$$

상수항을 비교하여 $0=-A+B+D,\ A-D=1$
이고, $D=-4A$이므로

$$5A=1,\ A=\frac{1}{5},\ B=1,\ C=-\frac{4}{5},\ D=-\frac{4}{5}$$

이다. 따라서

$$\begin{aligned}Y&=\frac{4s^2+s}{(s-1)^2(4s^2+1)}=\frac{1}{5}\left\{\frac{1}{s-1}+\frac{5}{(s-1)^2}-\frac{4s+4}{4s^2+1}\right\}\\&=\frac{1}{5}\left\{\frac{1}{s-1}+\frac{5}{(s-1)^2}-\frac{s+1}{s^2+\frac{1}{4}}\right\}\\&=\frac{1}{5}\left\{\frac{1}{s-1}+\frac{5}{(s-1)^2}-\frac{s}{s^2+\frac{1}{4}}-2\times\frac{\frac{1}{2}}{s^2+\frac{1}{4}}\right\}\end{aligned}$$

로 분해된다.
이를 역변환하면 해는

$$y=\frac{1}{5}(e^t+5te^t-\cos\frac{1}{2}t-2\sin\frac{1}{2}t)$$

이다.

7. **라플라스 변환을 사용하여** $y'' - 3y' + 3y - \int_0^t y(\tau)d\tau = e^t,\ y(0) = 1, y'(0) = 2$ **해를 구하여라.**

풀이 도함수의 라플라스 변환과 적분의 라플라스 변환에 의하여

$$\mathcal{L}(y'') = s^2 Y - s - 2,\ \mathcal{L}(y') = sY - 1,\ \mathcal{L}(y) = Y$$

$$\mathcal{L}\left\{\int_0^t y(\tau)d\tau\right\} = \frac{Y}{s},\ \mathcal{L}(e^t) = \frac{1}{s-1}$$

이므로 양변을 라플라스 변환하면

$$s^2 Y - s - 2 - 3(sY - 1) + 3Y - \frac{Y}{s} = \frac{1}{s-1}$$

이다. 정리하면

$$(s^2 Y - 3s + 3 - \frac{1}{s})Y = \frac{1}{s-1} + s - 1$$

이고

$$(s^2 Y - 3s + 3 - \frac{1}{s})Y = \frac{s^3 - 3s^2 + 3s - 1}{s}Y = \frac{(s-1)^3}{s}Y$$

이므로

$$\frac{(s-1)^3}{s}Y = \frac{1}{s-1} + s - 1$$

이다. 따라서

$$\begin{aligned} Y &= \frac{s}{(s-1)^4} + \frac{s}{(s-1)^2} \\ &= \frac{s-1+1}{(s-1)^4} + \frac{s-1+1}{(s-1)^2} \\ &= \frac{1}{(s-1)^3} + \frac{1}{(s-1)^4} + \frac{1}{s-1} + \frac{1}{(s-1)^2} \\ &= \frac{1}{2} \times \frac{2!}{(s-1)^3} + \frac{1}{6} \times \frac{3!}{(s-1)^4} + \frac{1}{s-1} + \frac{1}{(s-1)^2} \end{aligned}$$

이다. 이를 역변환하면 미적분방정식의 해는

$$y = \frac{1}{6}t^3 e^t + \frac{1}{2}t^2 e^t + te^t + e^t$$

이다.

8.3 t축으로의 평행 이동을 통하여 라플라스 변환을 사용한 미분방정식의 해를 구하는 방법

6장의 **[연습문제]** (11) $y''-2y'+y=0$, $y(1)=e$, $y'(1)=-e$의 해를 구하여라 같은 문제를 이동된 데이터 문제라 한다. 이것을 라플라스 변환에 의하여 구하기 위해서는 $y(0)$, $y'(0)$의 형식으로 조건이 제시되어야 한다. 이때 $t=\tilde{t}+1$로 놓으면 $t=1$일 때 $\tilde{t}=0$가 되므로 라플라스 변환을 적용하여 특수해를 구할 수 있다($\tilde{t}$는 t tilde로 읽는다).

$t=\tilde{t}+1$로 놓고 $\tilde{y}(\tilde{t})=y(t)$로 놓으면

$$y'=\frac{dy}{dt}=\frac{d\tilde{y}}{d\tilde{t}}\times\frac{d\tilde{t}}{dt}=\tilde{y}'$$

이므로

$$y''-2y'+y=0,\ y(1)=e,\ y'(1)=-e$$

는

$$\tilde{y}''-2\tilde{y}'+\tilde{y}=0,\ \tilde{y}(0)=e,\ \tilde{y}'(0)=-e$$

가 된다.

$\mathcal{L}(\tilde{y})=\tilde{Y}$로 놓으면 위의 미분방정식의 라플라스 변환은

$$s^2\tilde{Y}-es+e-2(s\tilde{Y}-e)+\tilde{Y}=0$$

이 되고 정리하면

$$(s^2-2s+1)\tilde{Y}=es-3e$$

이 되어

$$\begin{aligned}\tilde{Y}&=e\frac{s-3}{(s-1)^2}\\&=e\left\{\frac{s-1}{(s-1)^2}-\frac{2}{(s-1)^2}\right\}\\&=e\left\{\frac{1}{s-1}-\frac{2}{(s-1)^2}\right\}\end{aligned}$$

이것을 역변환하면

$$\tilde{y} = e \times (e^{\tilde{t}} - 2\tilde{t}e^{\tilde{t}})$$

이다.

$\tilde{t} = t-1$이고

$$\begin{aligned}\tilde{y}(\tilde{t}) &= e \times (e^{\tilde{t}} - 2\tilde{t}e^{\tilde{t}}) \\ &= e \times \{e^{t-1} - 2(t-1)e^{t-1}\} \\ &= 3e^{t} - 2te^{t} \\ &= y(t)\end{aligned}$$

예제 14

$y'' + 16y = 32t$, $y(\frac{\pi}{2}) = \pi - 1$, $y'(\frac{\pi}{2}) = 10$

풀이

$t = \tilde{t} + \frac{\pi}{2}$로 놓고 $\tilde{y}(\tilde{t}) = y(t)$로 놓으면

주어진 미분방정식 $y'' + 16y = 32t$, $y(\frac{\pi}{2}) = \pi - 1$, $y'(\frac{\pi}{2}) = 10$는

$$\tilde{y}'' + 16\tilde{y} = 32\tilde{t} + 16\pi,\ \tilde{y}(0) = \pi - 1,\ \tilde{y}'(0) = 10$$

이 된다.

$\mathcal{L}(\tilde{y}) = \tilde{Y}$ 로 놓으면 위 미분방정식의 라플라스 변환은

$$s^2\tilde{Y} - (\pi - 1)s - 10 + 16\tilde{Y} = \frac{32}{s^2} + \frac{16\pi}{s}$$

이 되고 정리하면

$$(s^2 + 16)\tilde{Y} = (\pi - 1)s + 10 + \frac{32}{s^2} + \frac{16\pi}{s}$$

이 되어

$$\begin{aligned}\tilde{Y} &= \frac{(\pi-1)s}{s^2+16} + \frac{10}{s^2+16} + \frac{32}{s^2(s^2+16)} + \frac{16\pi}{s(s^2+16)} \\ &= \frac{(\pi-1)s}{s^2+16} + \frac{5}{2} \times \frac{4}{s^2+16} + 2 \times (\frac{1}{s^2} - \frac{1}{s^2+16}) + \pi \times \frac{16}{s(s^2+16)}\end{aligned}$$

이다. 그러므로

$$\tilde{y}=(\pi-1)\cos 4\tilde{t}+\frac{5}{2}\sin 4\tilde{t}+2(\tilde{t}-\frac{1}{4}\sin 4\tilde{t})+4\pi\times\int_0^{\tilde{t}}\sin 4\tau d\tau$$
$$=(\pi-1)\cos 4\tilde{t}+\frac{5}{2}\sin 4\tilde{t}+2(\tilde{t}-\frac{1}{4}\sin 4\tilde{t})+4\pi\times[-\frac{1}{4}\cos 4\tau]_{\tau=0}^{\tau=\tilde{t}}$$
$$=(\pi-1)\cos 4\tilde{t}+\frac{5}{2}\sin 4\tilde{t}+2(\tilde{t}-\frac{1}{4}\sin 4\tilde{t})+4\pi\times(-\frac{1}{4}\cos 4\tilde{t}+\frac{1}{4})$$

이다.

$\tilde{t}=t-\frac{\pi}{2}$ 이므로

$$y(t)=(\pi-1)\cos 4(t-\frac{\pi}{2})+\frac{5}{2}\sin 4(t-\frac{\pi}{2})+2\times\left\{t-\frac{\pi}{2}-\frac{1}{4}\sin 4(t-\frac{\pi}{2})\right\}$$
$$+4\pi\times\left\{-\frac{1}{4}\cos 4(t-\frac{\pi}{2})+\frac{1}{4}\right\}$$
$$=(\pi-1)\cos 4t+\frac{5}{2}\sin 4t+2\left\{t-\frac{\pi}{2}-\frac{1}{4}\sin 4t\right\}$$
$$+4\pi\times(-\frac{1}{4}\cos 4t+\frac{1}{4})=-\cos 4t+2\sin 4t+2t$$

이다.

연습문제

1. 다음 미분방정식의 해를 라플라스 변환에 의하여 구하여라.

(1) $y''+2y'+y=t^2+4t+2,\ y(-1)=1-e,\ y'(-1)=-2+4e$

풀이 $t=\tilde{t}-1$로 놓고 $\tilde{y}(\tilde{t})=y(t)$로 놓으면 (예를 들어 $y(t)=t^2$일 때 $y(t)=t^2=(\tilde{t}-1)^2=\tilde{t}^2-2\tilde{t}+1$이므로 $\tilde{y}(\tilde{t})$를 $\tilde{y}(\tilde{t})=\tilde{t}^2-2\tilde{t}+1$로 놓겠다는 것이다. 그러므로 위와 같이 $y(t=-1)=(-1)^2=1$이고 $\tilde{y}(\tilde{t}=0)=1$로 $y(1)=\tilde{y}(0)=1$이고 미친기지로 $y'(t=-1)=2\times(-1)=-2$이고 $\tilde{y}'(0)=2\times 0-2=-2$가 되어 $y'(-1)=\tilde{y}'(0)=-2$이다.)

주어진 미분방정식

$$y''+2y'+y=t^2+4t+2,\ y(-1)=1-e,\ \ y'(-1)=-2+4e$$

는

$$\tilde{y}''+2\tilde{y}'+\tilde{y}=(\tilde{t}-1)^2+4(\tilde{t}-1)+2,\ \tilde{y}(0)=1-e,\ \tilde{y}'(0)=-2+4e$$
$$\tilde{y}''+2\tilde{y}'+\tilde{y}=\tilde{t}^2+2\tilde{t}-1,\ \tilde{y}(0)=1-e,\ \ \tilde{y}(0)=-2+4e$$

이 된다.

$\mathcal{L}(\widetilde{y}) = \widetilde{Y}$ 로 놓으면
위 미분방정식의 라플라스 변환은

$$s^2\widetilde{Y} - (1-e)s - (-2+4e) + 2(s\widetilde{Y} - 1 + e) + \widetilde{Y} = \frac{2!}{s^3} + 2 \times \frac{1}{s^2} - \frac{1}{s}$$

이 되고, 정리하면

$$(s^2+2s+1)\widetilde{Y} = \frac{2}{s^3} + \frac{2}{s^2} - \frac{1}{s} + (1-e)s + (-2+4e) + 2(1-e)$$

$$= \frac{2}{s^3} + \frac{2}{s^2} - \frac{1}{s} + (1-e)s + 2e$$

이 되어, 간단하게 하면

$$(s+1)^2\ \widetilde{Y} = \frac{(1-e)s^4 + 2es^3 - s^2 + 2s + 2}{s^3}$$

가 되고

$$\widetilde{Y} = \frac{(1-e)s^4 + 2es^3 - s^2 + 2s + 2}{s^3(s+1)^2}$$

이다.
우변을 부분분수로 분해하기 위하여

$$\frac{(1-e)s^4 + 2es^3 - s^2 + 2s + 2}{s^3(s+1)^2} = \frac{A}{s} + \frac{B}{s^2} + \frac{C}{s^3} + \frac{D}{s+1} + \frac{E}{(s+1)^2}$$

로 놓는다.
양변에 $s^3(s+1)^2$을 곱하면

$$(1-e)s^4 + 2es^3 - s^2 + 2s + 2$$
$$= As^2(s+1)^2 + Bs(s+1)^2 + C(s+1)^2 + Ds^3(s+1) + Es^3$$

이고 양변에 $s=0$를 대입하면 $C=2$,
$s=-1$을 대입하면 $E=3e$,
4차항의 계수를 비교하면 $1-e = A+D$,
3차항의 계수를 비교하면 $2e = 2A+B+D+E$,
2차항의 계수를 비교하면 $-1 = A+2B+C$,
1차항의 계수를 비교하면 $2 = B+2C$,
1차항 계수 비교와 $C=2$에 의하여 $B=-2$,
2차항 계수비교와 $B=-2$, $C=2$에 의하여 $A=1$,
4차항 계수비교와 $A=1$에 의하여 $D=-e$,
가 된다. 따라서

$$\widetilde{Y} = \frac{1}{s} - \frac{2}{s^2} + \frac{2}{s^3} - \frac{e}{s+1} + \frac{3e}{(s+1)^2}$$

로 분해되고

$$\tilde{y}(\tilde{t}) = 1 - 2\tilde{t} + \tilde{t}^2 - e \times e^{-\tilde{t}} + 3e\tilde{t}e^{-\tilde{t}}$$

이다.

$\tilde{t} = t+1$을 대입하여

$$\begin{aligned} y(t) &= 1 - 2(t+1) + (t+1)^2 - e \times e^{-(t+1)} + 3e(t+1)e^{-(t+1)} \\ &= 1 - 2t - 2 + t^2 + 2t + 1 - e^{-t} + 3te^{-t} + 3e^{-t} \\ &= 2e^{-t} + 3te^{-t} + t^2 \end{aligned}$$

이다.

(2) $y'' - 2y' + 5y = 4\cos t + 2\sin t,\ y(\pi) = -1,\ y'(\pi) = 2e^{\pi}$

풀이 $t = \tilde{t} + \pi$로 놓고, $\tilde{y}(\tilde{t}) = y(t)$로 놓으면

$$y'' - 2y' + 5y = 4\cos t + 2\sin t,\ y(\pi) = -1,\ y'(\pi) = 2e^{\pi}$$

는

$$\tilde{y}'' - 2\tilde{y}' + 5\tilde{y} = 4\cos(\tilde{t} + \pi) + 2\sin(\tilde{t} + \pi),\ \ \tilde{y}(0) = -1,\ \ \tilde{y}'(0) = 2e^{\pi}$$

이 된다.

라플라스 변환을 하기 위해서 조금 형태를 바꾸면

$$\tilde{y}'' - 2\tilde{y}' + 5\tilde{y} = 4(\cos\tilde{t}\cos\pi - \sin\tilde{t}\sin\pi) + 2(\sin\tilde{t}\cos\pi + \cos\tilde{t}\sin\pi),$$
$$\tilde{y}(0) = -1,\ \ \tilde{y}'(0) = 2e^{\pi}$$

이고

$\cos\pi = -1,\ \sin\pi = 0$이므로

$$\tilde{y}'' - 2\tilde{y}' + 5\tilde{y} = -4\cos\tilde{t} - 2\sin\tilde{t},\quad \tilde{y}(0) = -1,\ \ \tilde{y}'(0) = 2e^{\pi}$$

이 된다.

$\mathcal{L}(\tilde{y}) = \tilde{Y}$로 놓으면

위의 미분방정식의 라플라스 변환은

$$(s^2\tilde{Y} + s - 2e^{\pi}) - 2(s\tilde{Y} + 1) + 5\tilde{Y} = -4 \times \frac{s}{s^2+1} - 2 \times \frac{1}{s^2+1}$$

이 된다. 정리하면

$$(s^2 - 2s + 5)\tilde{Y} = \frac{-4s-2}{(s^2+1)} - s + 2e^{\pi} + 2$$

이 되어

$$\tilde{Y} = \frac{-s^3 + 2(e^{\pi}+1)s^2 - 5s + 2e^{\pi}}{(s^2+1)(s^2-2s+5)}$$

이다.
우변을 부분분수로 분해하기 위하여

$$\frac{-s^3+2(e^{\pi}+1)s^2-5s+2e^{\pi}}{(s^2+1)(s^2-2s+5)}=\frac{As+B}{(s^2+1)}+\frac{Cs+D}{s^2-2s+5}$$

로 놓는다.
양변에 $(s^2+1)(s^2-2s+5)$를 곱하여

$$-s^3+2(e^{\pi}+1)s^2-5s+2e^{\pi}$$
$$=(As+B)(s^2-2s+5)+(Cs+D)(s^2+1)$$

를 얻는다.
3차항의 계수를 비교하면 $-1=A+C$,
2차항의 계수를 비교하면 $2(e^{\pi}+1)=-2A+B+D$,
1차항의 계수를 비교하면 $-5=5A-2B+C$,
상수항을 비교하면 $2e^{\pi}=5B+D$,
3차항의 계수에서 $C=-1-A$,
1차항의 계수에서 $B=\dfrac{5A-1-A+5}{2}=2A+2$
2차항의 계수에서 $D=2(e^{\pi}+1)+2A-(2A+2)=2e^{\pi}$,
상수항의 비교에서 $2e^{\pi}=5(2A+2)+2e^{\pi}$,
이므로

$$A=-1,\ B=0,\ C=0,\ D=2e^{\pi}$$

가 된다.
따라서

$$\widetilde{Y}=\frac{-s}{(s^2+1)}+\frac{2e^{\pi}}{s^2-2s+5}$$
$$=\frac{-s}{(s^2+1)}+\frac{2e^{\pi}}{(s-1)^2+2^2}$$

로 분해된다. 그러므로

$$\tilde{y}=-\cos\tilde{t}+e^{\pi}e^{\tilde{t}}\sin 2\tilde{t}$$

이다.
여기에 $\tilde{t}=t-\pi$를 대입하면

$$y=-\cos(t-\pi)+e^{\pi}e^{t-\pi}\sin 2(t-\pi)$$
$$=-(\cos t\cos\pi+\sin t\sin\pi)+e^{t}(\sin 2t\cos 2\pi-\cos 2t\sin 2\pi)$$
$$=\cos t+e^{t}\sin 2t$$

이다.

8.4 라플라스 변환의 도함수, 단위계단함수와 그 라플라스 변환

라플라스 변환의 도함수

$t \in [0\ \infty)$에서 정의된 함수 $f(t)$의 라플라스 변환이 존재한다면,
$\mathcal{L}\{tf(t)\} = -F'(s)$

$$\text{즉, } F'(s) = \frac{d}{ds}F(s) = \mathcal{L}\{-tf(t)\}$$

이다. 또 역으로

$$\mathcal{L}^{-1}\{F'(s)\} = -tf(t)$$

이다.

증명

우변에서 시작하여 등식을 증명하겠다.

$$-F'(s) = -\frac{d}{ds}F(s) = -\frac{d}{ds}\int_0^\infty e^{-st}f(t)dt$$

이며,

우변은 라이프니츠 정리에 의하여

$$-\frac{d}{ds}\int_0^\infty e^{-st}f(t)dt = -\int_0^\infty \frac{\partial}{\partial s}\{e^{-st}f(t)dt\}$$
$$= \int_0^\infty te^{-st}f(t)dt = \mathcal{L}\{tf(t)\}$$

이다.

주의

위 증명의 좌변을 한 번 더 미분하면

$$\begin{aligned} F''(s) &= \frac{d}{ds}\int_0^\infty -te^{-st}f(t)dt \\ &= \int_0^\infty \frac{\partial}{\partial s}\{-te^{-st}f(t)\}dt \\ &= \int_0^\infty (-1)^2t^2e^{-st}f(t)dt \\ &= \mathcal{L}\{(-1)^2t^2f(t)\} \end{aligned}$$

이고, 또 역으로

$$\mathcal{L}^{-1}\{F''(s)\}=(-1)^2t^2f(t)$$

이다.

예제 15

$\mathcal{L}^{-1}\left\{\ln(1+\frac{1}{s^2})\right\}$**을 구하여라.**

풀이

$$F(s)=\ln(1+\frac{1}{s^2})$$

로 보면

$$\begin{aligned}F'(s)&=\left\{\ln(1+\frac{1}{s^2})\right\}'\\&=\left\{\ln(\frac{s^2+1}{s^2})\right\}'\\&=\{\ln(s^2+1)-2\ln s\}'\\&=\frac{2s}{s^2+1}-\frac{2}{s}\\&=\mathcal{L}(2\cos t-2)\end{aligned}$$

그리고 $F'(s)=\mathcal{L}\{-tf(t)\}$ 이므로

$$-tf(t)=2\cos t-2$$

이다. 따라서

$$\mathcal{L}^{-1}\left\{\ln(1+\frac{4}{s^2})\right\}=f(t)=-\frac{2\cos t-2}{t}$$

이다.

수학적 귀납법을 적용하면 위의 식으로부터 다음과 같은 결과를 얻을 수 있다.

라플라스 변환의 n계도함수

$t\in[0\ \infty)$ 에서 정의된 함수 $f(t)$ 의 라플라스 변환이 존재한다면

$$\mathcal{L}\{t^nf(t)\}=(-1)^nF^{(n)}(s)$$

즉, $F^{(n)}(s)=\frac{d^n}{ds^n}F(s)=\mathcal{L}\{(-1)^nt^nf(t)\}$

이다. 또 역으로

$$\mathcal{L}^{-1}\{F^{(n)}(s)\} = (-)^n t^n f(t)$$

이다.

예제 16

다음을 구하여라.

(1) $\mathcal{L}(te^t)$

풀이

$$\begin{aligned}\mathcal{L}(te^t) &= (-1)\left(\frac{1}{s-1}\right)' \\ &= (-1)\{(s-1)^{-1}\}' \\ &= (-1)(-1)(s-1)^{-2} \\ &= \frac{1}{(s-1)^2}\end{aligned}$$

다른 방법으로,
라플라스 변환의 제1 이동정리를 사용하면

$$\mathcal{L}(te^t) = \mathcal{L}(e^t \times t) = \frac{1}{(s-1)^2}$$

이 되어 위와 같은 결과를 얻는다.

(2) $\mathcal{L}(te^{-2t}\cos t)$

풀이

$$\mathcal{L}(e^{-2t}\cos t) = \frac{s+2}{(s+2)^2+1} = \frac{s+2}{s^2+4s+5}$$

이므로

$$\begin{aligned}\mathcal{L}(te^{-2t}\cos t) &= (-1)\left(\frac{s+2}{s^2+4s+5}\right)' \\ &= (-1)\frac{(s+2)'(s^2+4s+5)-(s+2)(s^2+4s+5)'}{(s^2+4s+5)^2} \\ &= (-1)\frac{s^2+4s+5-(2s^2+8s+8)}{(s^2+4s+5)^2} \\ &= \frac{s^2+4s+3}{(s^2+4s+5)^2}\end{aligned}$$

또는,

$$\mathcal{L}(t\cos t) = (-1)\left(\frac{s}{s^2+1}\right)'$$
$$= (-1)\frac{(s^2+1) - s\times 2s}{(s^2+1)^2}$$
$$= \frac{s^2-1}{(s^2+1)^2}$$

이므로

$$\mathcal{L}(te^{-2t}\cos t) = \mathcal{L}(e^{-2t}\times t\cos t)$$
$$= \frac{(s+2)^2-1}{\{(s+2)^2+1\}^2}$$
$$= \frac{s^2+4s+3}{(s^2+4s+5)^2}$$

이다.

위의 두 경우를 비교하여 보면 어떤 방법을 쓰든지 같은 결과를 얻을 수 있음을 알 수 있다.

(3) $\mathcal{L}(t^2\sin t)$

풀이 라플라스 변환의 2계 도함수에 관한 정리를 사용하면

$$\mathcal{L}(t^2\sin t) = (-1)^2\left(\frac{1}{s^2+1}\right)''$$
$$= \left\{-\frac{2s}{(s^2+1)^2}\right\}'$$
$$= -\frac{2\times(s^2+1)^2 - 2s\times 2\times(s^2+1)\times 2s}{(s^2+1)^4}$$
$$= \frac{6s^4+4s^2-2}{(s^2+1)^4}$$

이다.

예제 17

다음을 구하여라.

(1) $\mathcal{L}^{-1}[\frac{2(s-2)}{\{(s-2)^2+1\}^2}]$

풀이

$$\mathcal{L}^{-1}\left\{\frac{2s}{(s^2+1)^2}\right\}=\mathcal{L}^{-1}\left\{(-\frac{1}{s^2+1})'\right\}$$

이다. $F(s)=-\frac{1}{s^2+1}$ 이면

$$\mathcal{L}^{-1}\{F(s)\}=-\sin t=f(t)$$

이다.

또한 $\mathcal{L}^{-1}\{F'(s)\}=-tf(t)$를 사용하여

$$\mathcal{L}^{-1}\left\{\frac{2s}{(s^2+1)^2}\right\}=\mathcal{L}^{-1}F'(s)=-tf(t)=t\sin t$$

그러므로

$$\mathcal{L}^{-1}[\frac{2(s-2)}{\{(s-2)^2+1\}^2}]=te^{2t}\sin t$$

이다.

(2) $\mathcal{L}^{-1}\left\{\frac{2(s-2)}{9s^2-6s+5}\right\}$

풀이

$$\mathcal{L}^{-1}\left\{\frac{2(s-2)}{9s^2-6s+5}\right\}=\mathcal{L}^{-1}\left\{\frac{2(s-2)}{(3s-1)^2+4}\right\}$$

$$=\mathcal{L}^{-1}\left\{\frac{2(s-\frac{1}{3})-\frac{10}{3}}{9(s-\frac{1}{3})^2+4}\right\}$$

$$=\frac{2}{9}\mathcal{L}^{-1}\left\{\frac{(s-\frac{1}{3})-\frac{2}{3}\times\frac{5}{2}}{(s-\frac{1}{3})^2+(\frac{2}{3})^2}\right\}$$

$$=\frac{2}{9}e^{\frac{1}{3}t}(\cos\frac{2}{3}t-\frac{5}{2}\sin\frac{2}{3}t)$$

예제 18

다음을 구하여라.

(1) $\mathcal{L}\left(\frac{\cos t}{t}\right)$

풀이

$f(t)=\frac{\cos t}{t}$ 로 두면 라플라스 변환의 도함수 정리에 의하여

$$\mathcal{L}\{tf(t)\}=\mathcal{L}(\cos t)=\frac{s}{s^2+1}$$

이고

$$\mathcal{L}\{tf(t)\}=\mathcal{L}(\cos t)=\frac{s}{s^2+1}=(-1)F'(s)$$

이므로

$$F'(s)=-\frac{s}{s^2+1}$$

이다.
양변을 적분하여

$$F(s)=\mathcal{L}\{f(t)\}=-\frac{1}{2}\ln(s^2+1)$$

을 구한다.

(2) $\mathcal{L}\left(\frac{e^t+e^{-t}}{t}\right)$

풀이

$f(t)=\frac{e^t+e^{-t}}{t}$ 로 두면 라플라스 변환의 도함수 정리에 의하여

$$\mathcal{L}\{tf(t)\}=\mathcal{L}(e^t+e^{-t})=\frac{1}{s-1}+\frac{1}{s+1}$$

이므로

$$\begin{aligned}\mathcal{L}\{tf(t)\}=\mathcal{L}(e^t+e^{-t})&=\frac{1}{s-1}+\frac{1}{s+1}\\&=(-1)F'(s)\end{aligned}$$

이고

$$F'(s)=-\left(\frac{1}{s-1}+\frac{1}{s+1}\right)$$

이다. 양변을 적분하여

$$F(s) = \mathcal{L}\{f(t)\} = -\{\ln(s-1) + \ln(s+1)\}$$
$$= -\ln(s^2-1)$$

을 구한다.

(3) $\mathcal{L}\left(\dfrac{e^t + e^{-t}}{t^2}\right)$

풀이

$f(t) = \dfrac{e^t + e^{-t}}{t^2}$로 두면 라플라스 변환의 도함수 정리에 의하여

$$\mathcal{L}\{t^2 f(t)\} = \mathcal{L}(e^t + e^{-t}) = \frac{1}{s-1} + \frac{1}{s+1}$$
$$= (-1)^2 F''(s)$$

이므로

$$F'(s) = \ln(s^2-1)$$

이고

$$F(s) = \int \ln(s^2-1)ds$$
$$= s\ln(s^2-1) - \int s \times \frac{2s}{s^2-1}ds$$
$$= s\ln(s^2-1) - \int \frac{2(s^2-1)+2}{s^2-1}ds$$
$$= s\ln(s^2-1) - \left\{2s + \int \frac{2}{(s+1)(s-1)}ds\right\}$$
$$= s\ln(s^2-1) - \left\{2s + \int \left(\frac{1}{s-1} - \frac{1}{s+1}\right)ds\right\}$$
$$= s\ln(s^2-1) - \{2s + \ln(s-1) - \ln(s+1)\}$$

이다.

단위계단함수(unit step funtion)의 정의

$a \geq 0$인 상수 a에 대하여

$$u(t-a) = \begin{cases} 0, & t < a \\ 1, & t > a \end{cases}$$

인 함수

$$u(t-a)$$

를 단위계단함수라고 정의한다.

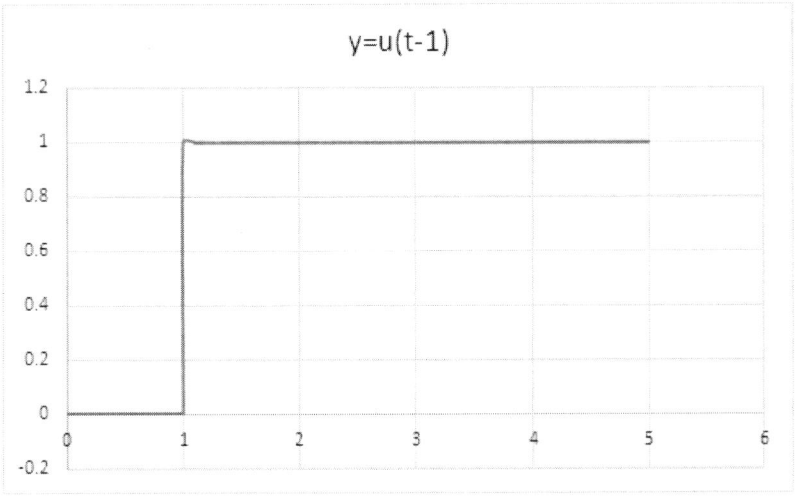
y=u(t-1)
1.2
1
0.8
0.6
0.4
0.2
0
-0.2
0
1
2
3
4
5
6

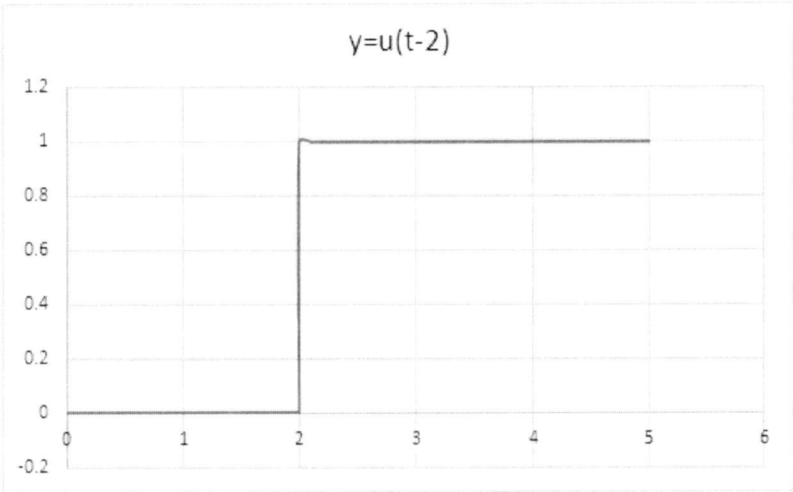
y=u(t-2)
1.2
1
0.8
0.6
0.4
0.2
0
-0.2
0
1
2
3
4
5
6

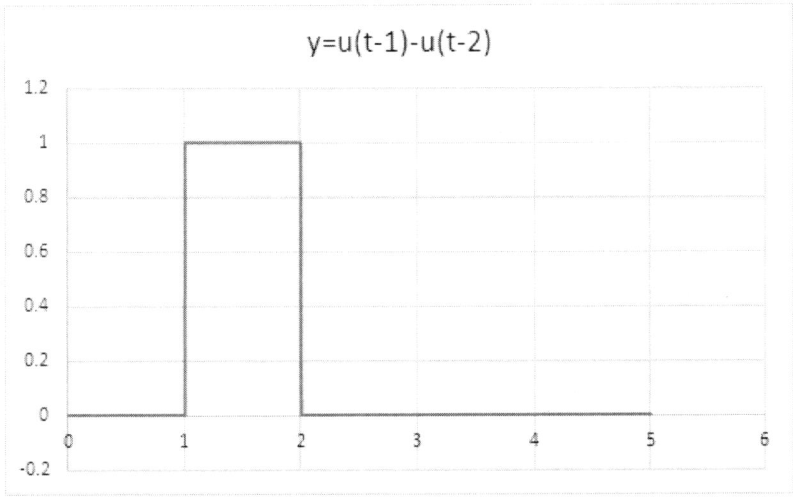
y=u(t-1)-u(t-2)
1.2
1
0.8
0.6
0.4
0.2
0
-0.2
0
1
2
3
4
5
6

주의

그러므로

$$\begin{cases} f(t), & 0<t<a \\ g(t), & a<t<b \\ h(t), & b<t<c \\ k(t), & c<t \end{cases}$$

는

$$\begin{aligned} & f(t)\{u(t-0)-u(t-a)\}+g(t)\{u(t-a)-u(t-b)\} \\ & \quad +h(t)\{u(t-b)-u(t-c)\}+k(t)u(t-c) \\ & =f(t)\{1-u(t-a)\}+g(t)\{u(t-a)-u(t-b)\} \\ & \quad +h(t)\{u(t-b)-u(t-c)\}+k(t)u(t-c) \end{aligned}$$

로 쓸 수 있다.

단위계단함수(unit step funtion)의 라플라스 변환

$a \geq 0$인 상수 a에 대하여

$$\mathcal{L}\{u(t-a)\}=\frac{e^{-as}}{s}$$

이다.

증명

$$\begin{aligned} \mathcal{L}\{u(t-a)\} &= \lim_{T\to\infty}\int_0^T e^{-st}\times u(t-a)\,dt \\ &= \lim_{T\to\infty}\int_a^T e^{-st}dt \\ &= \lim_{T\to\infty}[-\frac{e^{-st}}{s}]_a^T \\ &= \lim_{T\to\infty}[-\frac{e^{-sT}}{s}+\frac{e^{-as}}{s}] \end{aligned}$$

이고, $s>0$이므로

$$\mathcal{L}\{u(t-a)\}=\frac{e^{-as}}{s}$$

이다.

단위 계단 함수는 우리가 지금껏 다루지 못했던 불연속 함수나 미분 불가능한 점들이 존재하는 함수를 연결하여, 한 줄로 표현할 수 있다.

예 1.

$$f(t) = \begin{cases} 2, & t < 1 \\ -1, & 1 < t < 3 \\ 4, & t > 3 \end{cases}$$

$$f(t) = 2 - 3u(t-1) + 5u(t-3)$$

예 2.

$$f(t) = \begin{cases} t & 0 < t < \pi \\ \pi + \sin t & t > \pi \end{cases}$$

$$f(t) = t + (-t + \pi + \sin t)u(t - \pi)$$

여기에 단위계단함수의 라플라스 변환에 관한 위의 정리를 적용하여 예 1.의 라플라스 변환을 계산해 보자.

먼저 $\mathcal{L}(2) = \dfrac{2}{s}$ 이고 $\mathcal{L}\{u(t-1)\} = \dfrac{e^{-s}}{s}$ 이므로

$$\mathcal{L}\{3u(t-1)\} = \frac{3e^{-s}}{s}$$

이고, 마찬가지로

$$\mathcal{L}\{5u(t-3)\} = \frac{5e^{-3s}}{s}$$

가 되어

$$\begin{aligned} \mathcal{L}\{f(t)\} &= \{2 - 3u(t-1) + 5u(t-3)\} \\ &= \frac{2}{s} - \frac{3e^{-s}}{s} + \frac{5e^{-3s}}{s} \end{aligned}$$

이다.

예 2.의 경우의 라플라스 변환을 구하기 위해서는 다른 정리가 필요하다.

t 축으로 평행이동한 함수의 라플라스 변환(제 2 이동정리)

$$\mathcal{L}\{f(t-a)u(t-a)\}=e^{-as}F(s)$$

이다. 역으로 말하면

$$\mathcal{L}^{-1}\{e^{-as}F(s)\}=f(t-a)u(t-a)$$

이다.

증명

$$\begin{aligned} e^{-as}F(s) &= e^{-as}\int_0^{\infty} e^{-st}f(t)dt \\ &= \int_0^{\infty} e^{-as}e^{-st}f(t)dt \\ &= \int_0^{\infty} e^{-s(a+t)}f(t)dt \end{aligned}$$

이다.

여기에서 $a+t=v$로 치환하면 $t=0$일 때 $v=a$이므로, $t=v-a$, $dt=dv$로 바뀌어

$$e^{-as}F(s)=\int_a^{\infty} e^{-sv}f(v-a)dv$$

가 된다. 그런데

$0<v<a$에서는 $u(v-a)=0$이고 $v>a$에서 $u(v-a)=1$이므로 적분 구간 $\int_a^{\infty}$ 에서 $u(v-a)=1$이다.

그러므로

$$\begin{aligned} e^{-as}F(s) &= \int_a^{\infty} e^{-sv}f(v-a)dv \\ &= \int_0^{\infty} e^{-sv}f(v-a)u(v-a)dv \end{aligned}$$

가 되고 적분변수 v를 t로 바꾸면

$$\int_0^{\infty} e^{-st}f(t-a)u(t-a)dt=\mathcal{L}\{f(t-a)u(t-a)\}$$

가 되어 위의 정리가 증명된다.

예제 19

$\mathcal{L}\{t^3u(t-1)\}$**를 구하여라.**

풀이

제2 이동정리 $\mathcal{L}\{f(t-a)u(t-a)\}=e^{-as}F(s)$에 따르면 함수가 $f(t-1)u(t-1)$의 형태이어야 라플라스 변환이 가능하다.
그러므로 $\mathcal{L}\{t^3u(t-1)\}$를 찾아내기 위해서는 t^3을 $(t-1)$에 관해 전개해야 한다. 이를테면

$$t^3=(t-1)^3+3(t-1)^2+3(t-1)+1$$

로 만들면

$$\begin{aligned}\mathcal{L}\{t^3u(t-1)\}&=\mathcal{L}[\{(t-1)^3+3(t-1)^2+3(t-1)+1\}u(t-1)]\\&=e^{-s}(\frac{3!}{s^4}+3\frac{2!}{s^3}+3\times\frac{1}{s^2}+\frac{1}{s})\end{aligned}$$

로 구할 수 있다.

그러나 $\mathcal{L}\{t^3u(t-1)\}$와 같이 함수는 $\mathcal{L}\{f(t)u(t-1)\}$의 형태로 표현되는 경우가 많다. 또한 다항식 이외의 함수들은 $t-1$의 함수로 변환하기 쉽지 않다.

이제 좀 더 쉬운 방법을 찾아보도록 하자.
$g(t)=f(t+1)$로 놓으면

$$\begin{aligned}\mathcal{L}\{f(t)u(t-1)\}&=\mathcal{L}\{g(t-1)u(t-1)\}\\&=e^{-s}G(s)\\&=e^{-s}\mathcal{L}\{g(t)\}\\&=e^{-s}\mathcal{L}\{f(t+1)\}\end{aligned}$$

이므로

$$\mathcal{L}\{f(t)u(t-1)\}=e^{-s}\mathcal{L}\{f(t+1)\}$$

이다.
이것을 일반적으로 표현하면

$$\mathcal{L}\{f(t)u(t-a))\}=e^{-as}\mathcal{L}\{f(t+a)\}$$

이다.
위의 공식을 이용하여 **[예제 19]**를 풀어보겠다.
제2 이동정리 $\mathcal{L}^{-1}\{e^{-as}F(s)\}=f(t-a)u(t-a)$에 의해

$$\begin{aligned}\mathcal{L}\{t^3u(t-1)\}&=\mathcal{L}[\{(t-1)^3+3(t-1)^2+3(t-1)+1\}u(t-1)]\\&=e^{-s}(\frac{3!}{s^4}+3\frac{2!}{s^3}+3\times\frac{1}{s^2}+\frac{1}{s})\end{aligned}$$

가 되지만

$$\mathcal{L}\{f(t)u(t-a))\}=e^{-as}\mathcal{L}\{f(t+a)\}\}$$

를 사용하여

$$\begin{aligned}\mathcal{L}\left\{t^3u(t-1)\right\}&=e^{-s}\mathcal{L}\left\{(t+1)^3\right\}\\&=e^{-s}\mathcal{L}\left(t^3+3t^2+3t+1\right)\\&=e^{-s}\left(\frac{3!}{s^4}+3\frac{2!}{s^3}+3\times\frac{1}{s^2}+\frac{1}{s}\right)\end{aligned}$$

으로 구하는 것이 편리하다.

예제 20

다음 함수의 라플라스 변환을 구하여라.

$$f(t)=\begin{cases}\sin t, & t<\frac{\pi}{2}\\ t^2, & \frac{\pi}{2}<t<2\\ e^{2t}\cos t, & t>2\end{cases}$$

풀이 주어진 함수를 한 줄로 표현하면

$$\begin{aligned}f(t)=&\sin t\left\{u(t-0)-u(t-\frac{\pi}{2})\right\}+t^2\left\{u(t-\frac{\pi}{2})-u(t-2)\right\}\\&+e^{2t}\cos t\,u(t-2)\end{aligned}$$

이다.

이제 이 함수의 각 항을 라플라스 변환하여 $f(t)$의 라플라스 변환을 구한다.

우변의 첫 항의 라플라스 변환을 구해보자.

$u(t-0)=1$이므로

$$\mathcal{L}\{\sin t\,u(t-0)\}=\frac{1}{s^2+1}$$

이고

$$\begin{aligned}\mathcal{L}\left\{-\sin t\,U(t-\frac{\pi}{2})\right\}&=-e^{-\frac{\pi}{2}s}\mathcal{L}\left\{\sin(t+\frac{\pi}{2})\right\}\\&=-e^{-\frac{\pi}{2}s}\mathcal{L}(\cos t)\\&=-e^{-\frac{\pi}{2}s}\times\frac{s}{s^2+1}\end{aligned}$$

이므로

$$\mathcal{L}\left[\sin t\left\{u(t-0)-u(t-\frac{\pi}{2})\right\}\right]=\frac{1}{s^2+1}-e^{-\frac{\pi}{2}s}\times\frac{s}{s^2+1}$$

이다. 두 번째 항의 라플라스 변환은

$$\begin{aligned}\mathcal{L}\left\{t^2u(t-\frac{\pi}{2})\right\}&=e^{-\frac{\pi}{2}s}\mathcal{L}\left\{(t+\frac{\pi}{2})^2\right\}\\&=e^{-\frac{\pi}{2}s}\mathcal{L}\,(t^2+\pi t+\frac{\pi^2}{4})\\&=e^{-\frac{\pi}{2}s}\left(\frac{2}{s^3}+\frac{\pi}{s^2}+\frac{\pi^2}{4s}\right)\end{aligned}$$

이고

$$\begin{aligned}\mathcal{L}\left\{-t^2u(t-2)\right\}&=-e^{-2s}\mathcal{L}\left\{(t+2)^2\right\}\\&=-e^{-2s}\mathcal{L}\,(t^2+4t+4)\\&=-e^{-2s}\left(\frac{2}{s^3}+\frac{4}{s^2}+\frac{4}{s}\right)\end{aligned}$$

이므로

$$\begin{aligned}&\mathcal{L}\left[t^2\left\{u(t-\frac{\pi}{2})-u(t-2)\right\}\right]\\&=e^{-\frac{\pi}{2}s}\left(\frac{2}{s^3}+\frac{\pi}{s^2}+\frac{\pi^2}{4s}\right)-e^{-2s}\left(\frac{2}{s^3}+\frac{4}{s^2}+\frac{4}{s}\right)\end{aligned}$$

이다. 또 세 번째 항에서는

$$\mathcal{L}\,(e^{2t}\cos t)=\frac{s-2}{(s-2)^2+1}$$

이므로

$$\mathcal{L}\,(e^{2t}\cos t\,u(t-2))=e^{-2s}\times\mathcal{L}\left\{e^{2(t+2)}\cos(t+2)\right\}$$

이고

$$\cos(A+B)=\cos A\cos B-\sin A\sin B$$

이므로

$$\begin{aligned}&e^{-2s}\mathcal{L}\left\{e^{2(t+2)}\cos(t+2)\right\}\\&=e^{-2s}\times e^4\times\mathcal{L}\left\{e^{2t}\times(\cos t\cos 2-\sin t\sin 2)\right\}\\&=e^{-2(s-2)}\times\left\{\cos 2\times\mathcal{L}\,(e^{2t}\cos t)-\sin 2\times\mathcal{L}\,(e^{2t}\sin t)\right\}\\&=e^{-2(s-2)}\times\left\{\frac{s-2}{(s-2)^2+1}\times\cos 2-\frac{1}{(s-2)^2+1}\times\sin 2\right\}\end{aligned}$$

이다.

따라서 각 항의 라플라스 변환을 더하여 주어진 함수의 라플라스 변환을 구하면

$$\mathcal{L}\{f(t)\} = \frac{1}{s^2+1} - e^{-\frac{\pi}{2}s} \times \frac{s}{s^2+1} + e^{-\frac{\pi}{2}s}\left(\frac{2!}{s^3} + \frac{\pi}{s^2} + \frac{\pi^2}{4s}\right) - e^{-2s}\left(\frac{2}{s^3} + \frac{4}{s^2} + \frac{4}{s}\right) + e^{-2(s-2)}\left\{\frac{s-2}{(s-2)^2+1} \times \cos 2 - \frac{1}{(s-2)^2+1} \times \sin 2\right\}$$

을 얻을 수 있다.

또, 이 문제에서 $f(t)$를 한 줄로 표현하는 다른 방법은

$$f(t) = \sin t\, u(t) + (-\sin t + t^2)u\left(t - \frac{\pi}{2}\right) + (-t^2 + e^{2t}\cos t)u(t-2)$$

이다.

여기서 우변의 첫 번째 항의 라플라스 변환을 구하면

$$u(t) = 1$$

이므로

$$\mathcal{L}\{\sin t\, u(t)\} = \mathcal{L}(\sin t) = \frac{1}{s^2+1}$$

이다.

두 번째 항의 라플라스변환은

$$\begin{aligned}\mathcal{L}\left\{(-\sin t + t^2)u\left(t - \frac{\pi}{2}\right)\right\} &= e^{-\frac{\pi}{2}s}\mathcal{L}\left\{-\sin\left(t + \frac{\pi}{2}\right) + \left(t + \frac{\pi}{2}\right)^2\right\} \\ &= e^{-\frac{\pi}{2}s}\mathcal{L}\left(-\cos t + t^2 + \pi t + \frac{\pi^2}{4}\right) \\ &= e^{-\frac{\pi}{2}s}\left(-\frac{s}{s^2+1} + \frac{2}{s^3} + \frac{\pi}{s^2} + \frac{\pi^2}{4s}\right)\end{aligned}$$

이다.

세 번째 항의 라플라스 변환은

$$\begin{aligned}&\mathcal{L}\{(-t^2 + e^{2t}\cos t)u(t-2)\} \\ &= e^{-2s}\mathcal{L}\{-(t+2)^2 + e^{2(t+2)}\cos(t+2)\} \\ &= e^{-2s}\mathcal{L}\{-t^2 - 4t - 4 + e^4 \times e^{2t}\cos(t+2)\} \\ &= e^{-2s}\mathcal{L}\{-t^2 - 4t - 4 + e^4 \times e^{2t}(\cos t\cos 2 - \sin t\sin 2)\} \\ &= e^{-2s}\mathcal{L}\{-t^2 - 4t - 4 + e^4 \times (e^{2t}\cos t\cos 2 - e^{2t}\sin t\sin 2)\} \\ &= -e^{-2s}\left(\frac{2}{s^3} + \frac{4}{s^2} + \frac{4}{s}\right) + e^{-2(s-2)}\left\{\frac{s-2}{(s-2)^2+1} \times \cos 2 - \frac{1}{(s-2)^2+1} \times \sin 2\right\}\end{aligned}$$

이다.

따라서 이 세 항의 라플라스 변환을 더하여 주어진 함수의 라플라스 변환을 구하면

$$\mathcal{L}\{f(t)\}=\frac{1}{s^2+1}+e^{-\frac{\pi}{2}s}\left(-\frac{s}{s^2+1}+\frac{2}{s^3}+\frac{\pi}{s^2}+\frac{\pi^2}{4s}\right)$$
$$-e^{-2s}\left(\frac{2}{s^3}+\frac{4}{s^2}+\frac{4}{s}\right)+e^{-2(s-2)}\left\{\frac{s-2}{(s-2)^2+1}\times\cos 2-\frac{1}{(s-2)^2+1}\times\sin 2\right\}$$

이다.

이것을 다시 쓰면

$$\mathcal{L}\{f(t)\}=\frac{1}{s^2+1}-e^{-\frac{\pi}{2}s}\times\frac{s}{s^2+1}$$
$$+e^{-\frac{\pi}{2}s}\left(\frac{2!}{s^3}+\frac{\pi}{s^2}+\frac{\pi^2}{4s}\right)-e^{-2s}\left(\frac{2}{s^3}+\frac{4}{s^2}+\frac{4}{s}\right)$$
$$+e^{-2(s-2)}\left\{\frac{s-2}{(s-2)^2+1}\times\cos 2-\frac{1}{(s-2)^2+1}\times\sin 2\right\}$$

이므로 두 방법의 결과는 같다.

예제 21

$f(t)$가 다음 그래프와 같을 때 $F(s)$를 구하여라.

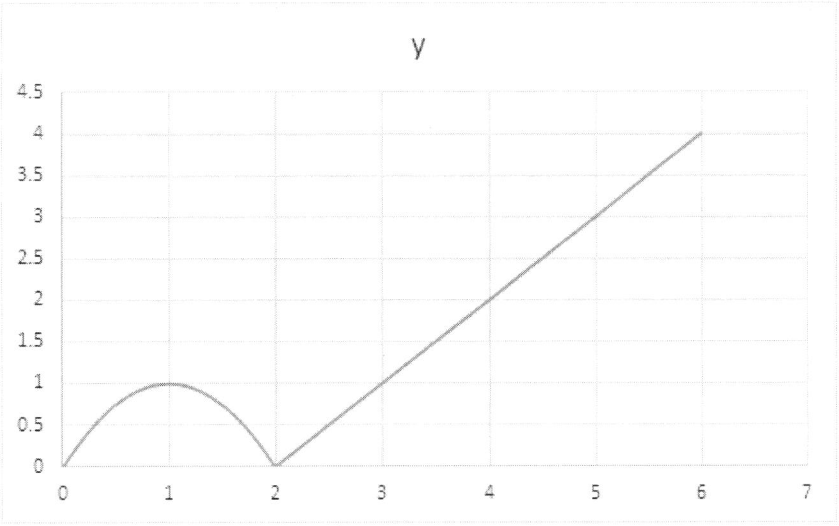

$$f(t)=\begin{cases}-(t-1)^2+1, & t<2\\ t-2, & t>2\end{cases}$$

풀이

$$f(t)=\{-(t-1)^2+1\}\times\{1-u(t-2)\}+(t-2)u(t-2)$$

$$\begin{aligned}\mathcal{L}\{f(t)\} &= \mathcal{L}(-t^2+2t) - e^{-2s}\mathcal{L}\{-(t+1)^2+1\} + e^{-2s}\mathcal{L}(t)\\ &= -\frac{2}{s^3}+\frac{2}{s^2} - e^{-2s}\mathcal{L}\{-t^2-2t\} + e^{-2s}\mathcal{L}(t)\\ &= -\frac{2}{s^3}+\frac{2}{s^2} + e^{-2s}\left(\frac{2!}{s^3}+\frac{3}{s^2}\right)\end{aligned}$$

주기함수의 라플라스 변환

$f(t+T)=f(t)$일때 $(T>0)$ 함수 $f(t)$를 주기가 T인 주기함수라 하며, 이 함수의 라플라스 변환은

$$\mathcal{L}\{f(t)\} = \frac{1}{1-e^{-sT}}\int_0^T e^{-st}f(t)dt$$

가 된다.

증명

$$\mathcal{L}\{f(t)\} = \int_0^\infty e^{-st}f(t)dt = \int_0^T e^{-st}f(t)dt + \int_T^\infty e^{-st}f(t)dt$$

이다.

여기에서 우변의 두 번째 항을 $t=x+T$로 변환하면

$t=T$일 때 $x=0$이고

$t=\infty$일 때 $x=\infty$, $dt=dx$

로 바뀌어

$$\begin{aligned}\int_T^\infty e^{-st}f(t)dt &= \int_0^\infty e^{-s(x+T)}f(x+T)dx = \int_0^\infty e^{-s(x+T)}f(x)dx\\ &= e^{-sT}\int_0^\infty e^{-sx}f(x)dx = e^{-sT}\int_0^\infty e^{-st}f(t)dt\end{aligned}$$

가 된다. 우변의 두 번째 항을 위와 같이 바꾸면

$$\begin{aligned}\mathcal{L}\{f(t)\} &= \int_0^T e^{-st}f(t)dt + \int_T^\infty e^{-st}f(t)dt\\ &= \int_0^T e^{-st}f(t)dt + e^{-sT}\int_0^\infty e^{-st}f(t)dt\\ &= \int_0^T e^{-st}f(t)dt + e^{-sT}\mathcal{L}\{f(t)\}\end{aligned}$$

이다. 그러면

$$(1-e^{-sT})\mathcal{L}\{f(t)\}=\int_0^T e^{-st}f(t)dt$$

이고

$$\mathcal{L}\{f(t)\}=\frac{1}{1-e^{-sT}}\int_0^T e^{-st}f(t)dt$$

가 된다.

예제 22

주기함수의 성질을 이용하여 $\mathcal{L}\{\sin t\}$를 구하여라.

풀이 $\sin(t+2\pi)=\sin t$이므로

$$\mathcal{L}\{\sin t\}=\frac{1}{1-e^{-2\pi s}}\int_0^{2\pi} e^{-st}\sin t\,dt$$

이다. 여기서

$$\int_0^{2\pi} e^{-st}\sin t\,dt=[-e^{-st}(\cos t+s\sin t)]_{t=0}^{t=2\pi}-s^2\int_0^{2\pi} e^{-st}\sin t\,dt$$

$$=(-e^{-2\pi s}+1)-s^2\int_0^{2\pi} e^{-st}\sin t\,dt$$

이므로

$$\int_0^{2\pi} e^{-st}\sin t\,dt+s^2\int_0^{2\pi} e^{-st}\sin t\,dt=-e^{-2\pi s}+1$$

$$(s^2+1)\int_0^{2\pi} e^{-st}\sin t\,dt=1-e^{-2\pi s}$$

$$\int_0^{2\pi} e^{-st}\sin t\,dt=\frac{1-e^{-2\pi s}}{s^2+1}$$

이 되고, 이를

$$\mathcal{L}\{\sin t\}=\frac{1}{1-e^{-2\pi s}}\int_0^{2\pi} e^{-st}\sin t\,dt$$

에 대입하면

$$\mathcal{L}\{\sin t\}=\frac{1}{1-e^{-2\pi s}}\times\frac{1-e^{-2\pi s}}{s^2+1}=\frac{1}{s^2+1}$$

이 된다.

예제 23

$f(t)=t,\ 0<t<1,\ f(t+1)=f(t)$**의 라플라스 변환을 구하라.**

풀이 $f(t)$는 주기가 1인 함수이므로 그래프로 나타내면

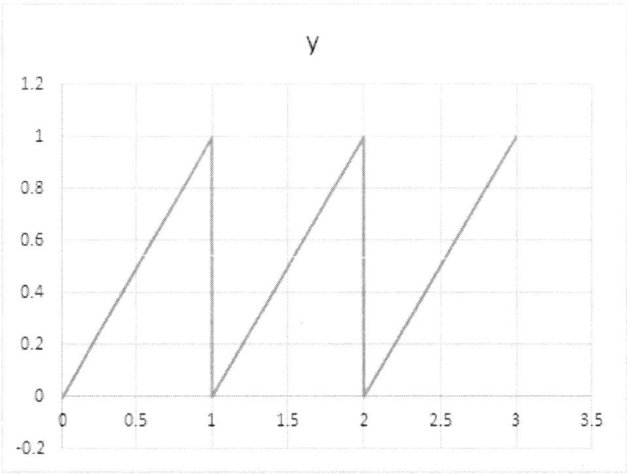

이고 이 함수의 라플라스 변환은

$$\begin{aligned}\mathcal{L}\{f(t)\} &= \frac{1}{1-e^{-s}}\int_0^1 te^{-st}dt \\ &= \frac{1}{1-e^{-s}}\left[-\frac{t}{s}e^{-st}-\frac{1}{s^2}e^{-st}\right]_{t=0}^{t=1} \\ &= \frac{1}{1-e^{-s}}\left(-\frac{1}{s}e^{-s}-\frac{1}{s^2}e^{-s}+\frac{1}{s^2}\right) \\ &= \frac{1}{se^s(e^{-s}-1)}+\frac{1}{1-e^{-s}}\times\frac{1-e^{-s}}{s^2} \\ &= \frac{1}{s(1-e^s)}+\frac{1}{s^2}\end{aligned}$$

이다.

예제 24

다음 미분방정식의 해를 구하라.

$$y''+9y=f(t),\ y(0)=0,\ \ y'(0)=1,\ f(t)=\begin{cases}1, & 0<t<\dfrac{\pi}{2} \\ -1, & t>\dfrac{\pi}{2}\end{cases}$$

풀이 먼저 단위계단함수를 사용하여

$$f(t) = 1 - 2u\left(t - \frac{\pi}{2}\right)$$

로 나타낸다. 그러면

$$F(s) = \frac{1}{s} - 2 \times \frac{1}{s} e^{-\frac{\pi}{2}s}$$

이 되고

$$\mathcal{L}(y'') = s^2 Y - 1$$

이다.

주어진 미분방정식의 양변을 라플라스 변환하면

$$s^2 Y - 1 + 9Y = \frac{1}{s} - 2 \times \frac{1}{s} e^{-\frac{\pi}{2}s}$$

이다. 정리하면

$$(s^2 + 9)Y = 1 + \frac{1}{s} - 2 \times \frac{1}{s} e^{-\frac{\pi}{2}s} = \frac{s+1}{s} - 2 \times \frac{1}{s} e^{-\frac{\pi}{2}s}$$

이므로

$$Y = \frac{s+1}{s(s^2+9)} - \frac{2}{s(s^2+9)} e^{-\frac{\pi}{2}s}$$

이다.

Y의 역변환 y를 구하기 위하여 우변의 첫 번째 항을 부분분수로 분해한다.

$$\frac{s+1}{s(s^2+9)} = \frac{A}{s} + \frac{Bs + C}{s^2 + 9}$$

로 놓고

양변에 $s(s^2+9)$를 곱하면 $s + 1 = A(s^2+9) + (Bs + C)s$

이고 $s = 0$를 대입하면 $1 = 9A$, $A = \frac{1}{9}$,

2차 항의 계수를 비교하면 $0 = A + B$ 이므로 $B = -\frac{1}{9}$,

1차 항의 계수를 비교하면 $C = 1$ 이다.

$$\frac{s+1}{s(s^2+9)} = \frac{1}{9} \times \frac{1}{s} - \frac{1}{9} \times \frac{s-9}{s^2+9}$$

로 분해되고 우변의 두 번째 항을 부분분수로 분해하면

$$\frac{2}{s(s^2+9)} = \frac{2}{9}\times\frac{1}{s} - \frac{2}{9}\times\frac{s}{s^2+9}$$ 이 되어

$$Y = \frac{1}{9}\times\frac{1}{s} - \frac{1}{9}\times\frac{s-9}{s^2+9} - \left(\frac{2}{9}\times\frac{1}{s}\right)e^{-\frac{\pi}{2}s} - \left(\frac{2}{9}\times\frac{s}{s^2+9}\right)e^{-\frac{\pi}{2}s}$$

이다.

이제 제2 이동정리 $\mathcal{L}^{-1}\{e^{-as}F(s)\} = f(t-a)u(t-a)$에 의해 우변의 세 번째와 네 번째 항의 라플라스 역변환은

$$\mathcal{L}^{-1}\left\{-\left(\frac{2}{9}\times\frac{1}{s} - \frac{2}{9}\times\frac{s}{s^2+9}\right)e^{-\frac{\pi}{2}s}\right\}$$
$$= \left\{-\frac{2}{9} + \frac{2}{9}\times\cos 3\left(t-\frac{\pi}{2}\right)\right\}u\left(t-\frac{\pi}{2}\right)$$
$$= \left(-\frac{2}{9} - \frac{2}{9}\times\sin 3t\right)u\left(t-\frac{\pi}{2}\right)$$

이다. 따라서

$$y = \frac{1}{9} - \frac{1}{9}(\cos 3t - 3\sin 3t) + \left(-\frac{2}{9} - \frac{2}{9}\times\sin 3t\right)u\left(t-\frac{\pi}{2}\right)$$

이다.

예제 25

다음 미분방정식의 해를 구하라.

$$y'' - 4y = f(t),\ y(0) = 2,\ y'(0) = -1,\ f(t) = \begin{cases} e^t, & 0 < t < 3 \\ -1, & t > 3 \end{cases}$$

풀이 먼저 단위계단함수를 사용하여

$$f(t) = e^t - (e^t + 1)u(t-3)$$

로 나타낸다. 그러면

$$F(s) = \frac{1}{s-1} - \mathcal{L}(e^{t+3}+1)e^{-3s}$$
$$= \frac{1}{s-1} - \left(\frac{e^3}{s-1} + \frac{1}{s}\right)e^{-3s}$$

이 되고

주어진 미분방정식의 양변을 라플라스 변환하면

$$s^2Y - 2s + 1 - 4Y = \frac{1}{s-1} - \left(\frac{e^3}{s-1} + \frac{1}{s}\right)e^{-3s}$$

이다. 정리하면

$$(s^2-4)Y=2s-1+\frac{1}{s-1}-(\frac{e^3}{s-1}+\frac{1}{s})e^{-3s}$$

$$Y=\frac{2s-1}{s^2-4}+\frac{1}{(s^2-4)(s-1)}-\left\{\frac{(e^3+1)s-1}{s(s-1)(s^2-4)}\right\}e^{-3s}$$

이고, 우변의 첫 번째 항은

$$\frac{2s-1}{s^2-4}=2\times\frac{s}{s^2-4}-\frac{1}{2}\times\frac{2}{s^2-4}$$

가 되고 이를 라플라스 역변환하면

$$\mathcal{L}^{-1}(\frac{2s-1}{s^2-4})=2\cosh 2t-\frac{1}{2}\sinh 2t$$

이다. 두 번째 항은 부분분수로 분해하기 위하여

$$\frac{1}{(s^2-4)(s-1)}=\frac{As+B}{s^2-4}+\frac{C}{s-1}$$

로 놓는다. 양변에 $(s^2-4)(s-1)$를 곱하면

$$1=(As+B)(s-1)+C(s^2-4)$$

이고, 여기에

$s=1$을 대입하면 $1=-3C,\ \ C=-\frac{1}{3}$,

2차 항의 계수를 비교하면 $0=A+C$ 이고 $C=-\frac{1}{3}$ 이므로 $A=\frac{1}{3}$,

상수항을 비교하면 $1=-B-4C$ 이고 $C=-\frac{1}{3}$ 이므로 $B=\frac{7}{3}$,

이다. A, B, C 값을 대입하면 우변의 두 번째 항은

$\frac{1}{(s^2-4)(s-1)}=\frac{1}{3}(\frac{s+7}{s^2-4}-\frac{1}{s-1})$로 분해되고 그 라플라스 역변환은

$$\mathcal{L}^{-1}\left\{\frac{1}{(s^2-4)(s-1)}\right\}=\frac{1}{3}(\cosh 2t+\frac{7}{2}\sinh 2t-e^t)$$

이다.

이제, 세 번째항을 라플라스역변환하기 위해 $\frac{(e^3+1)s-1}{s(s-1)(s^2-4)}$을 부분분수로 분해하자.

$$\frac{(e^3+1)s-1}{s(s-1)(s^2-4)}=\frac{A}{s}+\frac{B}{s-1}+\frac{Cs+D}{s^2-4}$$

로 놓고, 양변에 $s(s-1)(s^2-4)$를 곱하면

$$(e^3+1)s-1=A(s-1)(s^2-4)-Bs(s^2-4)+(Cs+D)s(s-1)$$

이다.

양변에 $s=0$를 대입하면 $-1=4A$, $A=-\frac{1}{4}$,

$s=1$을 대입하면 $e^3=3B$, $B=\frac{e^3}{3}$,

3차 항의 계수를 비교하면 $0=A+B+C$이므로 $C=\frac{1}{4}-\frac{e^3}{3}$,

2차 항의 계수를 비교하면 $0=-A-C+D$이므로 $D=-\frac{1}{4}+\frac{1}{4}-\frac{e^3}{3}=\frac{e^3}{3}$,

이다.
A, B, C, D 값을 대입하면

$$\frac{(e^3+1)s-1}{s(s-1)(s^2-4)}=\frac{1}{4}\times\frac{1}{s}+\frac{e^3}{3}\times\frac{1}{s-1}+(\frac{1}{4}-\frac{e^3}{3})\times\frac{s}{s^2-4}+\frac{e^3}{6}\times\frac{2}{s^2-4}$$

로 분해되고,

$$\mathcal{L}^{-1}\left\{\frac{(e^3+1)s-1}{s(s-1)(s^2-4)}\right\}$$
$$=\frac{1}{4}+\frac{e^3}{3}\times e^t+(\frac{1}{4}-\frac{e^3}{3})\times\cosh 2(t-3)+\frac{e^3}{6}\sinh 2t$$

이다. 공식 $\mathcal{L}\{f(t-a)u(t-a)\}=e^{-as}F(s)$ 즉, 제2 이동정리에 의하여

$$\mathcal{L}^{-1}\left\{\frac{(e^3+1)s-1}{s(s-1)(s^2-4)}\times e^{-3s}\right\}$$
$$=\left\{\frac{1}{4}+\frac{e^3}{3}\times e^{t-3}+(\frac{1}{4}-\frac{e^3}{3})\times\cosh 2(t-3)+\frac{e^3}{6}\sinh 2(t-3)\right\}\times u(t-3)$$

이다. 따라서

$$y=2\cosh 2t-\frac{1}{2}\sinh 2t+\frac{1}{3}(\cosh 2t+\frac{7}{2}\sinh 2t-e^t)$$
$$-\left\{\frac{1}{4}+\frac{e^3}{3}\times e^{t-3}+(\frac{1}{4}-\frac{e^3}{3})\times\cosh 2(t-3)+\frac{e^3}{6}\sinh 2(t-3)\right\}\times u(t-3)$$

이다.

연습문제

1. 다음 라플라스 변환 $F(s)$를 구하여라.

(1) $f(t)=\sin^2 t$

풀이

$$f(t)=\sin^2 t=\frac{1-\cos 2t}{2}$$

이므로

$$F(s)=\frac{1}{2}(\frac{1}{s}-\frac{s}{s^2+4})$$

이다.

(2) $f(t)=\sin t,\ 0<t<\pi$ **이고** $f(t+\pi)=f(t)$

풀이 위의 함수는 주기가 π인 주기 함수이므로

$$F(s)=\frac{1}{1-e^{-\pi s}}\int_0^{\pi} e^{-st}\sin t\,dt$$

이고,

적분공식 $\int e^{at}\sin bt\,dx=\frac{e^{at}(a\sin bt-b\cos bt)}{a^2+b^2}+C$ 에 의하여

$$F(s)=\frac{1}{1-e^{-\pi s}}\int_0^{\pi} e^{-st}\sin t\,dt$$

$$=\frac{1}{1-e^{-\pi s}}\int_0^{\pi} e^{-st}\sin t\,dx=\frac{1}{1-e^{-\pi s}}[\frac{e^{-st}(-s\sin t-\cos t)}{s^2+1^2}]_{t=0}^{t=\pi}$$

$$=\frac{1}{1-e^{-\pi s}}[\left\{\frac{e^{-s\pi}(-s\sin\pi-\cos\pi)}{s^2+1^2}\right\}-\left\{\frac{(-s\sin 0-\cos 0)}{s^2+1^2}\right\}]$$

이다.

여기서 $\sin\pi=\sin 0=0$이고 $\cos\pi=-1, \cos 0=1$이 되어

$$F(s)=\frac{1}{1-e^{-\pi s}}(\frac{e^{-s\pi}}{s^2+1}+\frac{1}{s^2+1})$$

이다.

(3) $f(t)=\begin{cases}\cos t, & 0<t<\pi \\ (t-\pi)^2, & \pi<t<3\pi \\ 4\pi^2+t, & t>3\pi\end{cases}$

풀이 주어진 함수를 한줄로 표현하면

$$f(t)=\cos t\{u(t)-u(t-\pi)\}+(t-\pi)^2\{u(t-\pi)-u(t-3\pi)\}$$
$$+(4\pi^2+t)u(t-3\pi)$$

이다.

첫 번째 항의 라플라스 변환은

$$\begin{aligned}\mathcal{L}\{\cos t\,u(t)\}-\mathcal{L}\{\cos t\,u(t-\pi)\}&=\frac{s}{s^2+1}-e^{-\pi s}\mathcal{L}\{\cos(t+\pi)\}\\&=\frac{s}{s^2+1}+e^{-\pi s}\mathcal{L}(\cos t)\\&=\frac{s}{s^2+1}+e^{-\pi s}\times\frac{s}{s^2+1}\end{aligned}$$

이다.

두 번째 항은 둘로 구분하여 각각의 라플라스 변환을 구하면

$$\mathcal{L}\{(t-\pi)^2u(t-\pi)\}=e^{-\pi s}\mathcal{L}\{(t+\pi-\pi)^2\}=e^{-\pi s}\mathcal{L}(t^2)=e^{-\pi s}\times\frac{2}{s^3}$$

와

$$\begin{aligned}\mathcal{L}\{(t-\pi)^2u(t-3\pi)\}&=e^{-3\pi s}\mathcal{L}\{(t+3\pi-\pi)^2\}=e^{-3\pi s}\mathcal{L}\{(t+2\pi)^2\}\\&=e^{-3\pi s}\mathcal{L}(t^2+4\pi t+4\pi^2)\\&=e^{-3\pi s}\left(\frac{2}{s^3}+\frac{4\pi}{s^2}+\frac{4\pi^2}{s}\right)\end{aligned}$$

이므로

$$\mathcal{L}[(t-\pi)^2\{u(t-\pi)-u(t-3\pi)\}]$$
$$=e^{-\pi s}\times\frac{2}{s^3}-e^{-3\pi s}\left(\frac{2}{s^3}+\frac{4\pi}{s^2}+\frac{4\pi^2}{s}\right)$$

이다. 세 번째 항의 라플라스 변환은

$$\begin{aligned}\mathcal{L}\{(4\pi^2+t)u(t-3\pi)\}&=e^{-3\pi s}\mathcal{L}(4\pi^2+t+3\pi)\\&=e^{-3\pi s}\left(\frac{4\pi^2}{s}+\frac{1}{s^2}+\frac{3\pi}{s}\right)\end{aligned}$$

이다.

그러므로

$$F(s)=\frac{s}{s^2+1}+e^{-\pi s}\times\frac{s}{s^2+1}+e^{-\pi s}\times\frac{2}{s^3}$$
$$-e^{-3\pi s}\left(\frac{2}{s^3}+\frac{4\pi}{s^2}+\frac{4\pi^2}{s}\right)+e^{-3\pi s}\left(\frac{4\pi^2}{s}+\frac{1}{s^2}+\frac{3\pi}{s}\right)$$
$$=\frac{s}{s^2+1}+e^{-\pi s}\times\frac{s}{s^2+1}+e^{-\pi s}\times\frac{2}{s^3}-e^{-3\pi s}\left(\frac{2}{s^3}+\frac{4\pi}{s^2}-\frac{1}{s^2}-\frac{3\pi}{s}\right)$$

이다.
또, 이 문제에서 $f(t)$를 한 줄로 표현하는 다른 방법은

$$f(t)=\cos t u(t)+\{-\cos t+(t-\pi)^2\}u(t-\pi)+\{-(t-\pi)^2+(4\pi^2+t)\}u(t-3\pi)$$

이다.
여기서 우변의 첫 번째 항의 라플라스 변환을 구하면

$$u(t)=1$$

이므로

$$\mathcal{L}\{\cos t u(t)\}=\mathcal{L}(\cos t)=\frac{s}{s^2+1}$$

이다.
두 번째 항의 라플라스변환은

$$\mathcal{L}\{-\cos t+(t-\pi)^2\}u(t-\pi)=e^{-\pi s}\mathcal{L}\{-\cos(t+\pi)+(t+\pi-\pi)^2\}$$
$$=e^{-\pi s}\mathcal{L}(\cos t+t^2)$$
$$=e^{-\pi s}(\frac{s}{s^2+1}+\frac{2}{s^3})$$

세 번째 항의 라플라스 변환은

$$\mathcal{L}\{-(t-\pi)^2+(4\pi^2+t)\}u(t-3\pi)=e^{-3\pi s}\mathcal{L}\{-(t+2\pi)^2+(4\pi^2+t+3\pi)\}$$
$$=e^{-3\pi s}\mathcal{L}\{-t^2-4\pi t-4\pi^2+(4\pi^2+t+3\pi)\}$$
$$=e^{-3\pi s}(-\frac{2}{s^3}-\frac{4\pi}{s^2}+\frac{1}{s^2}+\frac{3\pi}{s})$$

이다
따라서 이 세 항의 라플라스 변환을 더하여 주어진 함수의 라플라스 변환을 구하면

$$\mathcal{L}\{f(t)\}=\frac{s}{s^2+1}+e^{-\pi s}(\frac{s}{s^2+1}+\frac{2}{s^3})+e^{-3\pi s}(-\frac{2}{s^3}-\frac{4\pi}{s^2}+\frac{1}{s^2}+\frac{3\pi}{s})$$

2. 다음 함수의 라플라스 역변환을 구하여라.

(1) $F(s)=\dfrac{1}{s^2(s^2+1)}e^{-2s}$

풀이

$$f(t)=\mathcal{L}^{-1}\left\{\frac{1}{s^2(s^2+1)}e^{-2s}\right\}=\mathcal{L}^{-1}\left\{\left(\frac{1}{s^2}-\frac{1}{s^2+1}\right)e^{-2s}\right\}$$

이다.

그리고 제2 이동정리 $\mathcal{L}^{-1}\{e^{-as}F(s)\}=f(t-a)u(t-a)$에 의해

$$f(t)=\mathcal{L}^{-1}\left\{\left(\frac{1}{s^2}-\frac{1}{s^2+1}\right)e^{-2s}\right\}=(t-2)u(t-2)-\sin(t-2)u(t-2)$$

이다.

(2) $\mathcal{L}^{-1}\left\{\dfrac{2(s+2)}{(s^2+4s+13)^2}\right\}$

풀이

$F'(s)=\dfrac{2(s+2)}{(s^2+4s+13)^2}$로 놓고 $F(s)$를 구해보자.

$u=(s^2+4s+13)$, $du=(2s+4)ds$로 치환하면

$$F(s)=\int\frac{2(s+2)}{(s^2+4s+13)^2}ds=\int\frac{1}{u^2}du=-\frac{1}{u}=-\frac{1}{(s^2+4s+13)}$$

$$=-\frac{1}{(s+2)^2+3^2}=\mathcal{L}\left(-\frac{1}{3}e^{-2t}\sin 3t\right)=\mathcal{L}\{f(t)\}.$$

그러므로 공식 $\mathcal{L}^{-1}\{F'(s)\}=-tf(t)$에 따라서

$$\mathcal{L}^{-1}\left\{\frac{2(s+2)}{(s^2+4s+13)^2}\right\}=\mathcal{L}^{-1}\{F'(s)\}$$

$$=-tf(t)=\frac{1}{3}te^{-2t}\sin 3t$$

이다.

(3) $\mathcal{L}^{-1}(\tan^{-1}s)$

풀이

$F(s)=\tan^{-1}s$로 놓으면

$$F'(s)=\frac{1}{s^2+1}$$

이고

$$\mathcal{L}^{-1}\{F'(s)\}=-tf(t)=\sin t$$

이므로

$$\mathcal{L}^{-1}(\tan^{-1}s) = f(t) = -\frac{\sin t}{t}$$

이다.

3. **다음 미분방정식의 초깃값 문제의 해를 라플라스 변환을 사용하여 구하여라.**

(1) $y'' + y = g(t),\ y(0) = 1,\ y'(0) = 2,\ g(t) = \begin{cases} 1, & 0 < t < 1 \\ t, & t > 1 \end{cases}$

풀이 먼저 단위계단함수를 사용하여

$$g(t) = 1 - (1-t)u(t-1) = 1 + (t-1)u(t-1)$$

로 나타낸다.

그러면 $\mathcal{L}\{f(t-a)u(t-a)\} = e^{-as}F(s)$, 즉 제2 이동정리에 의해

$$G(s) = \frac{1}{s} + \frac{1}{s^2}e^{-s}$$

이 되고

$$\mathcal{L}(y'') = s^2 Y - s - 2$$

이다.

주어진 미분방정식의 양변을 라플라스 변환하면

$$s^2 Y - s - 2 + Y = \frac{1}{s} + \frac{1}{s^2}e^{-s}$$

이다. 정리하면

$$(s^2+1)Y = s + 2 + \frac{1}{s} + \frac{1}{s^2}e^{-s} = \frac{s^2+2s+1}{s} + \frac{1}{s^2}e^{-s}$$

$$Y = \frac{s^2+2s+1}{s(s^2+1)} + \frac{1}{s^2(s^2+1)}e^{-s}$$

이다.

먼저 우변의 첫 번째 항을 부분분수로 분해하기 위하여

$$\frac{s^2+2s+1}{s(s^2+1)} = \frac{A}{s} + \frac{Bs+C}{s^2+1}$$

로 놓는다.

양변에 $s(s^2+1)$를 곱하면 $s^2+2s+1 = A(s^2+1) + (Bs+C)s$

이고, $s=0$를 대입하면 $1 = A$, $A = 1$,

2차 항의 계수를 비교하면 $1 = A + B$ 이므로 $B = 0$,

1차 항의 계수를 비교하면 $C = 2$,

이므로

$$\frac{s^2+2s+1}{s(s^2+1)} = \frac{1}{s} + \frac{2}{s^2+1}$$

이다.
따라서 우변의 첫 번째 항의 라플라스 역변환은

$$\mathcal{L}^{-1}\left\{\frac{s^2+2s+1}{s(s^2+1)}\right\} = \mathcal{L}^{-1}\left(\frac{1}{s} + \frac{2}{s^2+1}\right) = 1 + 2\sin t$$

이다.
두 번째 항의 라플라스 역변환은 $\mathcal{L}^{-1}\{e^{-as}F(s)\} = f(t-a)u(t-a)$, 즉 제2 이동 정리에 의해

$$\mathcal{L}^{-1}\left\{\frac{e^{-s}}{s^2(s^2+1)}\right\} = \mathcal{L}^{-1}\left\{\left(\frac{1}{s^2} - \frac{1}{s^2+1}\right)e^{-s}\right\} = \{(t-1) - \sin(t-1)\}u(t-1)$$

이다.
따라서

$$y = 1 + 2\sin t + \{(t-1) - \sin(t-1)\}u(t-1)$$

이다.

(2) 다음 미분방정식의 초기값 문제의 해를 라플라스 변환을 사용하여 구하여라.

$$y'' - y' - 6y = g(t),\ y(0) = 0,\ \ y'(0) = 1,\ g(t) = \begin{cases} -1\ , & 0 < t < 2\pi \\ \cos t\ , & 2\pi < t < 3\pi \\ e^t\ , & t > 3\pi \end{cases}$$

풀이 먼저 단위계단함수를 사용하여

$$\begin{aligned} g(t) &= -1\{1 - u(t-2\pi)\} + \cos t\{u(t-2\pi) - u(t-3\pi)\} + e^t u(t-3\pi) \\ &= -1 + (1+\cos t)u(t-2\pi) + (-\cos t + e^t)u(t-3\pi) \end{aligned}$$

로 나타낸다.
그러면 공식 $\mathcal{L}\{f(t)u(t-a))\} = e^{-as}\mathcal{L}\{f(t+a)\}\}$에 의해

$$\begin{aligned} G(s) &= -\frac{1}{s} + \mathcal{L}\{(1+\cos(t+2\pi)\}e^{-2\pi s} + \mathcal{L}\{-\cos(t+3\pi) + e^{t+3\pi}\}e^{-3\pi s} \\ &= -\frac{1}{s} + \mathcal{L}(1+\cos t)e^{-2\pi s} + \mathcal{L}(\cos t + e^{t+3\pi})e^{-3\pi s} \\ &= -\frac{1}{s} + \left(\frac{1}{s} + \frac{s}{s^2+1}\right)e^{-2\pi s} + \left(\frac{s}{s^2+1} + \frac{e^{3\pi}}{s-1}\right)e^{-3\pi s} \end{aligned}$$

이고

$$\mathcal{L}(y'') = s^2 Y - 1,\ \ \mathcal{L}(y') = sY$$

이므로,
주어진 미분방정식의 양변을 라플라스 변환하면

$$s^2Y-1-sY-6Y$$
$$=-\frac{1}{s}+(\frac{1}{s}+\frac{s}{s^2+1})e^{-2\pi s}+(\frac{s}{s^2+1}+\frac{e^{3\pi}}{s-1})e^{-3\pi s}$$

이다.

정리하면

$$(s+2)(s-3)Y$$
$$=1-\frac{1}{s}+(\frac{1}{s}+\frac{s}{s^2+1})e^{-2\pi s}+(\frac{s}{s^2+1}+\frac{e^{3\pi}}{s-1})e^{-3\pi s}$$

이므로

$$\begin{aligned}Y=&\frac{1}{(s+2)(s-3)}-\frac{1}{(s+2)s(s-3)}\\&+\left\{\frac{1}{(s+2)s(s-3)}+\frac{s}{(s+2)(s-3)(s^2+1)}\right\}e^{-2\pi s}\\&+\left\{\frac{s}{(s+2)(s-3)(s^2+1)}+\frac{e^{3\pi}}{(s+2)(s-1)(s-3)}\right\}e^{-3\pi s}\end{aligned}$$

이다.

y를 찾기 위하여 우변을 부분분수로 분해한다. 첫 번째 항은

$$\frac{1}{(s+2)(s-3)}=\frac{A_1}{s+2}+\frac{A_2}{s-3}$$

로 놓고

양변에 $(s+2)(s-3)$을 곱하면 $1=A_1(s-3)+A_2(s+2)$이 되고

양변에 $s=-2$를 대입하면 $1=-5A_1$, $A_1=-\frac{1}{5}$

$s=3$을 대입하면 $1=5A_2$, $A_2=\frac{1}{5}$이 되어

$$\frac{1}{(s+2)(s-3)}=\frac{1}{5}(\frac{-1}{s+2}+\frac{1}{s-3})$$

이다.

두 번째 항은

$$\frac{1}{(s+2)s(s-3)}=\frac{B_1}{s+2}+\frac{B_2}{s}+\frac{B_3}{s-3}$$

로 놓고

양변에 $(s+2)s(s-3)$을 곱하면

$1=B_1s(s-3)+B_2(s+2)(s-3)+B_3(s+2)s$이 되고

양변에 $s=-2$를 대입하면 $1=10B_1$, $B_1=\frac{1}{10}$

$s=0$을 대입하면 $1=-6B_2$, $B_2=-\dfrac{1}{6}$이 되고

$s=3$을 대입하면 $1=15B_3$, $B_3=\dfrac{1}{15}$이 되어

$$\frac{1}{(s+2)s(s-3)}=\frac{1}{30}\left(\frac{3}{s+2}-\frac{5}{s}+\frac{2}{s-3}\right)$$

로 분해된다.

세 번째 항의 뒷부분은

$$\frac{s}{(s+2)(s-3)(s^2+1)}=\frac{C_1}{s+2}+\frac{C_2}{s-3}+\frac{C_3s+C_4}{s^2+1}$$

로 놓고

양변에 $(s+2)(s-3)(s^2+1)$를 곱하면

$s=C_1(s-3)(s^2+1)+C_2(s+2)(s^2+1)+(C_3s+C_4)(s+2)(s-3)$이고

$s=-2$를 대입하면 $-2=-25C_1$, $C_1=\dfrac{2}{25}$

$s=3$을 대입하면 $3=50C_2$, $C_2=\dfrac{3}{50}$

3차 항의 계수를 비교하면 $0=C_1+C_2+C_3$, $C_3=-\dfrac{7}{50}$

상수항의 계수를 비교하면

$0=-3C_1+2C_2-6C_4$, $C_4=\dfrac{-\dfrac{6}{25}+\dfrac{6}{50}}{6}=-\dfrac{1}{50}$이다.

따라서

$$\frac{s}{(s+2)(s-3)(s^2+1)}=\frac{1}{50}\left(\frac{4}{s+2}+\frac{3}{s-3}-\frac{7s+1}{s^2+1}\right)$$

로 분해된다.

네 번째 항의 뒷부분은

$$\frac{e^{3\pi}}{(s+2)(s-1)(s-3)}=\frac{D_1}{s+2}+\frac{D_2}{s-1}+\frac{D_3}{s-3}$$

로 두고

양변에 $(s+2)(s-1)(s-3)$을 곱하면

$e^{3\pi}=D_1s(s-1)(s-3)+D_2(s+2)(s-3)+D_3(s+2)(s-1)$이고

$s=-2$를 대입하면 $e^{3\pi}=-15D_1$, $D_1=-\dfrac{1}{15}e^{3\pi}$

$s=1$을 대입하면 $e^{3\pi}=-6D_2$, $D_2=-\dfrac{e^{3\pi}}{6}$

$s=3$을 대입하면 $e^{3\pi}=10D_3$, $D_3=\dfrac{e^{3\pi}}{10}$이다.

따라서

$$\frac{e^{3\pi}}{(s+2)s(s-1)(s-3)}=\frac{e^{3\pi}}{30}\left(\frac{2}{s+2}-\frac{5}{s-1}+\frac{3}{s-3}\right)$$

로 분해된다.

그러므로

$$\begin{aligned}Y=&\frac{1}{5}\left(\frac{-1}{s+2}+\frac{1}{s-3}\right)-\frac{1}{30}\left(\frac{3}{s+2}-\frac{5}{s}+\frac{2}{s-3}\right)\\&+\frac{1}{30}\left(\frac{3}{s+2}-\frac{5}{s}+\frac{2}{s-3}\right)e^{-2\pi s}\\&+\frac{1}{50}\left(\frac{4}{s+2}+\frac{3}{s-3}-\frac{7s+1}{s^2+1}\right)e^{-2\pi s}\\&+\frac{1}{50}\left(\frac{4}{s+2}+\frac{3}{s-3}-\frac{7s+1}{s^2+1}\right)e^{-3\pi s}\\&+\frac{e^{3\pi}}{30}\left(\frac{2}{s+2}-\frac{5}{s-1}+\frac{3}{s-3}\right)e^{-3\pi s}\end{aligned}$$

이고 정리하면,

$$\begin{aligned}Y=&-\frac{3}{10}\times\frac{1}{s+2}+\frac{1}{6}\times\frac{1}{s}+\frac{2}{15}\times\frac{1}{s-3}\\&+\left(\frac{9}{50}\times\frac{1}{s+2}-\frac{1}{6}\times\frac{1}{s}+\frac{19}{150}\times\frac{1}{s-2}-\frac{1}{50}\times\frac{7s+1}{s^2+1}\right)e^{-2\pi s}\\&+\left(\frac{12+10e^{3\pi}}{150}\times\frac{1}{s+2}-\frac{e^{3\pi}}{6}\times\frac{1}{s-1}\right.\\&\left.+\frac{9+15e^{3\pi}}{150}\times\frac{1}{s-3}-\frac{1}{50}\times\frac{7s+1}{s^2+1}\right)e^{-3\pi s}\end{aligned}$$

이다.

주어진 미분방정식의 해는 제2 이동정리 $\mathcal{L}^{-1}\{e^{-as}F(s)\}=f(t-a)u(t-a)$에 의해

$$\begin{aligned}y=&-\frac{3}{10}e^{-2t}+\frac{1}{6}+\frac{2}{15}e^{3t}+\left\{\frac{9}{50}e^{-2(t-2\pi)}-\frac{1}{6}+\frac{19}{150}e^{2(t-2\pi)}\right.\\&\left.-\frac{1}{50}\times 7\cos(t-2\pi)-\frac{1}{50}\sin(t-2\pi)\right\}u(t-2\pi)\\&+\left\{\frac{12+10e^{3\pi}}{150}\times e^{-2(t-3\pi)}-\frac{e^{3\pi}}{6}\times e^{(t-3\pi)}\right.\\&\left.+\frac{9+15e^{3\pi}}{150}\times e^{3(t-3\pi)}-\frac{7}{50}\times\cos(t-3\pi)-\frac{1}{50}\sin(t-3\pi)\right\}u(t-3\pi)\end{aligned}$$

이다. 여기서

$\sin(t-2\pi)=\sin t$, $\cos(t-2\pi)=\cos t$,
$\sin(t-3\pi)=\sin(t+\pi)=-\sin t$, $\cos(t-3\pi)=\cos(t+\pi)=-\cos t$

인 것을 적용하면,

$$y=-\frac{3}{10}e^{-2t}+\frac{1}{6}+\frac{2}{15}e^{3t}+\left\{\frac{9}{50}e^{-2(t-2\pi)}-\frac{1}{6}+\frac{19}{150}e^{2(t-2\pi)}-\frac{1}{50}\times 7\cos t-\frac{1}{50}sint\right\}u(t-2\pi)$$
$$+\left\{\frac{12+10e^{3\pi}}{150}\times e^{-2(t-3\pi)}-\frac{e^{3\pi}}{6}\times e^{(t-3\pi)}+\frac{9+15e^{3\pi}}{150}\times e^{3(t-3\pi)}+\frac{7}{50}\times\cos t+\frac{1}{50}\sin t\right\}u(t-3\pi)$$

이다.

8.5 단위 충격함수(Dirac δ 함수)의 정의와 라플라스 변환

$f_k(t)$를

$$f_k(t-a)=\begin{cases}\frac{1}{k}, & a<t<a+k\\ 0, & t<a \text{ or } t>a+k\end{cases}$$

으로 정의하고 이를 단위 계단 함수를 사용하여 나타내면

$$f_k(t-a)=\frac{1}{k}\{u(t-a)-u(t-a-k)\},\ (\text{단 } k>0)$$

으로 된다.

주의

$f_k(t-a)$가 힘으로 정의된다면 힘의 적분값을 충격(impulse)라고 한다. 그러면

$$\int_0^\infty f_k(t-a)dt=\int_a^{a+k}\frac{1}{k}dt=[\frac{1}{k}t]_{t=a}^{t=a+k}=1$$

이다.

단위 충격함수의 정의

$\delta(t-a)=\lim_{k\to 0} f_k(t-a)$라고 정의하고 이를 Dirac δ함수 또는 단위 충격함수라고 읽는다.

이는 $\delta(t-a)=\begin{cases}\infty, & t=a \\ 0, & t\neq a\end{cases}$의 함수값을 가지는 함수이며

$$\int_0^\infty \delta(t-a)dt=\int_0^\infty \lim_{k\to 0} f_k(t-a)dt=\lim_{k\to 0}\int_a^{a+k} f_k(t-a)dt$$
$$=\lim_{k\to 0}\int_a^{a+k}\frac{1}{k}dt=\lim_{k\to 0}1=1$$

이 되어 이를 단위충격함수라고 부른다.

Dirac δ함수는 영국의 물리학자 Paul Dirac이 양자역학을 연구하기 위해 고안한 함수로 Paul Dirac (1902. 8. 8. - 1984. 10. 20.)의 이름을 딴 것이다.

Dirac δ 함수의 라플라스 변환

$$\mathcal{L}\{\delta(t-a)\}=e^{-as}$$

증명

$$f_k(t-a)=\frac{1}{k}\{u(t-a)-u(t-a-k)\}$$

이므로

$$\mathcal{L}\{f_k(t-a)\}=\frac{1}{k}\mathcal{L}\{u(t-a)-u(t-a-k)\}$$
$$=\frac{1}{k}\left\{\frac{1}{s}e^{-as}-\frac{1}{s}e^{-(a+k)s}\right\}=\frac{1}{ks}e^{-as}(1-e^{ks})$$

이다. 따라서

$$\mathcal{L}\{\delta(t-a)\}=\mathcal{L}\left\{\lim_{k\to 0} f_k(t-a)\right\}=\lim_{k\to 0}\mathcal{L}\{f_k(t-a)\}$$
$$=\lim_{k\to 0}\frac{1}{ks}e^{-as}(1-e^{-ks})=e^{-as}\lim_{k\to 0}\frac{1-e^{-ks}}{ks}$$

이다.

또한 $\lim_{k \to 0} ks = 0$, $\lim_{k \to 0}(1 - e^{-ks}) = 0$이므로 로피탈의 정리에 의해 분모와 분자를 k에 대하여 미분하면

$$\mathcal{L}\{\delta(t-a)\} = e^{-as} \times \lim_{k \to 0} \frac{1 - e^{-ks}}{ks} = e^{-as} \times \lim_{k \to 0} \frac{se^{-ks}}{s}$$
$$= e^{-as} \times \lim_{k \to 0} e^{-ks} = e^{-as}$$

이 나온다.

예제 26

다음 미분방정식의 해를 구하여라.

$$y'' + 2y' - 3y = \delta(t-2),\quad y(0) = 0,\quad y'(0) = 0$$

풀이 양변을 라플라스 변환하면

$$s^2 Y + 2sY - 3Y = e^{-2s}$$

이고 Y로 묶으면

$$(s^2 + 2s - 3)Y = e^{-2s}$$

이므로

$$Y = \frac{1}{s^2 + 2s - 3} e^{-2s}$$

이다. $(s^2 + 2s - 3) = (s+3)(s-1)$로 인수분해 되어

$$\frac{1}{s^2 + 2s - 3} = \frac{1}{(s+3)(s-1)} = \frac{A}{s+3} + \frac{B}{s-1}$$

로 놓고 양변에$(s+3)(s-1)$을 곱하면 $1 = A(s-1) + B(s+3)$이 된다.

$s = -3$을 대입하면 $A = -\frac{1}{4}$

$s = 1$을 대입하면 $B = \frac{1}{4}$이 되고

$$Y = -\frac{1}{4}\left(\frac{1}{s+3} - \frac{1}{s-1}\right)e^{-2s}$$

이다.

제2 이동정리 $\mathcal{L}^{-1}\{e^{-as}F(s)\} = f(t-a)u(t-a)$에 의해

$$\mathcal{L}^{-1}\left(\frac{1}{s+3}e^{-2s}\right) = e^{-3(t-2)}u(t-2)$$

이고

$$\mathcal{L}^{-1}\left(\frac{1}{s-1}e^{-2s}\right)=e^{t-2}u(t-2)$$

이다. 따라서

$$y=-\frac{1}{4}\{e^{-3(t-2)}-e^{t-2}\}u(t-2)$$

이다. 즉

$$y=\begin{cases} 0 &, \quad 0<t<2 \\ -\frac{1}{4}\{e^{-3(t-2)}-e^{t-2}\} &, \quad t>2 \end{cases}$$

로 표현할 수 있다.

예제 27

다음 미분방정식의 해를 구하여라.

$$y''-2y'+y=\delta(t-1)-\delta(t-3),\ \ y(0)=1,\ \ y'(0)=0$$

풀이 양변을 라플라스 변환하면

$$s^2Y-s-2(sY-1)+Y=e^{-s}-e^{-3s}$$

이고 Y로 묶으면

$$(s^2-2s+1)Y=e^{-s}-e^{-3s}+s-2$$

이므로

$$\begin{aligned} Y&=\frac{1}{(s-1)^2}e^{-s}-\frac{1}{(s-1)^2}e^{-3s}+\frac{s-2}{(s-1)^2} \\ &=\frac{1}{(s-1)^2}e^{-s}-\frac{1}{(s-1)^2}e^{-3s}+\frac{s-1}{(s-1)^2}-\frac{1}{(s-1)^2} \\ &=\frac{1}{(s-1)^2}e^{-s}-\frac{1}{(s-1)^2}e^{-3s}+\frac{1}{s-1}-\frac{1}{(s-1)^2} \end{aligned}$$

이다.

제2 이동정리 $\mathcal{L}^{-1}\{e^{-as}F(s)\}=f(t-a)u(t-a)$에 의해

$$\mathcal{L}^{-1}\left\{\frac{1}{(s-1)^2}\right\}=te^t$$

이므로,

$$\mathcal{L}^{-1}\left\{\frac{1}{(s-1)^2}e^{-s}\right\}=(t-1)e^{t-1}u(t-1),$$

$$\mathcal{L}^{-1}\left\{\frac{1}{(s-1)^2}e^{-3s}\right\}=(t-3)e^{t-3}u(t-3),$$

$$\mathcal{L}^{-1}\left(\frac{1}{s-1}\right)=e^t,$$

$$\mathcal{L}^{-1}\left\{\frac{1}{(s-1)^2}\right\}=te^t$$

이다. 따라서

$$y=(t-1)e^{t-1}u(t-1)-(t-3)e^{t-3}u(t-3)+e^t-te^t$$

이고

$$y=\begin{cases} e^t-te^t, & 0<t<1 \\ e^t-te^t+(t-1)e^{t-1}, & 1<t<3 \\ e^t-te^t+(t-1)e^{t-1}-(t-3)e^{t-3}, & t>3 \end{cases}$$

로 표현할 수 있다.

예제 28

다음 미분방정식의 해를 구하여라.

$$y''+7y'+10y=5\cos t-10u(t-2),\ y(0)=1,\ y'(0)=-3$$

풀이 양변을 라플라스 변환하면

$$s^2Y-s+3+7(sY-1)+10Y=\frac{5s}{s^2+1}-\frac{10e^{-2s}}{s}$$

이고 Y로 묶으면

$$(s^2+7s+10)Y=s+4+\frac{5s}{s^2+1}-\frac{10e^{-2s}}{s}$$

이므로

$$Y=\frac{s+4}{s^2+7s+10}+\frac{5s}{(s^2+7s+10)(s^2+1)}-\frac{10}{s(s^2+7s+10)}e^{-2s}$$

이다.

$(s^2+7s+10)=(s+5)(s+2)$로 인수분해 되어

$$\frac{s+4}{s^2+7s+10}=\frac{s+4}{(s+5)(s+2)}=\frac{A}{s+5}+\frac{B}{s+2}$$

로 놓고 양변에$(s+5)(s+2)$를 곱하면 $s+4=A(s+2)+B(s+5)$이 된다.

$s=-5$를 대입하면 $A=\frac{1}{3}$,

$s=-2$를 대입하여 $B=\frac{2}{3}$이 되어

$$\frac{s+4}{s^2+7s+10}=\frac{1}{3}(\frac{1}{s+5}+\frac{2}{s+2})$$

이므로 우변의 첫 번째 항의 라플라스 역변환은

$$\mathcal{L}^{-1}(\frac{s+4}{s^2+7s+10})=\frac{1}{3}(e^{-5t}+2e^{-2t})$$

우변의 두 번째 항을

$$\frac{5s}{(s^2+7s+10)(s^2+1)}=\frac{5s}{(s+5)(s+2)(s^2+1)}=\frac{A}{s+5}+\frac{B}{s+2}+\frac{Cs+D}{s^2+1}$$

로 놓고 양변에 $(s+5)(s+2)(s^2+1)$를 곱하면

$5s=A(s+2)(s^2+1)+B(s+5)(s^2+1)+(Cs+D)(s+5)(s+2)$이 된다.

위 등식에 $s=-5$를 대입하면 $A=\frac{25}{78}$,

$s=-2$를 대입하면 $B=-\frac{52}{78}$,

3차 항의 계수를 비교하면 $0=A+B+C$ 이므로 $C=\frac{27}{78}$이고,

상수항을 비교하면 $D=\frac{1}{10}\times\frac{210}{78}=\frac{21}{78}$이 되어

$$\frac{5s}{(s^2+7s+10)(s^2+1)}=\frac{1}{78}\times(\frac{25}{s+5}-\frac{52}{s+2}+\frac{27s+21}{s^2+1})$$

이다.

우변의 두 번째 항의 라플라스 역변환은

$$\mathcal{L}^{-1}\left\{\frac{5s}{(s^2+7s+10)(s^2+1)}\right\}$$
$$=\frac{1}{78}\times(25e^{-5t}-52e^{-2t}+27\cos t+21\sin t)$$

이다.

우변의 세 번째 항을

$$\frac{10}{s(s^2+7s+10)}=\frac{10}{(s+5)(s+2)s}=\frac{A}{s+5}+\frac{B}{s+2}+\frac{C}{s}$$

로 놓고 양변에 $(s+5)(s+2)s$를 곱하면

$10=A(s+2)s+B(s+5)s+C(s+5)(s+2)$이 된다.

이 등식에 $s=-5$를 대입하면 $A=\frac{2}{3}$,

$s=-2$를 대입하면 $B=-\frac{5}{3}$,

$s=0$를 대입하면 $C=\frac{3}{3}$이므로

$$\frac{10}{s(s^2+7s+10)}=\frac{1}{3}\times(\frac{2}{s+5}-\frac{5}{s+2}+\frac{3}{s})$$

이 되고, 이것의 라플라스 역변환은

$$\mathcal{L}^{-1}\left\{\frac{10}{s(s^2+7s+10)}\right\}=\frac{1}{3}\times(2e^{-5t}-5e^{-2t}+3)$$

이며

제2 이동정리 $\mathcal{L}^{-1}\{e^{-as}F(s)\}=f(t-a)u(t-a)$에 의해 우변의 세 번째 항의 라플라스 역변환은

$$\mathcal{L}^{-1}\left\{\frac{10}{s(s^2+7s+10)}e^{-2s}\right\}=\frac{1}{3}\times\{2e^{-5(t-2)}-5e^{-2(t-2)}+3\}u(t-2)$$

이다.

따라서

$$y=\frac{1}{3}(e^{-5t}+2e^{-2t})+\frac{1}{78}\times(25e^{-5t}-52e^{-2t}+27\cos t+21\sin t)$$
$$-\frac{1}{3}\times\{2e^{-5(t-2)}-5e^{-2(t-2)}+3\}u(t-2)$$

이다.

연습문제

1. 다음 미분방정식의 해를 구하여라.

$$y''+4y=\delta(t-\frac{\pi}{4}),\ \ y(0)=1,\ \ y'(0)=-2$$

풀이 양변을 라플라스 변환하면

$s^2Y-s+2+4Y=e^{-\frac{\pi}{4}s}$

이고 Y로 묶으면

$(s^2+4)Y=s-2+e^{-\frac{\pi}{4}s}$

이므로

$$Y = \frac{s}{s^2+4} - \frac{2}{s^2+4} + \frac{1}{s^2+4}e^{-\frac{\pi}{4}s}$$

이다.

우변의 세 번째 항에서 $\mathcal{L}^{-1}(\frac{1}{s^2+4}) = \frac{1}{2}\sin 2t$이므로

제2 이동정리 $\mathcal{L}\{f(t-a)u(t-a)\} = e^{-as}F(s)$에 의해

$$\mathcal{L}^{-1}(\frac{1}{s^2+4}e^{-\frac{\pi}{4}s}) = \frac{1}{2}\sin 2(t-\frac{\pi}{4})u(t-\frac{\pi}{4})$$

이다. 여기서

$$\sin 2(t-\frac{\pi}{4}) = \sin(2t-\frac{\pi}{2}) = -\cos(2t)\text{이므로}$$

$$y = \cos 2t - \sin 2t - \frac{1}{2}\cos 2t \times u(t-\frac{\pi}{4})$$

이고

$$y = \begin{cases} \cos 2t - \sin 2t \quad , & 0 < t < \frac{\pi}{4} \\ \frac{1}{2}\cos 2t - \sin 2t, & t > \frac{\pi}{4} \end{cases}$$

로 표현할 수 있다.

2. 다음 미분방정식의 해를 구하여라.

$$y'' - 2y' + 2y = 5 - 3u(t-2) + 3\delta(t-4), \quad y(0) = 0, \; y'(0) = -1$$

풀이 양변을 라플라스 변환하면

$$s^2Y + 1 - 2sY + 2Y = \frac{5}{s} - \frac{3}{s}e^{-2s} + 3e^{-4s}$$

이고 Y로 묶으면

$$(s^2 - 2s + 2)Y = -1 + \frac{5}{s} - \frac{3}{s}e^{-2s} + 3e^{-4s}$$

이므로

$$Y = -\frac{1}{s^2-2s+2} + \frac{5}{s(s^2-2s+2)} - \frac{3}{s(s^2-2s+2)}e^{-2s} + \frac{3}{s^2-2s+2}e^{-4s}$$

이다.

우변의 첫 번째 항의 라플라스 역변환은

$$\mathcal{L}^{-1}(\frac{1}{s^2-2s+2}) = \mathcal{L}^{-1}\left\{\frac{1}{(s-1)^2+1}\right\} = e^t\sin t$$

이다.

두 번째 항에서

$$\frac{5}{s(s^2-2s+2)}=\frac{A}{s}+\frac{Bs+C}{s^2-2s+2}$$

로 놓고 양변에 $s(s^2-2s+2)$를 곱하면

$5=A(s^2-2s+2)+(Bs+C)s$

이다.

이 등식의 양변에 $s=0$을 대입하면 $A=\frac{5}{2}$,

2차 항의 계수를 비교하면 $0=A+B$이므로 $B=-\frac{5}{2}$,

1차 항의 계수를 비교하면 $0=-2A+C$이므로 $C=2A=5$이 되어

$$\begin{aligned}\frac{5}{s(s^2-2s+2)}&=\frac{5}{2}\left(\frac{1}{s}-\frac{s-2}{s^2-2s+2}\right)=\frac{5}{2}\left\{\frac{1}{s}-\frac{(s-1)-1}{(s-1)^2+1}\right\}\\&=\frac{5}{2}\left\{\frac{1}{s}-\frac{(s-1)}{(s-1)^2+1}+\frac{1}{(s-1)^2+1}\right\}\end{aligned}$$

이다. 두 번 째 항의 라플라스 역변환은

$$\begin{aligned}\mathcal{L}^{-1}\left\{\frac{5}{s(s^2-2s+2)}\right\}&=\frac{5}{2}\mathcal{L}^{-1}\left\{\frac{1}{s}-\frac{(s-1)}{(s-1)^2+1}+\frac{1}{(s-1)^2+1}\right\}\\&=\frac{5}{2}(1-e^t\cos t+e^t\sin t)\end{aligned}$$

이다.

세 번째 항에서는

$$\frac{3}{s(s^2-2s+2)}=\frac{3}{2}\left\{\frac{1}{s}-\frac{(s-1)}{(s-1)^2+1}+\frac{1}{(s-1)^2+1}\right\}$$

이고

$$\begin{aligned}\mathcal{L}^{-1}\left\{\frac{3}{s(s^2-2s+2)}\right\}&=\frac{3}{2}\mathcal{L}^{-1}\left\{\frac{1}{s}-\frac{(s-1)}{(s-1)^2+1}+\frac{1}{(s-1)^2+1}\right\}\\&=\frac{3}{2}(1-e^t\cos t+e^t\sin t)\end{aligned}$$

이다.

따라서 제2 이동정리 $\mathcal{L}^{-1}\{e^{-as}F(s)\}=f(t-a)u(t-a)$에 의하여 세 번째 항의 라플라스 역변환은

$$\mathcal{L}^{-1}\left\{\frac{3}{s(s^2-2s+2)}e^{-2s}\right\}$$

$$=\frac{3}{2}\{1-(e^{t-2})\cos(t-2)+(e^{t-2})\sin(t-2)\}u(t-2)$$

이고, 네 번째 항의 라플라스 역변환은

$$\mathcal{L}^{-1}\left\{\frac{3}{s(s^2-2s+2)}e^{-4s}\right\}$$
$$=\frac{3}{2}\{1-(e^{t-4})\cos(t-4)+(e^{t-4})\sin(t-4)\}u(t-4)$$

이다.
그러므로

$$y=-e^t\sin t+\frac{5}{2}(1-e^t\cos t+e^t\sin t)$$
$$-\frac{3}{2}\{1-(e^{t-2})\cos(t-2)+(e^{t-2})\sin(t-2)\}u(t-2)$$
$$+\frac{3}{2}\{1-(e^{t-4})\cos(t-4)+(e^{t-4})\sin(t-4)\}u(t-4)$$

이다.

3. 다음 미분방정식의 해를 구하여라.

$$y''+9y=\cos 3t+\delta(t-\pi),\ \ y(0)=1,\ \ y'(0)=0]$$

풀이 양변을 라플라스 변환하면

$$s^2Y-s+9Y=\frac{s}{s^2+9}+e^{-\pi s}$$

이고 Y로 묶으면

$$(s^2+9)Y=s+\frac{s}{s^2+9}+e^{-\pi s}$$

이므로

$$Y=\frac{s}{s^2+9}+\frac{s}{(s^2+9)^2}+\frac{1}{s^2+9}e^{-\pi s}$$

이다.
우변의 첫 번째 항의 라플라스 역변환은

$$\mathcal{L}^{-1}\left(\frac{s}{s^2+9}\right)=\cos 3t$$

이다.
그리고 두 번째 항에서 라플라스 역변환을 구하기 위해

$$F(s)=\int\frac{s}{(s^2+9)^2}ds=\frac{1}{2}\int\frac{2s}{(s^2+9)^2}ds$$

로 두고, $u=s^2+9$, $du=2sds$로 치환하면

$$F(s) = \frac{1}{2}\int \frac{2s}{(s^2+9)^2}ds = \frac{1}{2}\int \frac{1}{u^2}du$$
$$= -\frac{1}{2}\times\frac{1}{u} = -\frac{1}{2}\times\frac{1}{s^2+9}$$

이다. 그러므로

$$f(t) = -\frac{1}{6}\sin 3t$$

이고

$$F'(s) = \frac{s}{(s^2+9)^2}$$

이므로, 라플라스 변환의 도함수에 관한 정리 $\mathcal{L}^{-1}\{F'(s)\} = -tf(t)$를 사용하면 두 번째 항의 라플라스 역변환은

$$\mathcal{L}^{-1}\left\{\frac{s}{(s^2+9)^2}\right\} = \mathcal{L}^{-1}\{F'(s)\} = -tf(t) = -t\times(-\frac{1}{6}\sin 3t)$$
$$= \frac{1}{6}t\sin 3t$$

이다.
세 번째 항의 라플라스 역변환은

$$\mathcal{L}^{-1}(\frac{1}{s^2+9}e^{-\pi s}) = \frac{1}{3}\sin 3(t-\pi)\times u(t-\pi) = \frac{1}{3}\sin(3t-3\pi)\times u(t-\pi)$$
$$= \frac{1}{3}\sin(3t-\frac{6\pi}{2})\times u(t-\pi) = -\frac{1}{3}\sin 3t\times u(t-\pi)$$

이다.
그러므로

$$y = \cos 3t + \frac{1}{6}t\sin 3t - \frac{1}{3}\sin 3t\times u(t-\pi)$$

이다.